도서관 공간구성의 이해

노영희
최만호

도서출판
청람

| 머리말 |

우리나라 도서관은 2000년 이후로 공공도서관을 중심으로 그 수가 크게 증가하였다. 그 이전부터 20여 년 동안 공공도서관뿐 아니라 대학도서관, 학교도서관 등의 시스템과 콘텐츠, 그리고 건립 및 리모델링의 기획과 컨설팅, 설계의 업무를 수행해 오면서, 도서관의 고유한 기능과 서비스에 알맞은 공간의 구성에 대해 국내 실정에 맞는 자료가 많이 부족하다고 느꼈다. 그 이유는 짧은 기간에 많은 수의 도서관이 증가하다 보니 전문인들이 부족하고 관련 지식과 자료의 축적이 아직 이루어지지 못한 때문이라 생각한다.

또한 도서관의 공간구성 기획에 도서관 전문가인 사서들의 참여가 적극적으로 이루어지지 못하고, 도서관 건립이나 리모델링의 프로젝트 관리가 건축전문가 또는 행정전문가에의 의해 이루어지다 보니 멋진 건물, 예쁜 도서관은 많이 생겼다.

그러나 도서관 현장과 운영을 가장 잘 아는 사서들이 주요 의사결정에서 소외되거나 협의과정에서 다른 분야의 전문가들과의 의사소통이 원활하지 못한 결과, 이용자 편의, 효율적인 이용과 관리를 위한 동선, 합리적인 자료의 이용과 보관시설, 서가 및 열람석을 비롯한 적절한 가구의 선택, 조화로운 공간색채와 사인시스템 등 이용자들의 니즈에 부합되는 공간기획이 잘 이루어지지 못한 경우가 많이 발생하는 것이 현실이다.

이에 건국대학교 지식콘텐츠연구소와 (주)포힘이 그동안의 경험과 자료를 취합·정리하여 도서관 공간구성 업무에 관심을 갖고 있는 분들에게 조그만 도움이 되고자 본서를 발행한다. 아울러 도서관 공간기획에 대한 기본적인 내용에 대한 교육과정을 개발하고, 이 과정을 수료하고 검정을 통과한 분들께는 도서관공간기획사의 자격을 부여하여, 향후 도서관의 공간구성에 사서들이 적극 참여할 수 있는 기회를 만들고자 한다. 또한 앞으로 자료를 더욱 보완하고 개정하여 많은 분들에게 도서관 공간구성에 필요한 도움이 되도록 노력할 예정이다.

본서가 나오기까지 자료수집에서 편집까지 노고를 아끼지 않은 지식콘텐츠연구소의 박혜진, 신영지, 김혜인, 곽우정 연구원과 꼼꼼하게 교정을 해주신 도서출판 청람의 편집진께도 깊은 감사를 드린다.

2016년 6월

노영희 · 최만호

| 차례 |

01 도서관 공간의 이해

02 공공도서관 공간구성

03 학교도서관 공간구성

04 대학도서관 공간구성

05 전문도서관 공간구성

06 어린이도서관 공간구성

표차례

그림차례

도서관 공간구성의 이해

도서관의 공간은 일반적으로 정보원 수장공간, 이용자 이용공간, 업무공간, 공용공간으로 구분될 수 있다.
수장공간은 도서관에서 정보원이 되는 모든 자료와 각종 정보기기 등이 소장된 공간이고, 이용자 이용공간은 이용자들이 연구활동이나 여가 · 문화활동 및 정보원을 이용하는 공간이다.
업무공간은 도서관 직원들이 각종 정보원과 기기를 활용하여 직무를 수행하는 공간이며, 공용공간은 이용자와 직원이 함께 공유하는 공간이다.

CHAPTER

01

도서관 공간의 이해

1. 도서관의 이해
2. 도서관 공간별 기능과 공간구성
3. 도서관 공간구성 변화의 영향요인
4. 도서관 공간의 복합화
5. 도서관 공간계획
6. 도서관공간기획사
7. 도서관 공간구성 시 고려사항

1 도서관의 이해

1.1 도서관의 개념

도서관은 「도서관법」에 의거하여 도서관자료를 수집 · 정리 · 분석 · 보존하여 공중에게 제공함으로써 정보이용 · 조사 · 연구 · 학습 · 교양 · 평생교육 등에 이바지하는 시설을 의미한다.

표 1-1 관종별 도서관의 개념

	「도서관법」	「도서관및독서진흥법」
도서관	도서관자료를 수집 · 정리 · 분석 · 보존하여 공중에게 제공함으로써 정보이용 · 조사 · 연구 · 학습 · 교양 · 평생교육 등에 이바지하는 시설	도서관자료를 수집 · 정리 · 분석 · 보존 · 축적하여 공중 또는 특정인의 이용에 제공함으로써 정보이용 · 조사 · 연구 · 학습 · 교양 등 문화발전 및 평생교육에 이바지하는 시설
공공도서관	공중의 정보이용 · 문화활동 · 독서활동 및 평생교육을 위하여 국가 또는 지방자치단체가 설립 · 운영하는 도서관	공중의 정보이용 · 문화활동 및 평생교육을 증진함을 주된 목적으로 하는 도서관
학교도서관	「초 · 중등교육법」 제2조에 따른 고등학교 이하의 각급 학교에서 교사와 학생, 직원에게 도서관서비스를 제공하는 것을 주된 목적으로 하는 도서관	고등학교 이하의 각급 학교(이에 준하는 각종 학교를 포함한다)에서 교원과 학생의 교수 · 학습활동을 지원함을 주된 목적으로 하는 도서관 또는 도서실
대학도서관	「고등교육법」 제2조에 따른 대학 및 다른 법률의 규정에 따라 설립된 대학교육과정 이상의 교육기관에서 교수와 학생, 직원에게 도서관서비스를 제공하는 것을 주된 목적으로 하는 도서관	고등교육법에 의한 대학(산업대학 · 교육대학 · 전문대학 · 방송대학 · 통신대학 · 방송통신대학 · 기술대학 및 이들과 유사한 각종 학교를 포함한다. 이하 같다) 및 다른 법률의 규정에 의하여 설립된 대학교육과정 이상의 교육기관에서 교수와 학생의 연구 및 교육을 지원하는 도서관
전문도서관	그 설립 기관 · 단체의 소속 직원 또는 공중에게 특정 분야에 관한 전문적인 도서관서비스를 제공하는 것을 주된 목적으로 하는 도서관	그 설립기관 · 단체의 소속원 또는 공중에게 특정 분야에 관한 전문적인 도서관봉사를 제공함을 주된 목적으로 하는 도서관
어린이 도서관	어린이에게 도서관서비스를 제공하는 것을 주된 목적으로 하는 어린이도서관	

또한 「도서관및독서진흥법」에서는 도서관을 '도서관자료를 수집 · 정리 · 분석 · 축적하여 공중 또는 특정인의 이용에 제공함으로써 정보이용 · 조사 · 연구 · 학습 · 교양 등 문화발전 및 평생교육에 이바지하는 시설'이라고 정의하였다.

1.2 도서관의 역할 및 기능

도서관의 역할은 기본적으로 자료를 수집 · 정리 · 보존 · 축적하여 그 자료를 이용자가 이용할 수 있도록 하는 것이며, 이용자 개인의 필요에 의해 다양한 정보를 제공한다. 또한 독서활성화를 위한 계획을 수립하여 실행하고 평생교육기관으로서 다양한 문화활동을 기획하여 장려한다. 타도서관과 긴밀한 협력을 통해 상호대차를 실시하여 실질적으로 이용자가 이용할 수 있는 정보의 범위를 확장하고 도서관(업무)에 관한 조사와 연구를 시행하여 우리나라 도서관 문화의 발전에 기여하는 역할을 한다.

대학도서관과 학교도서관의 경우 효율적인 교육과정을 수행하기 위해 학교구성원의 교수 · 학습과정을 지원한다. 또한 원활한 학습과 정보이용을 위해 체계적으로 도서관을 이용할 수 있도록 교육하는 역할을 수행한다.

「도서관및독서진흥법」에서는 각 관종별로 업무를 규정해 놓고 있으며, [표 1-2]에 명시된 내용을 통해 각 관종별 도서관의 역할과 기능을 확인할 수 있다.

표 1-2 관종별 도서관의 역할과 기능

국립중앙도서관	공공도서관	학교도서관	대학도서관
• 국내 · 외 자료의 수집 · 정리 · 분석 · 보존 · 축적 및 공중에의 이용	• 자료의 수집 · 정리 · 보존 · 축적 및 공중에의 이용	• 학교교육에 필요한 도서관자료의 수집 · 정리 · 보존 및 이용 서비스 제공	• 교수와 학생의 연구 및 교육활동에 필요한 자료 수집 · 정리 · 분석 · 보존 · 축적 및 이용
• 국내자료의 제출관리	• 공중에 필요한 정보의 제공	• 학교소장 교육자료의 통합관리 및 이용 제공	• 효율적 교육과정의 수행을 위한 지원
• 다른 도서관과의 자료의 유통	• 지방행정 및 산업분야에 필요한 정보의 제공	• 시청각자료 및 멀티미디어자료의 개발 · 제작 및 이용 제공	• 도서관이용의 체계적 지도
• 각종 서지의 작성 및 표준화와 국제표준자료번호제도의 운영	• 독서활성화를 위한 계획의 수립 및 실시	• 정보관리시스템과 통신망을 이용한 정보 공유체제의 구축 및 이용 제공	• 다른 도서관과의 협력과 도서관협력망을 통한 자료유통
• 전산화를 통한 국가 문헌정보체제 및 도서관협력망의 총괄	• 강연회 · 감상회 · 전시회 · 독서회 · 기타 문화활동 및 평생교육의 주최 또는 장려	• 도서관 이용의 지도 및 독서교육, 협동수업 등을 통한 정보 활용 교육	• 기타 대학도서관으로서의 기능수행에 필요한 업무
• 외국도서관과의 협력 및 자료의 국제교류	• 다른 도서관 및 문고와의 긴밀한 협력과 자료의 교환 또는 상호대차 실시	• 그 밖에 학교도서관으로서 해야 할 기능 수행에 필요한 업무	

• 다른 도서관 및 문고의 업무·문화활동 및 평생교육에 대한 지도·지원 • 독서의 생활화를 위한 시책의 수립 및 실시 • 도서관에 관한 조사·연구 • 도서관 및 문고의 직원에 대한 연수 • 기타 국가대표도서관으로서의 기능수행에 필요한 업무	• 도서관 업무에 관한 조사·연구 • 기타 공공도서관으로서의 기능수행에 필요한 업무		

2 도서관 공간별 기능과 공간구성

2.1 도서관 공간별 기능과 구성요소

도서관의 공간은 일반적으로 정보원 수장공간, 이용자 이용공간, 업무공간, 공용공간으로 구분될 수 있다. 수장공간은 도서관에서 정보원이 되는 모든 자료와 각종 정보기기 등이 소장된 공간이고, 이용자 이용공간은 이용자들이 연구활동이나 여가·문화활동 및 정보원 이용을 위한 공간이다. 업무공간은 도서관 직원들이 각종 정보원과 기기를 활용하여 직무를 수행하는 공간이며, 공용공간은 이용자와 직원이 함께 공유하는 공간이다.

손정표(1991)는 도서관 건물의 구성요소를 크게 주민이용부분과 직원봉사부분으로 구분하고 있으며, 주민이용부분은 열람부분, 참고 및 연속간행물 부분, 서고부분, 대출부분, 시청각봉사부분, 집회부분, 공중을 위한 부분으로 구분하였다. 또한 직원봉사부분은 사무, 작업 및 직원용 부분, 건물유지관리부분, 이동문고부분, 외부부분으로 구분하였다.

표 1-3 도서관건물의 구성요소

구분	구성요소	구체적 구성부분		규모결정요소
		단일 및 중앙관	중소분관	
주민 이용 부분	열람 부분	• 개가제 일반열람실 • 주제별 열람실 • 아동열람실 • 청소년열람실 • 노약자열람실 • 점자자료실 • 향토자료실 • 지방행정자료실 • 연구실 • 경독서실 • 기타 특수자료실 등	• 개가제 일반열람실 • 아동열람실 • 경독서코너	• 개가도서수(아동, 일반) • 기타자료수 • 열람석수
	참고 및 연속 간행물 부분	• 참고자료실 • 연속간행물실 • 복사설비코너 • 정보안내 코너 등	• 참고자료 및 연속간행물실	• 참고도서수 • 버티컬파일 자료수 • 연속간행물 제본책수 • 전시자료종수 • 열람석수
	서고 부분	• 폐가제 서고 • 보존서고 • 시청각자료고 • 고서 및 고문서 보존고 등		• 수장도서수 • 기타 수장자료수
	대출 부분	• 대출실 또는 대출대 • 독서상담실 등	• 대출실 • 독서상담코너	• 대출자수 • 직원수
	시청각 봉사 부분	• 음악감상실 • 마이크로 자료실 • 전시실 등	• 시청각자료실 • 전시실	• 자료수 • 기자재수 • 좌석수 • 전시공간
	집회 부분	• 중·소 집회실 • 시청각실 • 영사설비 • 음향설비	• 소집회실	• 집회실수 • 수용인원수
	공중을 위한 부분	• 이야기방 • 입구, 현관홀 • 목록카드함실 • 전시코너 • 소지품보관소 • 휴게실, 식당, 화장실 • 복도, 계단 • 공중전화	• 전시 • 소지품 보관 • 화장실	

직원 봉사 부분	사무, 작업 및 직원용 부분	• 관장실 및 응접실 • 서무실, 수서실, 정리실 • 열람봉사 업무실 • 복사제본실 • 점자작업실 • 회의실 • 도서관 프로그램 기획실 • 작업실 • 직원휴게실, 탕비실 • 화장실 등	• 사무실 • 휴게실	• 직원수
	건물 유지 관리 부분	• 보일러실 • 작업원실 • 수위실, 숙직실 • 전기, 기계실, 도구실, 연료창고 등	• 전기 기계실 • 휴게실	
	이동 문고 부분	• 이동문고 작업실 겸 서고 • 이동사무실 • 휴게실 • 화장실, 차고 등		• 차량대수 • 적재량 수장도서수
	외부 부분	• 자전거보관소 • 주차장 • 북포스트 등	• 자전거보관소 • 주차장 • 북포스트 등	• 자동차대(수) • 자전거대(수)

출처: 손정표 (1991). 공공도서관 표준모형 개발에 관한 연구 재편집

이와 같은 도서관 공간의 기능과 역할은 큰 맥락에서 변화하지 않은 것처럼 보이지만 도서관의 역할이나 기능이 변화함에 따라 자연스럽게 도서관 공간의 기능과 역할도 변화하게 되었다. 특히 도서관에서 유통되는 정보원의 변화, 정보매체의 변화, 정보기술의 변화, 커뮤니케이션 방법의 변화, 정보제공방식의 변화, 도서관에서 운영하는 프로그램의 변화는 도서관 공간기능의 변화에 영향을 미치는 중요한 요인들이다.

2.2 도서관 공간구성의 변화

도서관의 공간은 기술 및 사회문화적 환경의 영향을 받아 변화를 거듭해 왔다. 도서관은 정보사회의 도래로 정보 및 기술변화의 영향과 이용자의 요구 변화를 반영하기 위해서 다양한 모습으로 공간변화를 모색해 왔다고 할 수 있다.

시대별로 도서관 공간구성의 변화를 살펴보면 다음과 같이 정리할 수 있다. 먼저 18세기 이전의 도서관 공간은 서고와 열람공간이 주를 이루었다. 주요 이용자층은 귀

족으로 이용의 효율성보다 지식의 분류 및 수장의 효율성이 중시되었던 시기이다.

19세기 이후 도서관이 일반 공중에게 개방되면서 소장기능 및 열람기능 외에 문화 교육의 기능이 추가되었고, 그에 따라 도서관의 공간구성도 달라졌다고 볼 수 있다.

이후 정보통신기술의 발전은 정보와 지식의 저장 및 제공을 주된 기능으로 변화시켰고, 이에 따라 도서관의 공간은 훨씬 더 복합적인 성격을 띠게 되었다고 할 수 있다.

이와 같이 도서관의 시대적 발전에 따른 도서관의 기능변화, 그리고 그에 따른 공간의 변화를 그림으로 도식화하면 다음과 같다(양성원, 김억, 2004).

| 표 1-4 | 도서관의 발전과 공간변화

고대사회의 도서관	중세사회의 도서관	근대사회의 도서관	현대의 도서관
• 자료의 단순 축적, 정리, 수집 • 한정된 사람들에게만 개방(왕족, 귀족, 승려 등) • 권위와 존경의 상징	• 종교적 성격의 도서관(기독교, 수도원 도서관) • 왕족, 귀족, 부호와 종교 지도자들의 전유물 • 권위와 존경의 상징	• 지술과 인쇄술의 발달로 인해 독서의 대중화, 사회화가 이루어짐 • 만인을 위한 지식 공동체 필요 • 대학과 학교의 증가로 지적 활동의 중심인 도서관이 필요	• 정보통신수단의 발달로 원격접근이 가능 • 정보사회에서 문화, 교육, 정보적 성격을 더욱 요구 • 지역적 공동체가 생성되면서 이용자의 공공적 성격에 부합
개별적 공간화	집단적 공간화	집단적 공간화	공공적 공간화

또한 도서관의 공간구성은 정보형식과 소비방식의 변화, 국내 사회환경의 변화, 국내 도서관 정책의 변화, 도서관 의미와 기능의 변화에 따라 공간구성 및 면적구성의 변화가 이루어진 것으로 분석된 바 있다. 도서관의 공간구성은 [그림 1-1]과 같이 1990년대 자료중심 공간구성에서 2000년대 이용자중심 공간구성으로 바뀌었으며, 이후 규모별 및 지역별로 다른 특성을 반영한 공간구성단계까지 발전하였음을 알 수 있다(고흥권, 임채진, 임호균, 2012).

그림 1-1 ▌2000년 전후 도서관을 둘러싼 환경의 변화에 따른 공공도서관의 변화양상

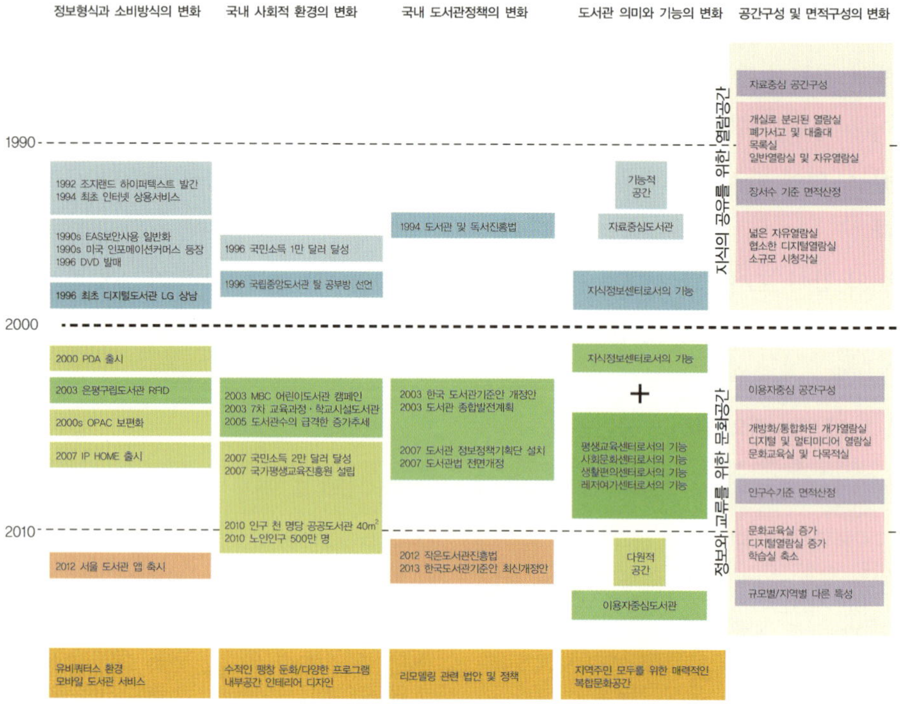

출처: 고흥원, 임채진, 임호균 (2012). 공공도서관 소요공간 규모기준에 관한 연구

3 도서관 공간구성 변화의 영향요인

3.1 도서관 업무와 공간변화

도서관 자료란 도서관이 소장하고 이용자에게 제공되고 있는 자료 전체를 말한다. 도서관봉사에서 가장 필수적인 기본업무는 수많은 자료를 신속 · 정확하고 자유롭게 검색할 수 있도록 자료를 정리하는 것이다. 자료를 정리하는 과정, 즉 자료의 입수에서 배가(配架)까지의 업무를 자료관리라고 하며 이러한 자료가 이용자에게 전달되는 단계에서는 공간의 조닝(Zoning: 도시계획이나 전략설계에서 공간을 사용용도의 법적 규제에 따라 기능별로 나누어 배치함)이나 가구디자인 등 물리적 지원을 위한 환경계획적 측면이 밀접하게 관계된다(천혜선, 이정미, 임채진, 2009).

자료분류란 자료를 관점에 따라 군집화(grouping)하되, 군집된 자료 내에서 각각을 다시 개별화(individualization)하는 절차를 말하는 것이다(윤희윤, 2007). 따라서 도서관은 자료의 특성에 따라 무형의 자료분류체계를 수립하고 이를 유형의 공간체계로 구체화시켜 나가는 복합적인 업무를 수행한다고 할 수 있다(천혜선, 이정미, 임채진, 2009). 즉, 분류체계를 기초로 한 공간체계는 이용자로 하여금 브라우징을 통하여 관심 있는 자료를 발견하는 수단을 제공하고 동일한 영역 내에서 비슷한 자료들을 탐색하도록 유도할 수 있다.

3.2 정보기록매체 및 정보관리시스템의 도입과 공간변화

정보기록매체의 변화는 도서관의 공간구성 변화에 밀접하게 영향을 줄 수밖에 없다. 기록매체가 파피루스에서부터 종이발명과 목판인쇄술에 의한 고서, 금속활자 발명과 인쇄기술의 발전으로 인한 책, 자기테이프, 자기디스크, CD-ROM 등으로 계속적으로 발전하면서 매체에 따라 도서관의 공간구성은 달라져 왔다.

과거 책에 기록되던 정보가 CD-ROM이라는 매체에 기록되기 시작하면서 서가공간의 변화가 있었고, 대용량의 서버에 기록되는 정보가 늘어나거나 전자책이 일반화되면서 다시 도서관의 공간구성 변화가 발생했다.

이에 따라 도서관 장서의 구성은 내부 소장자료보다 외부 접근자료가 더 많아지게 되었으며, 기존의 물리적 매체를 저장하던 공간은 문화적 공간, 정보공유공간(Information Commons) 등으로 변화하였다.

또한 정보기록매체의 변화는 도서관의 공간구성 변화에 큰 영향을 주고 있다. 과거 카드목록에 의해 관리되던 도서관 목록정보는 이제 정보관리시스템에 저장되고 관리됨으로써 넓은 공간을 차지하던 카드목록은 온라인목록으로 대체되고 컴퓨터 단말기가 그 자리를 대신하고 있다. 최근의 도서관자동화시스템 및 디지털도서관은 발전된 형태의 정보관리시스템으로 과거의 물리적 매체에 수록된 정보 및 정보관리기능을 모두 담고 있으며, 이는 공간변화를 가져오게 되었다.

더 나아가 과거 기록매체 및 수작업정보를 관리하는 다수의 인력이 근무하던 공간은 전자기록매체 및 정보관리시스템을 관리하는 소수의 인력이 근무하는 공간으로 변화하고 있다.

3.3 공간구성 변화에 영향을 미치는 요인 분석

도서관의 공간구성은 여러 가지 요인의 영향을 받는다. 일본도서관협회에서는 공간변화요인을 봉사서비스의 변화, 장서수의 증가, 미디어센터, 컴퓨터센터, 정보의 변화, 가구설비의 설치처리센터 등 특정 기능의 집약, 이용자 증가, 새로운 봉사 추구, 신체장애자 이용자 증대, 인원배치, 그리고 건물의 노후화 등을 들고 있다.

손정표(1991)는 자료의 형태, 봉사제도, 도서관 이용도, 개 · 폐가제, 뉴미디어 설비를 공간구성 변화요인으로 뽑았으며, 프랠리와 앤더슨(Fraley & Anderson, 1990)은 커뮤니티를 위한 서비스의 다양화, 증가하는 수장공간에 대한 부족, 이용자 공간의 부족, 도서관에 의해 운영되는 사회나 조직체의 업무나 방향의 변화, 자동화기계, 영화 및 음악의 사용으로 인한 소음 등을 들고 있다.

강미희(2011)는 위의 연구결과를 포함하여 도서관 현황조사를 기반으로 도서관의 공간구성에 영향을 미치는 요인을 도출했으며, 그 내용은 다음 [표 1-5]와 같다.

표 1-5 도서관 공간구성에 영향을 미치는 요인

평가요소			
평가지표	세부지표	세부항목	평가영역
편의성	각 공간들은 적정 규모를 확보해야 함	공간규모	공간
	각 공간은 접근성이 최적화되어야 함	접근성	
	각 공간의 동선은 최적화되어야 함	동선	
	필요한 위치마다 사인을 설치해야 함	사인 유무	
	통행의 불편을 막기 위해 통로는 기준에 적합한 폭을 확보해야 함	통로 폭	
	모든 계단 및 난간의 높이와 너비는 기준에 적합해야 함	계단 폭 높이	
	서가는 높이별로 구비해야 함(예: 영유아용, 저학년용, 고학년용 등)	서가규모	가구
	책상은 신체발달에 따라 선택하도록 크기별로 구비해야 함	책상규모	
	의자는 신체발달에 따라 선택하도록 크기별로 구비해야 함	의자규모	
	검색대는 이용자 대비 기준에 맞는 수량을 설치해야 함	검색대 유무	시설
	모든 출입문은 가벼운 소재로 제작되어 사용이 용이해야 함	출입문 소재	
	신발장은 이용자 편의를 위해 반드시 설치해야 함	신발장 유무	
	데스크를 방문하지 않아도 대출 · 반납이 가능한 자가대출반납기를 설치해야 함	자가대출 반납기	

안전성	공간의 물리적 위험요소를 제거해야 함(예: 콘센트 안전커버 점검 등)	위험요소	공간
	책상모서리는 둥글고 매끄럽게 안전처리를 해야 함	책상안전처리	가구
	의자는 어린이 발 보호를 위해 안전처리를 해야 함(예: 발커버 사용)	의자안전처리	
	어린이들이 걸려 넘어지지 않도록 모든 문턱을 제거해야 함	출입문 안전처리	시설
	외부 연결 창문은 추락사고 방지를 위해 예방장치를 설치해야 함		
	모든 창문은 안전유리를 사용해야 함	창문안전처리	
	천장은 천장구조물의 추락방지를 위한 안전장치를 설치해야 함	천장추락방지	마감재
	바닥은 미끄럼방지 바닥재를 사용해야 함	바닥안전처리	
	바닥은 넘어질 때 충격을 흡수할 수 있는 탄력재를 사용해야 함		
	모든 계단은 경사도가 완만해야 함	계단안전처리	기타
	모든 계단은 미끄럼방지 재질을 사용해야 함		
	계단난간(핸드레일)은 견고하고 촘촘해야 함		
	모든 계단의 가장자리는 안전처리를 해야 함		
다양성	공간은 열람, 놀이, 휴식, 문화, 위생 공간 등으로 다양화해야 함	공간용도	공간
	공간은 이야기실, 전시실, 시청각실, 놀이실 등으로 다양화해야 함	공간기능	
	서가는 캐릭터 서가, 동식물모양 서가 등의 모양으로 다양화해야 함	서가종류	가구
	서가는 용도별로 구비해야 함(예:그림책, 잡지, DVD 서가 등)	서가용도	
	책상은 장방형, 정방형, 다각형, 원형 등의 형태로 다양화해야 함	책상형태	
	책상은 개인용, 3~4인용, 대그룹 용도로 다양화해야 함	책상용도	
	의자는 기본형, 소파형, 벤치형 등의 종류로 다양화해야 함	의자종류	
	의자의 소재는 목재, 천, 패브릭 등으로 선택할 수 있도록 다양화해야 함	의자소재	
	의자대용의 매트, 쿠션, 스툴 등의 소품을 다양하게 구비해야 함	소품	기타
자존감	이용자에게 사적 공간 및 개인적 공간을 제공, 존중받는 느낌을 받게 해야 함	공간기능	공간
	이용자에게 장난감집 등을 제공, 자신의 존중감을 느끼게 해야 함	공간형태	
	서가는 어린이친화형으로 설계, 어린이들만의 세계를 느끼게 해야 함	서가형태	가구
	책상은 어린이친화형으로 설계, 어린이들만의 세계를 느끼게 해야 함	책상형태	
	의자는 어린이친화형으로 설계, 어린이들만의 세계를 느끼게 해야 함	의자형태	

	자신들의 존재감을 느낄 수 있도록 영유아전용 화장실을 구비해야 해야 함	전용시설	시설
	자신들의 존재감을 느낄 수 있도록 영유아용 세면대 및 변기를 설치해야 함		
	사물함을 제공함으로써 자신만의 공간에 대한 책임감을 느끼게 해야 함	사물함 유무	
	독특한 벽, 터널 등의 조형물을 설치, 어린이들만의 세계를 느끼게 해야 함	조형물 유무	
	천장은 높이변화(복층화)를 통해 문화공간의 자부심을 느끼게 해야 함	천장디자인	마감재
	바닥은 친환경 소재를 사용하여 어린이들이 존중감을 느끼게 해야 함	바닥소재	
	조도는 실별, 기능별로 적합성을 유지, 배려받고 있음을 느낄 수 있게 해야 함	조도기준	기타
	채광은 자연광을 이용, 세심한 배려를 받고 있음을 느끼도록 함	채광조건	
쾌적성	공간밀도는 항상 적정수준을 유지하여 쾌적함을 느끼게 해야 함	공간밀도	공간
	의자가 천일 경우 항상 위생상태를 점검하여 쾌적성을 유지해야 함	의자관리	가구
	방충망을 설치, 벌레침입을 차단함으로써 불쾌감을 방지해야 함	방충처리	시설
	창문 커튼 등은 방염처리하여 오염에 의한 불쾌감을 방지해야 함	방염처리	
	조명은 간접광원을 제공하여 직접광원의 눈부심에 의한 불쾌감을 방지해야 함	조명관리	기타
	냉난방시스템을 통해 계절변화의 온도차를 조절함으로써 쾌적성을 유지해야 함	항온시스템	
	습도조절장치를 통해 일정한 습도를 유지함으로써 쾌적함을 느끼도록 해야 함	항습시스템	
	환기시스템으로 깨끗한 공기를 유지함으로써 쾌적함을 느끼도록 해야 함	환풍시스템	
	블라인드 등으로 자연광을 조절, 지나침에 의한 불쾌감을 방지해야 함	채광장치	
	천장, 벽, 바닥의 흡음재 사용을 통해 소음으로 인한 불쾌감을 방지해야 함	방음장치	
편안함	공간은 아늑한 분위기를 조성해야 함(사무적·시설적 분위기 탈피)	공간연출	공간
	전자자료실 등의 배선은 잘 정리하여 행동에 불편함을 주지 않아야 함	마감처리	
	서가는 높이 제한을 두어 위화감 등을 느끼지 않도록 배려해야 함	서가규모	가구
	서가 소재는 가능한 편안한 느낌을 주는 소재를 사용하여야 함	서가소재	
	책상은 자기 집처럼 편히 앉아서 사용할 수 있는 착석용을 구비해야 함	책상종류	가구

	책상은 가능한 자연친화적 소재를 사용하여 편안함을 느끼게 해야 함	책상소재	가구
	책상은 원재료색을 유지하여 자연스럽고 편안한 느낌을 받게 해야 함	책상색채	
	의자는 착석감 좋은 소재를 사용하여 편안한 느낌을 받게 해야 함	의자소재	
	의자는 인체공학적으로 설계되어 장시간 사용해도 편안함을 유지할 수 있어야 함	의자형태	
	바닥은 집처럼 눕고 뒹굴 수 있는 편안한 소재를 사용해야 함	바닥소개	마감재
	바닥은 부드러운 촉감의 재질을 사용해야 함	바닥재질	
	바닥은 심리적으로 편안한 색을 사용해야 함	바닥색채	
	벽색깔은 천장과 바닥과의 조화를 이뤄 편안함을 연출해야 함	벽이미지	
	벽마감은 가능한 도색보다는 촉감이 좋은 벽지를 사용해야 함	벽마감재	
	소음은 약간의 배경 소음을 깔아줌으로써 지나친 긴장을 느끼지 않도록 함	방음장치	기타
심미성	공간은 전체적으로 심미성을 느낄 수 있도록 연출해야 함	공간연출	공간
	공간배색은 혼란스럽지 않은 정도에서 심미성을 느끼도록 함	공간배색	
	공간배치는 정형성과 비정형의 조화 속에서 심미성을 느끼도록 함	공간배치	
	서가는 기하학적 형태로 제작하여 심미성을 느낄 수 있도록 함	서가형태	가구
	천장은 빛의 반사면 기능을 부각하여 심미성을 느낄 수 있도록 함	천장기능	마감재
	벽은 강조색, 보조색으로 포인트를 줌으로써 심미성을 느끼게 함	벽색채	
	조명기구는 아름다운 것을 사용, 일상에서의 심미성을 느끼게 함	조명기구	기타
역동성	공간은 완전개방형, 반개방형, 폐쇄형 등 역동적으로 구성해야 함	공간구성	공간
	공간은 비독서활동도 가능케 구성하여 역동성을 유도해야 함	공간형태	
	서가는 경사, 곡면, 박스형 등 역동성을 유도하는 형태를 구비함	서가형태	가구
	서가에 모험기능, 놀이기능을 부가시켜 역동성을 느낄 수 있게 함	서가기능	
	무대를 설치, 타인의 공연 관람은 물론 어린이 자신의 공연도 가능토록 해야 함	무대 유무	시설
	검색대는 착석용과 스탠딩용을 적정비율로 설치, 빠른 순환을 유도해야 함	검색대종류	
	자가대출반납기를 설치, 수시로 대출반납이 가능하도록 해야 함	자가대출 반납기	
	천장은 적당한 높이로 설계하여 움직이고 싶은 역동성을 이끌어 내야 함	천장높이	마감재
	바닥은 단차 등의 변화를 통해 움직임의 재미를 느끼도록 해야 함	바닥단차	
	벽은 명도와 채도가 높은 동적 색채를 사용, 역동성을 느끼게 해야 함	벽배색	

융통성	공간은 필요에 따른 용도 및 규모 변경의 가변성이 있어야 함	공간가변성	가구
	서가는 필요시 간이벽으로도 활용할 수 있는 융통성이 있어야 함	서가활용성	
	서가는 브라우징 및 독서 시 기댈 수 있는 지지대 기능도 해야 함		
	책상은 필요 시 공간 파티션 용도로도 사용될 수 있어야 함	책상활용성	
	의자(벤치)는 필요 시 공간 파티션 용도로도 사용될 수 있어야 함	의자활용성	
	천장은 기본 기능 외 모빌, 장식 등의 인공구조물이 설치 가능해야 함	천정활용성	마감재
	바닥은 공간변경 및 가구이동이 자주 일어나기 때문에 내구성이 강해야 함	바닥내구성	
	바닥은 공간변경 및 가구이동이 자주 일어나기 때문에 청소가 용이해야 함	바닥위생성	
	벽은 벽화디자인(super graphic)으로 스토리 전달기능까지 함	벽활용성	
휴식성	필요 시 휴식을 취할 수 있는 휴식공간을 적정위치마다 설치해야 함	공간 유무	공간
	영유아 휴식을 위한 수유 및 수면실을 반드시 포함해야 함		
	서가 주변에 책상 및 소파를 비치, 휴식과 독서가 동시에 가능하도록 해야 함	서가배치	가구
	의자(벤치)를 코너마다 비치하여 수시로 휴식을 취할 수 있도록 해야 함	의자배치	
	에너지 보충과 휴식이 동시에 가능하도록 간이매점을 설치해야 함	시설배치	
	휴식 시 필요에 따라 음료 구입이 가능하도록 휴식처에 자판기를 비치해야 함		
소통성	전시공간을 구비, 어린이가 작품과 교류할 수 있도록 해야 함	전시공간 유무	공간
	미니실내정원(모형) 등을 구비, 어린이와 자연과의 교류가 가능토록 해야 함	인공환경	
	어린이들과 문화, 세대, 지역 간의 교류가 일어날 수 있는 공간도 구비해야 함	문화시설	
	정보시스템은 도서관 내·외부의 소통시스템으로서 기능해야 함	정보시스템 유무	
	검색대는 지적 욕구 해소의 기본 도구로서 소통의 역할을 해야 함	검색대기능	시설
	데스크는 진입방향 측면에 위치, 필요에 따른 자연스런 이용을 유도해야 함	데스크위치	
	데스크는 진입방향 정면에 위치, 어린이들의 적극적 이용을 유도해야 함		
	데스크는 진입방향 안쪽에 위치, 필요한 경우만 방문할 수 있도록 해야 함		
	데스크는 유아와 저학년의 키를 고려하여 2~3단으로 설계해야 함		

영역성	공간은 발달특성을 감안, 영유아, 저학년, 고학년별로 영역화해야 함	공간영역	공간
	공간은 소음공간, 비소음공간, 독서공간, 비독서공간의 경계를 두어야 함	공간특성	
	공간은 개인공간, 그룹공간, 공용공간별로 영역을 설정해야 함	공간용도	
	타원형, 반원형 등의 서가를 통해 내부를 하나의 영역으로 사용할 수 있도록 함	서가형태	가구
	독특한 캐릭터 조형물을 설치, 그 안을 하나의 영역으로 사용할 수 있도록 함	서가배치	
	책상은 구획형, 위요형, 바형, 라운지형 등으로 배치, 영역화할 수 있음	책상배치	
	의자, 소파, 벤치는 방사형, 대향형, 전망형, 벽부형 등으로 배치, 영역화할 수 있음	의자배치	
	사물함을 설치, 열람실에 개인 소지품이 방치되지 않도록 영역화해야 함	사물함 유무	
	바닥 부분마다 경계를 표시함으로써 원하는 이들끼리의 모임이 가능케 해야 함	바닥활용성	마감재
	여러 가지 소품으로 경계를 만들어 작은 영역들을 제공해야 함	소품활용성	기타

출처: 강미희 (2001). 어린이도서관 공간평가요소 개발 연구 재편집

4 도서관 공간의 복합화

4.1 무한창조공간

최근에는 무한창조공간의 기능이 매우 강조되고 있다. 해밀턴(Hamilton, 2012)은 무한창조공간을 사람들이 도구나 자원을 활용하는 방법을 배우고 창조적인 프로젝트를 개발할 수 있는 곳으로서 기존의 조직안으로 들어가서 설치되거나 독립적으로 설립될 수 있으며 기존의 교육적 목표뿐만 아니라 학생들의 창의적인 관심사별로 유동적으로 형성될 수 있는 곳이라고 했다. 또한 무한창조공간은 사람들이 함께 와서 자원을 공유하고 새로운 기술을 배우는 협력적 학습환경이고, 특별한 소재나 공간이 반드시 필요한 것이 아니라 지역사회협력관계, 협업, 창조의 집합체라고 할 수 있으며, 사람들은 아이디어나 벤처의 인큐베이터인 이 공간에서 콘텐츠를 생산하고 소비할 수 있다고 하였다. 한국에서는 무한창조공간의 개념을 총 12가지로 제시하기도 했으며, 그 내용은 다음과 같다(노영희, 2015).

그림 1-2 ▌무한창조공간의 12가지 개념

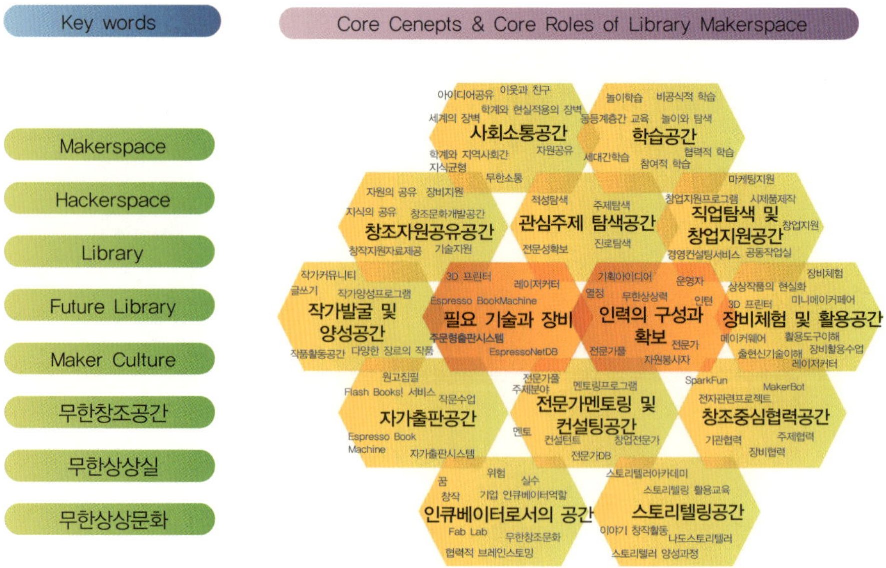

출처: 노영희 (2014). 도서관 무한창조공간 구축 및 운영모형 제안에 관한 연구

즉, 무한창조공간은 사회소통공간으로서 무한창조공간, 학습공간, 창조자원 공유공간, 관심주제 탐색공간, 직업탐색 및 창업지원공간, 작가발굴 및 양성공간, 자가출판공간, 인큐베이터로서의 공간, 창조를 위한 협력공간, 창조를 위한 장비체험 및 활용공간, 이야기가 있는 스토리텔링공간, 전문가멘토링 및 컨설팅이 있는 공간 등이라고 할 수 있다.

4.2 유비쿼터스 환경의 공간

유비쿼터스는 시공을 초월해 어디에나 존재한다는 뜻으로 사용되며, 유비쿼터스도서관은 물리적 공간인 도서관의 주위환경을 감지하고 해석 및 판단하여 작동할 수 있는 지능화된 장치들을 설치함으로써 공간 안에 있는 이용자들이 인식하지 못한 지능화된 장치를 통해 자연스럽게 도서관을 이용할 수 있게 하는 지능화된 공간을 의미한다(한희정, 김용, 2010).

이러한 유비쿼터스 환경의 공간구조는 사용자의 요구와 목적에 따라 변화가 가능한 공간구조로서 단일 인터페이스를 거부하고 오히려 다양한 접근을 제공하는 유연한 구조이며 선형구조에서 벗어나 다양한 변화를 꾀할 수 있는 비선형구조를 갖는다고 할 수 있다(송인조, 조완기, 조택연, 2008).

▌표 1-6▌ 도서관의 기존 환경과 유비쿼터스 환경의 공간특성 비교

	기존 환경	유비쿼터스 환경
정보유통의 특성	• 정보를 중심으로 한 위계적 프로그램을 통해서 정보로 접근, 유통이 아닌 접근	• 네트워크를 통해 산재해 있는 정보구조 • 쉬운 정보획득 구조 • 비위계적 정보유통 구조
시간적 특성	• 선형의 작업플로어를 통한 시간의 소비	• 지능화된 공간의 서비스로 단일시간 내에 여러 작업플로어를 동시 다발적으로 처리가능함 • 비선형적인 시간 특성
공간구조 특성	• 순차구조의 위계적 동선에 의한 계층적 구조 • 사용자가 공간의 구조를 먼저 자세하게 인지한 후에야 사용이 가능한 공간정보를 중심으로 한 공간구조	• 다양한 접근 및 사용이 가능한 유연성과 투명성 • 공간의 자세한 구조인지를 하지 않아도 사용자의 요구에 따라 대응하는 지능형 공간 • 정보, 사용자, 공간의 관계를 중심으로 한 공간구조 • 탈중심적인 유연한 공간구조

출처: 송인조, 조완기, 조택연 (2008). 유비쿼터스 환경에서 나타나는 공간특성에 관한 연구

4.3 정보공유공간

정보공유공간(Information Commons)은 '도서관의 정보와 인력을 바탕으로 참고서비스에 정보기술을 결합하여 이용자들의 연구와 학습을 지원하는 통합 이용자 서비스 공간'이다(정재영, 2007). 정보공유공간은 다양한 유형의 정보, 기술, 프로그램, 장비, 그리고 개인과 그룹별 커뮤니케이션을 위한 공간과 이용자 중심의 원스톱 서비스 및 정보활용을 통한 재생산의 기능을 제공해야 한다. 이와 함께 인력과 정보, 그리고 공간을 활용해 정보활용능력, 연구 및 학습능력, 컴퓨터활용능력 등의 교육을 지원해야 한다. 이러한 역할을 수행하기 위해서는 다음과 같은 공간이 구성되어야 한다(Beatty & White, 2005).

첫째, 비공식적 학습을 위한 면대면 참고서비스 지원공간

둘째, 자율적 학습을 위한 가상공간에서의 이용교육 지원공간

셋째, 공식적인 학습지원을 위한 강의공간

넷째, 공식적 이용교육의 지원공간

다섯째, 비공식적 학습지원을 위한 그룹토의실 지원공간

여섯째, 비공식적 학습지원을 위한 사회적 공간

정보공유공간은 단순히 정보를 공유하는 물리적 공간만이 아니라 사회구성원 모두가 정보에 소외되지 않고 정보요구를 충족시킬 수 있도록 최대한 보장해 주는 서비스 및 정보공유의 집합체라 할 수 있다(한희정, 김용, 2010). 학자별로 정보공유공간의 유형 및 구성요소를 정리하면 [표 1-7]과 같다.

[표 1-7] 학자별 정보공유공간의 유형 및 구성요소

<table>
<tr><th>구분</th><th colspan="2">Bailey & Tierney(2002)</th><th colspan="2">White 외(2004)</th><th colspan="2">Beagle 외(2006)</th></tr>
<tr><td rowspan="3">유형 및 구성요소</td><td>소규모 정보 공유 공간</td><td>물리적 요소
• 컴퓨터 & 디지털 기술
• 주변장치 & 소프트웨어
• 네트워크 인프라</td><td>도서관 컴퓨터 실습실</td><td>물리적 요소
• 인프라
• 생산성소프트웨어</td><td>물리적 정보 공유 공간</td><td>물리적 자원
• 하드웨어
• 가구, 공간
• 전통적인 도서관 인적 자원
• 사서, 건축가 등</td></tr>
<tr><td>통합적 정보 활용 공간</td><td>서비스 요소
• 통합서비스
• 연속적인 서비스</td><td>통합 센터</td><td>인적 요소
• 사서, 보조원, IT전문가
• 디지털자원
• 정보원 & 소프트웨어</td><td>가상 정보 공유 공간</td><td>디지털 자원
• 웹 환경
• 디지털도서관
• e-Learning 온라인 도구
인적 자원
• 참고사서
• IT지원 직원</td></tr>
<tr><td>대규모 정보 공유 공간</td><td>디지털 요소
• 웹
• 디지털 정보</td><td>가상 공간</td><td>디지털 요소
• 디지털 정보
• 웹</td><td>문화적 정보 공유 공간</td><td>사회적 자원
• 학습그룹
• 학문공동체 등
인적 자원
• 참고사서
• 멘토 등</td></tr>
</table>

출처: 정미경, 남태우 (2007). 도서관 통합서비스 모델로서의 Information Commons에 관한 연구;
한희정, 김용 (2010). 유비쿼터스 환경에서의 공공도서관 공간설계에 관한 연구 재편집

5 도서관 공간계획

5.1 설계진행과정

도서관 공간계획에 앞서 도서관의 설계진행과정을 미리 숙지하게 된다면 합리적인 도서관 공간구성계획을 실행할 수 있을 것이다. 도서관의 설계진행과정은 타 용도의

건축물과 비슷하지만 운영전략과 운영방식에 따라 기능 구성 프로그램이 결정된다. 도서관의 설계 진행과정은 [그림 1-3]과 같다(류제연, 2010).

그림 1-3 ▌ 도서관 건축의 설계진행과정

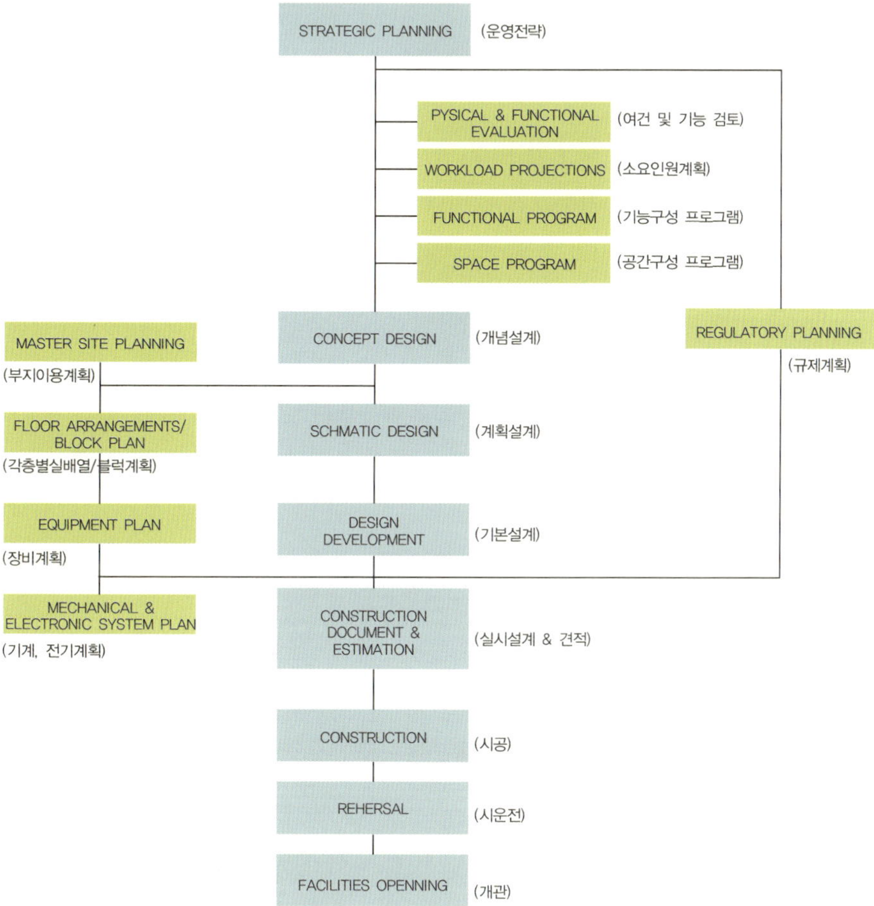

출처: 한국도서관협회 (2009). 도서관정보관리편람

5.2 모듈계획

모듈계획은 도서관 건축의 전형으로 도서관 공간의 최대 융통성을 발휘하는 설계 시스템이다. 모듈계획은 1945년 맥도널드(Macdonald)가 도서관 설계를 도입한 이후부터 정착하게 되었다. 모듈계획이 필요하게 된 이유는 도서관의 역할변화와 이용자의 요구도에 따른 공간구성에 적합했기 때문으로 도서관의 계획 시 모듈러계획의 방법은 다음 [그림 1-4]와 같이 정리될 수 있다(윤영, 1996).

그림 1-4 | 모듈러계획의 방법

출처: 윤영 (1996). 대학도서관 건축계획에 관한 고찰

첫째, 서가나 열람책상을 배열할 때 각 서가간격이 무리 없이 배열될 수 있도록 모듈을 결정하며, 이는 주요 기둥간격에 반영된다.

둘째, 모듈이 결정되면 칸막이 벽이 변경되기 쉽도록 그리드에 둘러 쌓인 공간의 조명, 공기조절, 스프링클러, 방화용 가스분사기, 전기 및 전화선, 콘센트 스피커 등의 설비를 단위별로 설치한다.

셋째, 무거운 서가의 하중을 버틸 수 있도록 바닥하중을 계획한다.

넷째, 증축이나 개조를 쉽게 할 수 있도록 계단, 승강기, 닥트, 파이프공간, 세면대, 화장실 등을 가능하면 한곳으로 모은다.

다섯째, 이동칸막이 벽이나 서가의 호환성을 가능하도록 계획한다.

6 도서관공간기획사

건국대학교 지식콘텐츠연구소는 2015년 10월 도서관 공간기획에 대한 전문가 양성을 위한 관련 교육과정과 교육 이수자를 대상으로 하는 도서관공간기획사 자격 검정에 대한 주관기관이 되었다.

도서관공간기획사(Library Space Planner)는 이용자들이 도서관을 효율적으로 이용할 수 있도록 도서관의 건립과 리모델링계획 관리업무를 전문적으로 담당하며, 도서관 공간의 구성계획과 부분별 공간, 도서관의 색채, 사인시스템, 가구의 배치에 관한 체계적인 기획 업무를 책임 · 관리한다. 주관기관 또는 지정 교육기관의 관련 교육과정을 이수하고 시험을 통해 자격을 취득하게 되면, 국가도서관 정책에 따라 7,000여 개의 공공도서관, 400여 개의 대학도서관, 13,000여 개의 학교도서관 등 각급 도서관의 설립 또는 리모델링계획의 전문가로서 활동하게 된다.

도서관공간기획사 자격은 주관기관의 교육과정과 검정을 통해 취득할 수 있으며,

취득가능한 급수는 1급과 2급으로 구분된다. 자격증은 각각 3과목(도서관 공간론, 도서관 색채 및 사이니지(signage)계획, 도서관 가구 및 환경계획)의 필기시험을 통해 자격을 취득할 수 있다.

도서관공간기획사 2급 응시자격은 주관기관에서 실시하는 관련 교육과정을 이수한 자 또는 대학과 전문대학에서 필수 검정과목 또는 상응하는 과목을 이수한 자 또는 주관기관이 인정하는 기타 교육기관에서 필수 검정과목들을 이수한 자이다. 1급 응시 자격은 도서관공간기획사 2급 자격을 취득한 후 관련 업무에서 3년 이상 종사한 자 또는 도서관공간기획사 2급 자격을 취득한 후 공공도서관, 대학도서관, 학교도서관에서 3년 이상 근무한 자, 또는 대학원에서 필수 검정과목 또는 상응하는 과목을 이수한 후 석사학위 이상을 취득한 자이다.

도서관공간기획사 양성을 위한 교육내용은 도서관공간기획개론, 신축 · 리모델링 프로젝트, 도서관 공간구성계획, 도서관가구, 색채디자인계획, 도서관환경계획 등이다.

7 도서관 공간구성 시 고려사항

관종별 도서관의 공간구성을 명확히 제시하기 위해서는 해당 관종의 역할 및 기능부터 명확하게 알아야 한다. 공간을 구성하고자 하는 도서관의 역할 및 기능을 알아야 그 역할 및 기능을 충실하게 달성해 줄 공간구성을 기획할 수 있기 때문이다. 또한 해당 관종의 공간관련 규정 및 각종 기준을 참조하여 공간운영과 관련된 기초자료를 확보해야 하며, 이를 기반으로 공간규모계획을 수립할 수 있다. 한 단계 더 나아가 도서관에서 운영되는 프로그램별 공간구성 및 이용자 요구별 공간구성도 고려해야 할 것이다. 따라서 도서관의 공간을 구성할 때에는 다음과 같은 내용을 명확히 이해하는 것이 중요하다.

그림 1-5 ▌도서관 공간구성 시 고려해야 할 사항

도서관 공간의 이해 **시험문제**

1 도서관의 개념에 대한 설명으로 옳은 것은?

① 도서관은 「도서관법」에 의거하여 도서관자료를 수집 · 정리 · 분석 · 보존하여 공중에게 제공함으로써 정보이용 · 조사 · 연구 · 학습 · 교양 · 평생교육 등에 이바지하는 시설을 의미한다.

② 공공도서관은 「도서관법」에 의거하여 특정집단의 정보이용 · 문화활동 · 독서활동 및 평생교육을 위하여 국가 또는 지방자치단체가 설립 · 운영하는 도서관을 의미한다.

③ 학교도서관은 「도서관법」에 의거하여 「초 · 중등교육법」 제2조에 따른 고등학교 이하의 각급 학교에서 교사와 학생에게만 도서관서비스를 제공하는 것을 주된 목적으로 하는 도서관을 의미한다.

④ 대학도서관은 「도서관법」에 의거하여 「고등교육법」 제2조에 따른 대학 및 다른 법률의 규정에 따라 설립된 대학교육과정 이상의 교육기관에서 교수와 학생에게만 도서관서비스를 제공하는 것을 주된 목적으로 하는 도서관을 의미한다.

⑤ 전문도서관은 「도서관법」에 의거하여 공중의 정보이용 · 문화활동 및 평생교육을 증진함을 주된 목적으로 하는 도서관을 의미한다.

정답 ①

해설 ② 공공도서관은 「도서관법」에 의거하여 공중의 정보이용 · 문화활동 · 독서활동 및 평생교육을 위하여 국가 또는 지방자치단체가 설립 · 운영하는 도서관을 말한다.

③ 학교도서관은 「도서관법」에 의거하여 「초 · 중등교육법」 제2조에 따른 고등학교 이하의 각급 학교에서 교사와 학생, 직원에게 도서관서비스를 제공하는 것을 주된 목적으로 하는 도서관을 말한다.

④ 대학도서관은 「도서관법」에 의거하여 「고등교육법」 제2조에 따른 대학 및 다른 법률의 규정에 따라 설립된 대학교육과정 이상의 교육기관에서 교수와 학생, 직원에게 도서관서비스를 제공하는 것을 주된 목적으로 하는 도서관을 말한다.

⑤ 공공도서관의 「도서관및독서진흥법」에 대한 내용이다. 전문도서관은 「도서관법」에 의거하여 그 설립 기관 · 단체의 소속 직원 또는 공중에게 특정 분야에 관한 전문적인 도서관서비스를 제공하는 것을 주된 목적으로 하는 도서관을 말한다.

2 〈보기〉의 도서관 공간의 단일 및 중앙관의 구체적 구성부분에 대한 구성요소로 옳은 것은?

보기

점자자료실, 향토자료실, 지방행정자료실, 연구실, 경독서실 등

① 참고 및 연속간행물부분　② 서고부분　③ 열람부분
④ 대출부분　⑤ 시청각봉사부분

정답 ③

해설 ① 참고자료실, 연속간행물실, 복사설비코너, 정보안내코너 등이 해당된다.
② 폐가제 서고, 보존서고, 시청각자료고, 고서 및 고문서 보존고 등이 해당된다.
④ 대출실 또는 대출대, 독서상담실 등이 해당된다.
⑤ 음악감상실, 마이크로자료실, 전시실 등이 해당된다.

3 시대별 도서관의 발전과 공간변화의 특징으로 옳은 것은?

① 18세기 이전의 도서관 공간은 서고, 열람공간, 문화교육이 주를 이루었다.
② 18세기 이전의 도서관의 주요 이용자층은 일반 공중이었다.
③ 19세기 이후 도서관은 이용의 효율성보다 지식의 분류 및 수장의 효율성이 중시되었다.
④ 근대사회의 도서관은 지술과 인쇄술의 발달로 인해 독서의 대중화, 사회화가 이루어지고 대학과 학교의 증가로 지적 활동의 중심인 도서관이 필요하였다.
⑤ 정보통신기술의 발전에 의하여 정보와 지식의 저장 및 제공을 주된 기능으로 변화시켰고, 이에 따라 도서관의 공간은 단순한 성격을 띠게 되었다.

정답 ④

해설 ① 18세기 이전의 도서관의 공간은 서고와 열람공간이 주를 이루었다.
② 18세기 이전의 도서관의 주요 이용자층은 귀족이었다.
③ 도서관은 이용의 효율성보다 지식의 분류 및 수장의 효율성이 중시되었던 시기는 18세기 이전이다.
⑤ 정보통신기술의 발전에 의하여 정보와 지식의 저장 및 제공을 주된 기능으로 변화시켰고, 이에 따라 도서관의 공간은 복합적인 성격을 띠게 되었다.

4 도서관 업무에 대한 설명으로 옳지 않은 것은?

① 도서관 봉사에서 가장 필수적인 기본업무는 수많은 자료를 신속·정확하고 자유롭게 검색할 수 있도록 자료를 정리하는 것이다.
② 자료의 입수에서 배가(配架)까지의 업무를 자료관리라고 하며 이러한 자료가 이용자에게 전달되는 단계에서는 공간의 조닝(Zoning)이나 가구디자인 등 물리적 지원을 위한 환경계획적 측면이 밀접하게 관계된다.
③ 도서관은 자료의 특성에 따라 유형의 자료분류체계를 수립하고 이를 무형의 공간체계로 구체화시켜 나가는 복합적인 업무를 수행한다고 할 수 있다.
④ 자료분류란 자료를 관점에 따라 군집화하되, 군집된 자료 내에서 각각을 다시 개별화하는 절차를 말하는 것이다.
⑤ 분류체계를 기초로 한 공간체계는 이용자로 하여금 브라우징을 통하여 관심 있는 자료를 발견하는 수단을 제공하고 동일한 영역 내에서 비슷한 자료들을 탐색하도록 유도할 수 있다.

정답 ③

해설 ③ 도서관은 자료의 특성에 따라 무형의 자료분류체계를 수립하고 이를 유형의 공간체계로 구체화시켜 나가는 복합적인 업무를 수행한다고 할 수 있다.

5 정보기록매체 및 정보관리시스템의 도입과 공간변화에 대한 설명으로 옳지 않은 것은?

① 기록매체가 파피루스에서부터 종이발명과 목판인쇄술에 의한 고서, 금속활자 발명과 인쇄기술의 발전으로 인한 책, 자기테이프, 자기디스크, CD-ROM 등으로 계속적으로 발전하면서 매체에 따라 도서관의 공간구성은 달라져 왔다.

② 과거 카드목록에 의해 관리되던 도서관 목록정보는 이제 정보관리시스템에 저장되고 관리됨으로써 넓은 공간을 차지하던 카드목록은 온라인목록으로 대체되고 컴퓨터 단말기가 그 자리를 대신하고 있다.

③ 과거 책에 기록되던 정보가 CD-ROM이라는 매체에 기록되기 시작하면서 서가공간의 변화가 있었고, 대용량의 서버에 기록되는 정보가 늘어나거나 전자책이 일반화되면서 다시 도서관의 공간구성에 변화가 발생했다.

④ 과거 기록매체 및 수작업정보를 관리하는 소수의 인력이 근무하던 공간은 전자기록매체 및 정보관리시스템을 관리하는 다수의 인력이 근무하는 공간으로 변화하고 있다.

⑤ 최근의 도서관자동화시스템 및 디지털도서관은 발전된 형태의 정보관리시스템으로 과거의 물리적 매체에 수록된 정보 및 정보관리기능을 모두 담고 있으며, 이는 공간변화를 가져오게 되었다.

정답 ④

해설 ④ 과거 기록매체 및 수작업정보를 관리하는 다수의 인력이 근무하던 공간은 전자기록매체 및 정보관리시스템을 관리하는 소수의 인력이 근무하는 공간으로 변화하고 있다.

6 공간구성의 변화에 영향을 미치는 요인으로 옳은 것은?

① 한국도서관협회에서는 공간변화요인을 봉사서비스의 변화, 장서수의 증가, 미디어센터, 컴퓨터센터, 정보의 변화, 가구설비의 설치처리센터 등 특정 기능의 집약, 이용자 증가, 새로운 봉사 추구, 신체장애자 이용자 감소, 인원배치, 그리고 건물의 노후화 등을 들고 있다.

② Fraley와 Anderson(1990)은 자료의 형태, 봉사제도, 도서관 이용도, 개・폐가제, 뉴미디어 설비를 공간구성 변화요인으로 뽑았다.

③ 손정표(1991)는 공간변화요인을 커뮤니티를 위한 서비스의 다양화, 증가하는 수장공간에 대한 부족, 이용자 공간의 부족, 도서관에 의해 운영되는 사회나 조직체의 업무나 방향의 변화, 자동화기계, 영화 및 음악의 사용으로 인한 소음 등으로 들고 있다.

④ 강미희(2011)는 공간의 심미성을 위해서 모든 서가는 평연재 형태로 제작하여 심미성을 느끼게 한다고 하였다.

⑤ 강미희(2011)는 공간의 쾌적성을 위해 조명은 간접광원을 제공하고, 직접광원의 눈부심에 의한 불쾌감을 방지해야 한다고 하였다.

정답 ⑤

해설 ① 일본도서관협회에서는 공간변화요인을 봉사서비스의 변화, 장서수의 증가, 미디어센터, 컴퓨터센터, 정보의 변화, 가구설비의 설치처리센터 등 특정 기능의 집약, 이용자 증가, 새로운 봉사 추구, 신체장애자 이용자 증대, 인원배치, 그리고 건물의 노후화 등을 들고 있다.

② Fraley와 Anderson(1990)은 공간변화요인을 커뮤니티를 위한 서비스의 다양화, 증가하는 수장공간에 대한 부족, 이용자 공간의 부족, 도서관에 의해 운영되는 사회나 조직체의 업무나 방향의 변화, 자동화기계, 영화 및 음악의 사용으로 인한 소음 등으로 들고 있다.

③ 손정표(1991)는 자료의 형태, 봉사제도, 도서관 이용도, 개・폐가제, 뉴미디어 설비를 공간구성 변화요인으로 뽑았다.

④ 강미희(2011)는 도서관의 공간구성에 영향을 미치는 요인을 분석하였으며, 공간의 심미성을 위해서 서가는 기하학적 형태로 제작해야 한다고 하였다.

7 무한창조공간에 대한 설명으로 옳지 않은 것은?

① 무한창조공간을 사람들이 도구나 자원을 활용하는 방법을 배우고 창조적인 프로젝트를 개발할 수 있는 곳이라고 했다.

② 무한창조공간은 기존의 조직 안으로 들어가서 설치되거나 독립적으로 설립될 수 있으며 기존의 교육적 목표뿐만 아니라 학생들의 창의적인 관심사별로 유동적으로 형성될 수 있는 곳이다.

③ 무한창조공간은 사회소통공간으로서 무한창조공간, 학습공간, 창조자원 공유공간, 관심주제 탐색공간, 직업탐색 및 창업지원공간 등이라고 할 수 있다.

④ 무한창조공간은 시공을 초월해 어디에나 존재하는 공간이다.

⑤ 무한창조공간은 사람들이 함께 와서 자원을 공유하고 새로운 기술을 배우는 협력적 학습환경이고, 특별한 소재나 공간이 필요하다.

정답 ④

해설 ④ 유비쿼터스에 대한 정의이다.

8 유비쿼터스 환경의 공간특성에 대한 설명으로 옳지 않은 것은?

① 유비쿼터스 환경의 공간은 다양한 접근 및 사용이 가능한 유연성과 투명성을 가진다.

② 유비쿼터스 환경의 공간은 정보, 사용자, 시간의 관계를 중심으로 한 공간구조의 특성을 가지고 있다.

③ 유비쿼터스 환경의 공간은 순차구조의 위계적 동선에 의한 계층적 구조이다.

④ 유비쿼터스 환경의 공간은 자세한 구조를 인지하지 않아도 사용자의 요구에 따라 대응하는 지능형 공간이다.

⑤ 유비쿼터스 환경의 공간은 탈중심적인 유연한 공간구조 특성을 가지고 있다.

정답 ③

해설 ③ 기존 환경의 공간구조 특성에 대한 설명이다.

9 정보공유공간에 대한 설명으로 옳지 않은 것은?

① 정보공유공간은 '도서관의 정보와 인력을 바탕으로 참고서비스에 정보기술을 결합하여 이용자들의 연구와 학습을 지원하는 통합 이용자 서비스공간'이다.
② 정보공유공간은 자율적 학습을 위한 가상공간에서의 이용교육 지원공간을 제공해야 한다.
③ 정보공유공간은 개인과 그룹별 커뮤니케이션을 위한 공간과 이용자 중심의 원스톱 서비스 및 정보활용을 통한 재생산의 기능을 제공해야 한다.
④ 정보공유공간은 단순히 정보를 공유하는 물리적 공간이다.
⑤ 정보공유공간은 비공식적인 학습을 위한 면대면 참고서비스 지원공간을 제공해야 한다.

정답 ④

해설 ④ 정보공유공간은 단순히 정보를 공유하는 물리적 공간만이 아니라 사회구성원 모두가 정보에 소외되지 않고 정보요구를 충족시킬 수 있도록 최대한 보장해 주는 서비스 및 정보공유의 집합체라 할 수 있다.

10 설계진행과정 중 빈칸에 들어갈 순서로 옳은 것은?

보기
운영전략 → (가) → (나) → (다) → 실시설계 & 견적 → 시공 → 시운전 → 개관

(가) (나) (다)
① 개념설계－기본설계－계획설계
② 개념설계－계획설계－기본설계
③ 계획설계－개념설계－기본설계
④ 계획설계－기본설계－개념설계
⑤ 기본설계－계획설계－개념설계

정답 ②

해설 ② 설계진행과정은 운영전략－개념설계－계획설계－기본설계－실시설계 & 견적－시공－시운전－개관의 순으로 나타난다.

11 모듈계획에 대한 설명으로 옳지 않은 것은?

① 서가나 열람책상을 배열할 때 각 서가간격이 무리 없이 배열될 수 있도록 모듈을 결정하며, 이는 주요 기둥간격에 반영된다.
② 모듈이 결정되면 칸막이 벽이 변경되기 쉽도록 그리드에 둘러 쌓인 공간의 조명, 공기조절, 스프링클러, 방화용 가스분사기, 전기 및 전화선, 콘센트 스피커 등의 설비를 단위별로 설치한다.
③ 무거운 서가의 하중을 버틸 수 있도록 바닥하중을 계획한다.
④ 계단, 승강기, 닥트, 파이프공간, 세면대, 화장실 등을 가능하면 분산시켜 공간을 계획한다.

⑤ 이동칸막이 벽이나 서가의 호환성을 가능하도록 계획한다.

정답 ④

해설 ④ 계단, 승강기, 닥트, 파이프공간, 세면대, 화장실 등을 가능하면 한곳으로 모은다.

12 도서관공간기획사에 대한 설명으로 옳지 않은 것은?

① 도서관공간기획사(Library Space Planner)는 도서관 이용자들이 효율적으로 이용할 수 있도록 도서관의 건립과 리모델링계획 관리업무를 전문적으로 담당한다.

② 도서관공간기획사는 주관기관에서만 관련 교육과정을 이수할 수 있다.

③ 도서관공간기획사 2급 응시자격은 주관기관에서 실시하는 관련 교육과정을 이수한 자 또는 대학과 전문대학에서 필수 검정과목 또는 상응하는 과목을 이수한 자 또는 주관기관이 인정하는 기타 교육기관에서 필수 검정과목들을 이수한 자이다.

④ 도서관공간기획사 1급 응시자격은 도서관공간기획사 2급 자격을 취득한 후 관련 업무에서 3년 이상 종사한 자 또는 도서관공간기획사 2급 자격을 취득한 후 공공도서관, 대학도서관, 학교도서관에서 3년 이상 근무한 자, 또는 대학원에서 필수 검정과목 또는 상응하는 과목을 이수한 후 석사학위 이상을 취득한 자이다.

⑤ 도서관공간기획사 양성을 위한 교육내용은 도서관공간기획개론, 신축 · 리모델링 프로젝트, 도서관 공간구성계획, 도서관가구, 색채디자인계획, 도서관환경계획 등이다.

정답 ②

해설 ② 도서관공간기획사는 주관기관 또는 지정 교육기관에서 관련 교육과정을 이수할 수 있다.

13 대학도서관의 기능으로 옳은 것은?

① 교수와 학생의 연구 및 교육활동에 필요한 자료 수집 · 정리 · 분석 · 보존 · 축적 및 이용

② 외국도서관과의 협력 및 자료의 국제교류

③ 자료의 수집 · 정리 · 보존 · 축적 및 공중에의 이용

④ 도서관 이용의 지도 및 독서교육, 협동수업 등을 통한 정보활용의 교육

⑤ 강연회 · 감상회 · 전시회 · 독서회 · 기타 문화활동 및 평생교육의 주최 또는 장려

정답 ①

해설 ② 국립중앙도서관의 기능이다.
③ 공공도서관의 기능이다.
④ 학교도서관의 기능이다.
⑤ 공공도서관의 기능이다.

14 다음 표는 도서관건물의 구성요소의 일부를 정리한 것이다. 괄호 안에 들어간 내용으로 옳은 것은?

<table>
<tr><th rowspan="2">구분</th><th rowspan="2">구성요소</th><th colspan="2">구체적 구성부분</th></tr>
<tr><th>단일 및 중앙관</th><th>중소분관</th></tr>
<tr><td rowspan="3">(가)</td><td>(나)</td><td>개가제 일반열람실, 주제별 열람실, 노약자열람실, 점자자료실, 향토자료실</td><td>개가제 일반열람실, 아동열람실, 경독서코너</td></tr>
<tr><td>참고 및 연속간행물부분</td><td>참고자료실, 연속간행물실, 복사설비코너</td><td>참고자료 및 연속간행물실</td></tr>
<tr><td>대출부분</td><td>대출실 또는 대출대
독서상담실 등</td><td></td></tr>
<tr><td rowspan="2">(다)</td><td>사무, 작업 및 직원용 부분</td><td>관장실 및 응접실, 서무실, 수서실, 정리실, 복사제본실</td><td>사무실
휴게실</td></tr>
<tr><td>건물유지관리부분</td><td>보일러실, 작업원실, 수위실, 숙직실</td><td>전기 기계실
휴게실</td></tr>
</table>

	(가)	(나)	(다)
①	열람부분	주민이용부분	직원봉사부분
②	직원봉사부분	열람부분	주민이용부분
③	주민이용부분	열람부분	직원봉사부분
④	주민이용부분	이용자이용부분	직원봉사부분
⑤	열람부분	직원봉사부분	공중을 위한 부분

정답 ③

해설 ③ (가) 주민이용부분, (나) 열람부분, (다) 직원봉사부분

15 시대별 도서관 공간구성에 대한 설명으로 옳은 것은?

① 18세기 이전의 도서관의 공간은 서고와 열람공간이 주를 이루었다.
② 18세기 이전의 이용자는 어린이에서부터 노인으로 일반 공중 모두를 대상으로 개방되었다.
③ 19세기 이후의 주요 이용자층은 귀족으로 이용의 효율성보다 지식의 분류 및 수장의 효율성이 중시되었다.
④ 18세기 이전에는 소장기능 및 열람기능 외에 문화교육의 기능이 추가되었다.
⑤ 18세기 이전은 도서관 이용자층의 이용의 효율성을 중시하던 시기이다.

정답 ①

해설 ②, ⑤ 18세기 이전은 주요 이용자층은 귀족으로 이용의 효율성보다 지식의 분류 및 수장의 효율성이 중시되었던 시기이다.
③, ④ 19세기 이후 도서관이 일반 공중에게 개방되면서 소장기능 및 열람기능 외에 문화교육의 기능이 추가되었다.

16 다음 〈보기〉는 도서관 공간구성에 영향을 미치는 요인의 세부지표 중 하나이다. 〈보기〉에 해당하는 평가지표로 옳은 것은?

> **보기**
> • 각 공간들은 적정 규모를 확보해야 한다.
> • 각 공간은 접근성이 최적화되어야 한다.
> • 각 공간의 동선은 최적화되어야 한다.
> • 필요한 위치마다 사인을 설치해야 한다.
> • 통행의 불편을 막기 위해 통로는 기준에 적합한 폭을 확보해야 한다.

① 자존감
② 안전성
③ 다양성
④ 편의성
⑤ 쾌적성

정답 ④
해설 ④ 〈보기〉의 설명은 편의성에 대한 평가지표이다.

17 유비쿼터스 환경에 대한 설명으로 바르게 짝지어진 것은?

> **보기**
> 가. 선형의 작업플로어를 통한 시간의 소비
> 나. 순차구조의 위계적 동선에 의한 계층적 구조
> 다. 다양한 접근 및 사용이 가능한 유연성과 투명성
> 라. 정보를 중심으로 한 공간구조
> 마. 정보, 사용자, 공간의 관계를 중심으로 한 공간구조
> 바. 비선형적인 시간 특성

① 가, 나, 다, 라
② 다, 마, 바
③ 나, 마
④ 다, 마
⑤ 가, 나, 다, 라, 마, 바

정답 ②
해설 ② 가, 나, 라는 도서관의 기존환경에 대한 설명이다.

도 서 관　공 간 구 성 의　이 해

공공도서관의 주된 목적을 원활하게 수행하기 위한
공공도서관의 기능은 크게 다섯 가지로 분류할 수 있는데,
지식정보센터로서의 기능, 평생교육센터로서의 기능, 사회문화센터로서의
기능, 여가센터로서의 기능, 생활편의센터로서의 기능이다.
공공도서관의 중심공간은 시설중심의 공간에서 도서관을 이용하는
사용자 중심공간으로 변화되었고, 폐쇄적이고 독립적으로 운영되었던 공간은
개방된 공간이자 상호보완적인 공간으로 변화되었다.

CHAPTER 02

공공도서관 공간구성

1 공공도서관의 이해

1.1 공공도서관의 목적 및 기능

공공도서관은 「도서관법」 제2조에 의거하여 국가 또는 지방자치단체가 설립한 도서관이나 공중에게 개방하기 위해 민간기관 및 단체가 설립한 도서관을 말하며, 공중의 정보이용, 문화활동 및 평생교육 지원을 주된 목적으로 한다.

또한 공공도서관은 다양한 계층의 이용자들을 대상으로 봉사하는 복합문화센터로서 어린이도서관, 학교도서관, 대학도서관, 전문도서관 등의 역할을 포괄한다. IFLA, ALA, 일본, 한국에서는 공공도서관의 주된 기능을 공공성의 실현으로 보고 [표 2-1]과 같이 강조하였다(김정희, 이상호, 2003).

[표 2-1] 국가별, 기관별 공공도서관 기능의 구분

공공성의 실현	국가 및 기관	강조내용
독서증진 도서관의 토착화 기회균등	IFLA	• 평생교육 • 지역문화보존 및 교류 • 정보제공 • 교양
	ALA	• 교육 • 정보 • 미적 감상 • 조사 · 연구 • 레크리에이션
	일본	• 교양 • 조사 · 연구 • 레크리에이션
	한국	• 조사 · 연구 • 학습 • 교양 • 레크리에이션 • 기타 사회교육

출처: 김정희, 이상호 (2003). 公共圖書館의 空間構成 複合化 類型에 關한 硏究

공공도서관은 다수의 이용자를 대상으로 자료와 정보를 수집 및 제공하여 조사·연구활동을 적극적으로 지원하고 있다. 지역사회 주민들에게는 문화 · 예술 · 교양수준을 증진시키는 기회를 제공하여 레크리에이션과 평생교육 등의 기능도 확대해 나가고 있다(김금현, 이초린, 공순구, 2008).

표 2-2 공공도서관의 기능

구분	기능별 내용
기초봉사기능	자료의 수집, 장서구성, 정리, 보존 기능, 대출·반납, 열람실 운영 기능
확대봉사기능	예약제도, 참고봉사, 각종 DB관련 소재안내봉사, 분관 및 자동화 문고 운영, 독서교실, 문화교실, 취미교실 운영, 우편대출서비스, 정보검색 대행봉사, 각종 문화행사 주최와 협력, 상호대차 및 정보 네트워크, 컨소시엄
이용자봉사기능	일반봉사(아동, 청소년, 성인, 노인봉사) 특수봉사(신체장애자, 병원, 교도소, 공단봉사)

출처: 김금현, 이초린, 공순구 (2008). 공공도서관 관리공간의 표준모델에 관한 연구

공공도서관의 주된 목적을 원활하게 수행하기 위한 공공도서관의 기능은 크게 다섯 가지로 분류할 수 있는데, 지식정보센터로서의 기능, 평생교육센터로서의 기능, 사회문화센터로서의 기능, 여가센터로서의 기능, 생활편의센터로서의 기능이다.

그림 2-1 공공도서관의 기능

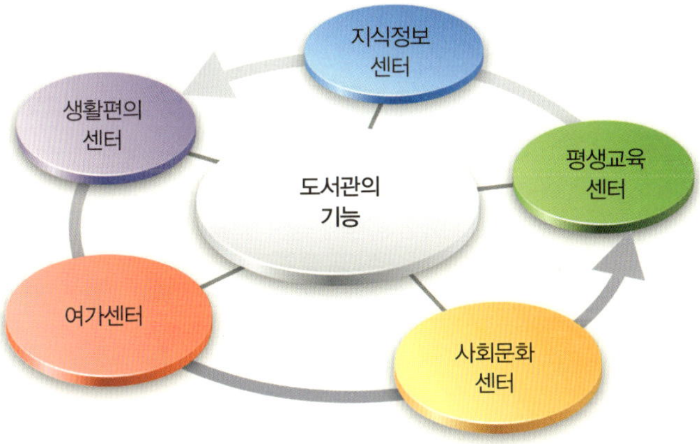

첫째, 지식정보센터로서의 기능은 국내·외에서 발간되는 유·무형의 자료를 수집, 정리, 보존하여 이용자에게 제공하는 기능을 말하며, 둘째, 평생교육센터로서의 기능은 이용자와 지역주민에게 자기개발에 필요한 자료와 교육프로그램을 제공하는 것을 말한다. 셋째, 사회문화센터로서의 기능은 지역사회와 함께 연계하여 지역주민이 문화적 소양과 삶의 질을 향상할 수 있도록 기회를 제공하는 것이며, 넷째, 여가센터로서의 기능은 지역주민의 삶을 윤택하게 만들기 위한 공간과 서비스를 제공하는 것이다. 다섯째, 생활편의센터로서의 기능은 지역자치단체와 협력하여 일상생활에 필요한

정보를 제공하여 지역발전과 지역주민의 생활안정에 기여하는 것을 말한다(문화체육관광부, 2013). 공공도서관의 기능을 좀 더 구체적으로 살펴보면 [표 2-3]과 같다.

▌표 2-3▌ 공공도서관의 기능 및 역할

기능	역할
지식정보센터	• 기록을 도서관에서 수집·정리·보존하여 후세에 전하는 문화전승기능 수행 • 수집된 정보를 체계적이고 신속하게 관리 • 이용자에게 정보접근 기회 확대 및 보편적 서비스 제공 • 정보복지 실현을 위한 정보사회의 구심점 역할 수행 • 네트워크 시스템(Network System)을 이용, 지역도서관 소장 및 이용한계를 극복, 다른 도서관으로의 접근성 확보
평생교육센터	• 모든 계층의 이용자를 대상으로 정보를 가공하여 전달 • 정보중개자로서의 역할 수행 • 지역주민에게 자기교육활동에 필요한 다양한 자료 제공 • 교육프로그램 장소 제공 • 학생들의 공식적 학습과정 보조 • 취학 전 어린이와 노인, 그 밖에 정규교육의 기회를 갖지 못한 사람들을 위한 특별프로그램 실시
사회문화센터	• 지역주민에게 문화적 소양을 기를 수 있는 기회 제공, 삶의 질 향상 • 지역의 전통문화를 중심으로 지역주민 참여 문화프로그램 제공 • 전시실, 극장, 세미나실 등의 문화공간 운영 • 미술관, 박물관과 같은 지역 내 다른 교육·문화기관과 협력하여 다양한 문화프로그램 제공
여가센터	• 지역주민에게 지역 내 커뮤니티 기관으로서 필요한 공간과 서비스 제공
생활문화센터	• 지역의 자치단체와 협력하여 민원서비스 제공 • 일상생활에 필요한 다양한 정보를 유기적으로 구축하여 제공 • 홈페이지를 통해 지역 및 생활정보 제공 • 해당 기관과 연계하여 보건·복지 관련 정보를 필요한 주민에게 제공

출처: 문화체육관광부 (2013). 공공도서관 건립운영 매뉴얼

1.2 공공도서관의 기능변화

1) 시대적 역할의 변화

도서관의 사회적 역할은 시대의 흐름을 반영하여 변화하여 왔으며, 이용자의 요구변화와 다양한 환경변화요인을 반영하여 왔다.

근대 이전의 도서관은 왕족, 귀족, 종교지도자와 같은 특정 계층에 한정되어 권위의 상징으로서의 역할이 컸다면, 근대도서관은 대중들에게 도서관이 개방되면서 현대의 공공도서관의 모습을 갖추기 시작하였다. 특정계층이 아닌 서민계층까지 이용자계

층을 확대하여 도서관서비스를 제공하였고 현대로 들어오면서 도서관은 더 이상 독서시설만을 제공하는 공간이 아닌 모든 계층에게 개방된 복합문화공간으로서의 역할로 확대되고 있다(장아리, 장연숙, 2007).

그림 2-2 ▌도서관의 시대적 역할변화

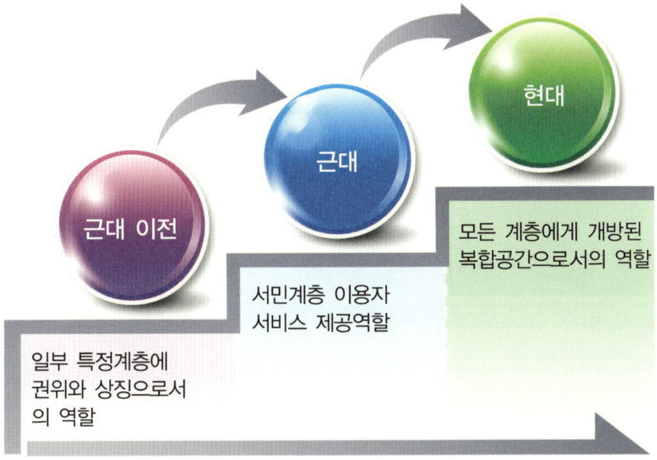

출처: 장아리, 황연숙 (2007). 공공도서관의 실내공간특성에 관한 연구 재편집

2) 정보화에 따른 기능변화

도서관은 과거의 자료수집과 보존이라는 전통적인 기능에서 벗어나 이용자에게 도서관서비스를 제공하는 기능까지 수행하게 하는 등 그 기능을 확대하고 있다. 또한 정보산업이 발전됨에 따라 도서관에서 수집하고 이용하는 자료의 유형과 이용자의 요구도 다양해졌다.

정보화의 영향으로 다양해진 공공도서관의 기능은 교육기능, 정보센터로서의 기능, 문화기능으로 분류할 수 있다(장아리, 황연숙, 2007). 첫째, 교육기능은 모든 계층의 이용자를 대상으로 평생교육을 제공하고, 지역사회의 특성을 고려하여 진행되어야 한다. 둘째, 정보센터로서의 기능은 산업사회가 요구하는 과학기술정보의 신속한 공급과 지역사회 정보센터로서의 역할을 수행하는 것이다. 셋째, 문화기능은 도서관에서 개인의 지적 활동과 문화활동, 여가활동을 지원하여 지역주민의 삶을 풍요롭게 만드는 데 기여하는 것이다.

1.3 공공도서관의 업무

공공도서관의 운영조직은 기능에 따라 사서과와 열람과로 나누어진다. 그리고 공공도서관 사서의 업무는 전문적 업무와 비전문적 업무로 분류할 수 있으며, 도서관서비스와 관리부분으로도 구분할 수 있다.

전문적 업무는 자료보전을 위한 방법과 기술 결정, 자료보관의 방침 결정, 보존을 위한 자료처리 지도감독, 수리 및 개안·정책안 수립, 개안할 자료 품목을 최종 결정하는 것이다. 그리고 비전문적 업무로는 제본·수리 및 개안할 자료의 사전 유형별 작업과 간단한 제본수리, 준비작업, 발송업무(제본소)와 제본수리에 대한 기록 유지, 제본 자료의 검수, 제본 자료의 초장과 풀기, 망실된 레이지의 복제 기입, 자료보존을 위한 기타 업무, 자료와 비품의 청결 유지가 있다.

공공도서관 운영에 있어서의 사서의 업무는 도서관서비스와 관리부분으로 구분할 수 있다. 먼저 도서관서비스는 직접서비스와 간접서비스로 구분할 수 있으며, 직접서비스에는 대인적 및 대자료적 서비스, 간접서비스에는 수집정리, 상호협력이 포함된다. 관리부분에는 기획, 서무, 연사, 시설관리 등 공공도서관의 운영적 업무와 경쟁력을 유지하는 것과 관련된 업무가 포함된다(김금현, 이초린, 공순구, 2008).

그림 2-3 ▌ 공공도서관의 업무

출처: 김금현, 이초린, 공순구 (2008). 공공도서관 관리공간의 표준모델에 관한 연구

1.4 공공도서관의 역할

1) 법령 및 국제단체에서 제시하는 공공도서관의 역할

① UNESCO와 IFLA의 공공도서관 공동선언

유네스코 공공도서관 선언문(1994)에서는 공공도서관을 이용자들이 모든 지식과 정보를 쉽게 이용할 수 있는 지방의 정보중심지라고 표현하였다. 또한 공공도서관의 기능은 연령, 인종, 성별, 종교, 국적, 언어 또는 사회적 신분에 관계없이 모든 사람들이 평등하게 접근할 수 있어야 하며, 일반적인 서비스를 이용할 수 없는 소수언어 민족, 장애인, 노약자 등과 같은 대상에게는 특수한 방법을 통해 서비스를 제공할 수 있어야 한다고 언급하고 있다.

표 2-4 UNESCO와 IFLA의 공공도서관 공동선언

UNESCO와 IFLA의 공공도서관 공동선언
1. 어린이가 독서습관을 기를 수 있도록 한다. 2. 모든 단계의 정규교육뿐만 아니라 자기주도적 학습을 지원한다. 3. 창의적이고 건설적인 발전을 할 수 있는 기회를 개인에 제공한다. 4. 어린이와 청소년의 상상력과 창의력을 자극한다. 5. 문화유산에 대한 자각, 예술과 과학적 발견, 혁신에 대한 이해를 돕는다. 6. 모든 행위예술의 문화적 표현에 대해 접근할 수 있게 한다. 7. 다양한 문화교류를 장려하고 문화적 다양성을 지지한다. 8. 구전되는 문화를 지원한다. 9. 모든 종류의 지역 정보에 시민이 접근할 수 있도록 보장한다. 10. 지역 회사, 단체, 동호회에 대한 적절한 정보 제공 서비스를 제공한다. 11. 컴퓨터와 정보활용능력의 계발을 촉진시킨다. 12. 모든 연령대를 대상으로 한 읽기와 쓰기 교육활동에 참여하고 지원한다. 만약 그러한 활동이 없다면 새로 시작한다.

출처 : IFLA/UNESCO Public Library Manifesto (1994). http://archive.ifla.org/VII/s8/unesco/eng.htm

②「도서관법」 제28조

「도서관법」 제2조4항에서는 공공도서관을 공중의 정보이용 · 문화활동 · 독서활동 및 평생교육을 위하여 국가 또는 지방자치단체가 설립 · 운영하는 도서관으로 명시하고 있다. 그리고「도서관법」 제28조에서는 공공도서관의 역할을 다음 [표 2-5]와 같이 제시하고 있다.

표 2-5 「도서관법」 제28조에 명시된 공공도서관의 역할

「도서관법」 제28조 내 공공도서관의 역할
1. 도서관자료의 수집·정리·보존 및 공중에 이용 제공 2. 공중에 필요한 정보의 제공 및 지방행정에 필요한 정보의 제공 3. 독서의 생활화를 위한 계획의 수립 및 실시 4. 강연회, 전시회, 독서회, 문화행사 및 평생교육관련 행사의 주최 또는 장려 5. 다른 도서관과의 긴밀한 협력 및 도서관자료의 상호대차 6. 지역 특성에 따른 분관 등의 설립 및 육성 7. 그 밖에 공공도서관으로서의 기능수행에 필요한 업무

③ 「도서관및독서진흥법」 제20조

「도서관및독서진흥법」에서는 공공도서관을 정보 및 문화·교육센터로 보고, 그 기능을 발휘할 수 있도록 공공도서관의 역할을 다음 [표 2-6]과 같이 명시하고 있다.

표 2-6 「도서관및독서진흥법」 제20조에 명시된 공공도서관의 역할

「도서관및독서진흥법」 제20조 내 공공도서관의 역할
1. 자료의 수집·정리·보존·축적 및 공중에의 이용 2. 공중에 필요한 정보의 제공 3. 지방행정 및 산업분야에 필요한 정보의 제공 4. 독서활성화를 위한 계획의 수립 및 실시 5. 강연회·감상회·전시회·독서회·기타 문화활동 및 평생교육 주최 또는 장려 6. 다른 도서관 및 문고와의 긴밀한 협력과 자료의 교환 또는 상호대차 실시 7. 도서관 업무에 관한 조사·연구 8. 기타 공공도서관으로서의 기능수행에 필요한 업무

2) 공공도서관 규모별 위계와 역할

공공도서관은 지역중앙관, 거점도서관, 소규모분관으로 분류되어 도서관 네트워크를 형성한다. 지역중앙관은 해당 지역의 봉사계획을 전반적으로 기획 및 관리하여 분관의 보존서고까지 운영하며, 거점도서관은 지역주민에게 특화된 독서 및 문화 프로그램을 제시하여 지역 내 커뮤니티 중심시설로서 운영된다. 소규모분관의 경우 지역주민에게 제한된 도서관서비스를 제공한다. 이에 따라 도서관은 지역의 인구규모와 특성에 따라 공공도서관의 규모, 공간구성, 세부공간 규모, 도서관의 지위가 정해지며, 그 역할이 달라진다(고흥권, 임채진, 임호균, 2012)

표 2-7 공공도서관의 유형별 기능

유형	기능	비고
지역 중앙관	• 해당 시·군·구의 중앙도서관 역할 • 소규모 분관과 작은도서관·이동도서관 등의 보완 인프라 운영지원 • 지역자료의 체계적인 수집, 정리 • 지역 내 도서관 인프라를 총괄한 정보서비스계획 수립 • 지역사회와 도서관 간의 협력망 구축, 운영	지역사회의 크기에 따라 거점도서관이 중앙도서관의 역할을 수행하는 경우도 있음
거점 도서관	• 읍·면·동 단위의 소규모 공공도서관 • 지역주민에 대한 대민서비스(대출·반납, 프로그램 운영) • 해당 소규모 지역공동체관련 자료의 수집, 정리	지역의 규모에 따라 소규모 분관이 그 역할을 수행할 수도 있음
소규모 분관	• 지역주민에 대한 제한된 도서관서비스 제공 • 접근성이 떨어지거나, 기타 사정으로 도서관서비스가 미치지 않는 지역에서 공공도서관의 대출·반납을 연계 지원하는 등의 서비스 포인트로서의 역할 수행	도서관의 인력, 재정 등에 따라 중앙관 혹은 거점 도서관이 수행

출처: 문화체육관광부 (2013). 공공도서관 건립·운영 매뉴얼

2 공간관련 규정 및 기준

2.1 「도서관법」과 「도서관법 시행령」

1) 공립 공공도서관

도서관의 시설과 자료의 기준은 「도서관법」 제5조(도서관의 시설 및 도서관자료)에 따르며, 공공도서관은 도서관자료의 보존·정리와 이용자의 편의를 위하여 적합한 시설 및 도서관 자료를 갖추어야 한다. 「도서관법 시행령」 제3조에 따르면 공공도서관의 시설과 자료의 기준은 다음 [표 2-8]과 같다.

봉사대상에서 인구는 도서관이 설치되는 해당 시(구가 설치된 시는 제외, 도농복합형태의 시는 동(洞)에 해당)·구(도농복합형태의 시는 동지역에만 해당)·읍·면지역의 인구를 말한다. 봉사대상의 인구가 2만 명 이상인 공립 공공도서관의 경우 열람실 외에 참고열람실, 연속간행물실, 시청각실, 회의실, 사무실 및 자료비치시설 등의 시설을 갖추어야 한다.

또한 전체 열람석의 20% 이상은 어린이를 위한 열람석이 되어야 하고, 전체 열람석의 10% 범위의 열람석은 노인과 장애인을 위한 편의시설로서 갖추어져야 한다.

표 2-8 공공도서관의 시설 및 도서관 자료의 기준

봉사대상 인구(명)	시설		도서관자료	
	건물면적(m^2)	열람석(개)	기본장서(권)	연간 증서(권)
2만 미만	264 이상	60 이상	3,000 이상	300 이상
2만 이상~5만 미만	660 이상	150 이상	6,000 이상	600 이상
5만 이상~10만 미만	990 이상	200 이상	15,000 이상	1,500 이상
10만 이상~30만 미만	1,650 이상	350 이상	30,000 이상	3,000 이상
30만 이상~50만 미만	3,300 이상	800 이상	90,000 이상	9,000 이상
50만 이상	4,950 이상	1,200 이상	150,000 이상	15,000 이상

공립 공공도서관에는 기본 장서 외에 다양한 자료를 갖추어야 하며 봉사대상 인구와 자료의 종류에 따라 기준이 달라진다. 먼저 봉사대상 인구 1천 명의 경우 1종 이상의 연속간행물, 봉사대상 인구 1천 명당 10종 이상의 시청각자료를 갖추되, 해마다 봉사대상 인구가 1천 명당 1종 이상의 시청각자료를 증대시켜야 하며, 향토자료와 전자자료 및 행정자료도 갖추어야 한다.

2) 사립 공공도서관

사립 공공도서관의 경우 공립 공공도서관의 시설기준보다 다소 완화된 기준을 적용하고 있다. 사립 공공도서관은 공립 공공도서관의 시설기준 중 봉사대상 인구가 2만 명 미만인 지역의 도서관이 갖추어야 하는 기준에 따라 시설과 도서관자료의 기준을 따르도록 하고 있다.

2.2 한국도서관협회의 권장기준

한국도서관협회에서 제시한 권장기준은 「도서관법 시행령」과 달리 권장면적과 열람석 확보를 위한 공식에 인구 1천 명당 면적과 열람석수를 추가함으로써 필요한 면적을 구체화하였다. 한국도서관협회의 권장기준에서는 「도서관법 시행령」과 동일하게 전체 열람석의 20%를 어린이를 위한 열람석으로 하고, 10%는 노인과 장애인을 위한 열람석과 시설로 하는 것을 기준으로 권장하였다. 또한 한국도서관협회의 한국도서관기준에서는 전체면적 중 자료공간을 40%, 이용자공간을 30% 이상 설치하도록 권장하였다.

표 2-9 한국도서관협회에서 제시한 공공도서관 시설기준

봉사대상 인구(명)	인구 1천 명당 면적(m^2)	인구 1천 명당 열람석	비고
5만 미만	40 이상	4.0 이상	
5만~10만 미만	37 이상	3.8 이상	
10만~20만 미만	33 이상	3.4 이상	
20만~50만 미만	28 이상	3.0 이상	분관 포함
50만~200만 미만	25 이상	2.8 이상	
200만 이상	24 이상	2.8 이상	

출처: 한국도서관협회 (2003). 한국도서관기준; 한국도서관협회 (2010). 한국도서관기준 개정연구

2.3 IFLA의 공간관련 규정 및 기준

IFLA는 공공도서관이 본연의 역할을 수행하기 위해서 공공도서관이 갖추어야 할 내부 환경을 다음과 같이 제시하였다(서혜란, 김선애, 강은영, 2008).

표 2-10 IFLA의 공공도서관이 갖추어야 할 내부 환경

IFLA의 공공도서관이 갖추어야 할 내부 환경
첫째, 도서관 장서를 보관하고 진열하기 위한 공간 둘째, 대중이 도서관서비스를 적절하고 편리하게 이용할 수 있는 안락하고 매력적인 공간 셋째, 직원들이 효율적이고 편안한 곳에서 업무를 수행할 수 있는 충분한 공간 넷째, 미래를 위한 공간과 변경가능성

출처: 서혜란, 김선애, 강은영 (2008). 공공도서관의 공간운영 실태에 관한 연구

2.4 호주 NSW Library Council의 공공도서관 공간운영기준

호주 NSW Library Council(2000)은 공공도서관 건물의 공간운영을 위한 가이드라인에서 미래의 공공도서관 건물이 갖추어야 할 공간의 의미에 대해 다음과 같이 언급하였다.

첫째, 지역사회를 위한 문화적 허브의 역할과 활동의 중심공간

둘째, 이용자들의 다양한 활동과 이용을 수용할 수 있는 다중 복합화공간

셋째, 친숙하고 쉬운 방법의 최신 정보기술 접근 용이

넷째, 휴식, 연구, 여가 그리고 학습을 위한 공간으로서 이용자 관심유도

다섯째, 효율적이고 효과적인 서비스 제공 수행

여섯째, 지역사회의 변화와 요구를 충족시키기 위한 모든 이해관계자와 상호협력

호주 NSW Library Council은 공공도서관의 전체 공간을 [그림 2-4]와 같이 6개 영역으로 구분하였고, 건물의 공간산출에서 장서규모를 기본요소로 하였다.

그림 2-4 ▌ 호주의 NSW Library Council에서 제시한 공공도서관의 공간영역 구성

호주 또한 개별공간이 차지하는 면적을 장서공간을 기준으로 산출하여 사용하였다. 각 영역별 공간비율은 장서공간의 경우 100%, 비품 및 기구보관공간은 15%, 이용자 열람 및 학습공간은 30%, 직원 사무공간은 35%, 문화프로그램과 문화여가공간은 20%, 선택적 · 부가적 서비스공간의 경우 도서관 특성에 따라 비율을 두며 적정비율을 다음 [표 2-11]과 같이 권장하였다.

▌표 2-11▌ 공공도서관의 공간영역별 기능

영역	기능	기준영역
Collection Areas (장서공간, 수장공간)	도서, 연속간행물, 비도서자료, 전자자료 등	100%
Resource Areas (비품 및 기구보관공간)	목록관련 비품, 복사기 등	10%
	제본기, 전화 등	5%
Reading and Study Areas (이용자 열람 및 학습공간)	미팅, 회의영역	10%
	학습영역	15%
	브라우징, 디스플레이, 인포메이션	5%
Staff Areas (직원 사무공간)	서비스데스크	15%
	사무작업공간	15%
	보관소	5%
Amenities (문화프로그램과 문화여가공간)	홀, 로비, 복도 등	10%
	화장실, 휴게실, 보관소 등	5%
	시설장비, 정비	5%

Optional Additional Service Areas (선택적·부가적 서비스공간)	어린이를 위한 스토리텔링공간	5~10%
	청소년을 위한 공간	5~10%
	특별장서공간	5~10%
	특수룸 지역 및 가계 역사공간	10~15%
	다목적공간, 교육훈련공간, AV룸	20~25%
	북숍, 커피숍	10~15%
	장난감도서관	10~15%
	커뮤니티, 은행서비스	10~20%
	기록물관리수장공간	5%
	이동도서관 서비스공간	5%
	중앙 또는 지역 작업공간	5%
	중앙 또는 지방 커뮤니티 사무실	5%
	기타(자관의 사정에 따른 추가공간)	5%

출처: The Library Council of New South Wales (2000). People places : a guide for public library buildings in New South Wales / prepared by consultants Heather Nesbitt in association with Bligh Voller Nield for the Library Council of New South Wales

2.5 미국의 PROVIDENCE Associates Inc 도서관 공간운영기준

미국 PROVIDENCE Associates Inc(2006)는 도서관의 공간운영 유형을 3가지로 구분하여 정의하였다. Net Usable Square Footage(이하 NSF), Net Assignable Square Footage(이하 NASF), Building Gross Square Footage(이하 BGSF)이다. 먼저 NSF는 개별 공간에 할당된 순수 이용가능한 공간으로 서가, 사무실, 컴퓨터워크스테이션, 지원, 계단, 전기설비공간 등 이용하지 않은 공간을 의미한다. NASF는 개별공간에 할당된 순수하게 이용가능한 공간과 이동, 인테리어 파티션 등의 관련 공간뿐만 아니라 부수적인 공간조직까지 포함하는 공간을 의미한다. BGSF는 실제이용공간과 개별공간유지를 위한 필요공간, 모든 부수적 공간을 의미하며 휴게실, 엘리베이터, 관리·보

표 2-12 도서관 유형별 공간 정의

공간유형	내용
NSF	개별공간에 배정된 순공간
NASF	개별공간에 배정된 순공간·부수적 공간, 즉 개별공간에 배정된 총공간
BGSF	전체 건물면적으로 NSF와 NASF를 합한 면적

출처: 국립중앙도서관 (2007). 도서관 공간운영 실태조사 및 표준모델 연구

관실, 중앙기계전기장치실, 환기 및 전기공급, 기둥, 외부벽 등에 관련된 공간이다(한국도서관협회, 2003).

1) 장서공간

장서공간은 도서관건물의 40~50%를 차지하며, PROVIDENCE Associates Inc와 Library Planners Consultants는 장서공간 산출에 고려할 요소로서 서가의 재질, 배가방식, 장서규모 및 이용자의 유형 등을 제시하였다. 자료의 유형은 성인도서, 아동도서, 연속간행물, 정부간행물로 구분하였고, 자료의 속성에 따라 대출자료, 참고자료, 신간도서 등으로 구분하여 자료유형당 필요면적을 제시하였다(국립중앙도서관, 2007).

표 2-13 자료유형에 따른 단위 면적당 책수

자료 유형	1평방피트(SF)당 권수(books)	1LF당 권수(vols.)
성인도서(Adult books) 대출자료(Circulating) 참고자료(Reference) 페이퍼북(Paperbooks) 신간도서(Current/Display)	• 1SF당 10책 • 1SF당 8책 • 1SF당 20책 • 1SF당 5책	• 8권 • 6~7권 • 15권 • 5~10권
아동도서(Children's books) 대출자료(Circulating) 그림책(Easy/Picture) 참고자료(Reference)	• 1SF당 18책 • 1SF당 26책 • 1SF당 8책	• 10권 • 14권 • 6~7권
연속간행물(Periodicals) 신간자료(Current issue) 제본(Backfile, Bound of Boxed)	• 1SF당 1호 • 1SF당 8~10권	• 1호 6~7권
정부간행물 (Government Document)	• 1SF당 10책	• 20~25 아이템

* SF(Square Feet): 1평방(입방)피트로 0.03831m^{3}에 해당됨
* LF(Linear Feet): 1LF는 0.3048m에 해당됨

출처: 국립중앙도서관 (2007). 도서관 공간운영 실태조사 및 표준모델 연구

장서공간 산출을 위해서는 자료유형뿐만 아니라 서가의 종류와 서가의 배열방식이 고려되어야 하며, 도서관마다 사용하는 서가가 모두 동일하지 않기 때문에 서가의 유형에 따른 필요공간 산출은 다음 [표 2-14]에 제시되었다.

▌표 2-14▌ 서가유형에 따른 자료 수용량 및 필요면적

서가의 유형	서가수	LF	성인		청소년		그림책
			대출자료	참고자료	대출자료	참고자료	대출자료
84″-90″H 단면서가	7	21	170	120			
84″-90″H 복식서가	14	42	340	240			
72″-78″H 단면서가	6	18	150	115			
72″-78″H 복식서가	12	36	300	195			
72″-78″H 복식서가	12	36	230	195			
60″-66″H 단면서가	5	15	120	100	115	100	
60″-66″H 복식서가	10	30	240	195	270	195	
45″-48″H 단면서가	3	9	65	60	75	50	125
5″-48″H 복식서가	6	18	130	100	130	100	180

출처: 국립중앙도서관 (2007). 도서관 공간운영 실태조사 및 표준모델 연구

미디어, 마이크로폼, 특수자료와 같은 비도서자료는 장정한 책을 기준으로 산출되며, 필요면적 산출에 대한 기준은 다음 [표 2-15]와 같다.

▌표 2-15▌ 비도서자료의 유형에 따른 필요면적

비도서자료 유형	1SF당 아이템 수	1LF당 아이템수
미디어(Media) • 오디오카세트 • 비디오카세트 • 콤팩트디스크(CD)	 1SF당 30테이프 1SF당 20카세트 1SF당 30디스크	 1SF당 20~22테이프 1SF당 8~10아이템 1SF당 15~20디스크
마이크로폼(Microfroms) • 필름 • 피시	 1롤당 0.09SF 1SF당 200장	
특수자료(Special Items) 지도, 프린트, 포스터 • 팸플릿 자료 • 마이크로폼 캐비닛 • 그림자료	사례별 40SF 캐비닛 1개당 20SF 캐비닛 1개당 20SF 캐비닛 1개당 20SF	

출처: 국립중앙도서관 (2007). 도서관 공간운영 실태조사 및 표준모델 연구

2) 이용자 열람공간과 사무공간

이용자 열람공간은 열람석의 유형에 따라 필요면적이 정해지며, 장서유형에 따라 열람석 비율이 달라진다(국립중앙도서관, 2007).

표 2-16 열람석 유형에 따른 필요면적

열람석 유형	열람석당 SF
성인/청소년(4′×6′) 열람테이블	25
성인 대형(5′×7′) 열람테이블	30
성인/청소년용 긴의자	30
성인/청소년용 학습열람석	35
성인/청소년용 접이식 테이블	20
성인/청소년용 마이크로필름 리더기/프린터	48
성인/청소년용 컴퓨터	36
성인/청소년용 공부방	20
관객용 의자 • 고정좌석 • 접이의자	 10~12 10~15
긴의자(2인용)	10
회의실/테이블	25~30
6인용 열람테이블(4′×9′)	20
다목적방 • 극장스타일 의자 • 테이블 달린 의자	 10~12 15~20
정보검색용 컴퓨터 단말기(독립형)	24
어린이용 의자	5

출처: 국립중앙도서관 (2007). 도서관 공간운영 실태조사 및 표준모델 연구

작업실 및 직원들의 사무공간은 이용자의 열람공간산출과 같이 직원수, 직원의 유형, 워크스테이션 유형에 따라 정해진다(국립중앙도서관, 2007).

표 2-17 직원 및 워크스테이션의 유형에 따른 필요공간

워크스테이션 및 직원의 유형	한 대당 필요공간(NSF)
워크스테이션 – 6′×6′	36
워크스테이션 – 6′×8′	48
워크스테이션 – 8′×8′	64

워크스테이션 – 8′×10′	80
비서 및 안내를 위한 사무/워크스테이션 공간	120~200
사서를 위한 사무/워크스테이션 공간	120~120
부장을 위한 사무/워크스테이션 공간	150~180
관리자를 위한 사무/워크스테이션 공간	180~225
책임자를 위한 사무/워크스테이션 공간	200~400
작업대(3′×5′)+작업의자 2개	75
작업대(4′×6′)+작업의자 4개	96

출처: 국립중앙도서관 (2007). 도서관 공간운영 실태조사 및 표준모델 연구

3) 기타공간

서가공간과 열람공간, 사무공간이 정해지면 도서관에서 필요한 여러 가지 다양한 물품을 위한 면적을 정해야 한다. Providence Associates Inc는 도서관이 다양한 품목을 소장할 경우를 위한 기준을 다음과 같이 제시하였다(국립중앙도서관, 2007).

표 2-18 기타 다양한 품목들을 위한 필요공간 품목

기타 다양한 품목들을 위한 필요공간 품목	품목당 면적(SF)
지도책/사전 독서대	25
북트럭	8
카드식 목록 서고(공간) • 목록함(서랍-60개) • 내장형 목록함(서랍-60개)	 45 21
전시함 • 독립형 • 벽걸이형	 30~50 20~30
입구/로비	225~3,000
미디어 장식장/넓은 서랍	20
미디어 전시함 • 오디오카세트 보관함(1,200개) • 비디오카세트 보관함(240개) • CD보관함(440개)	 40 40 40
복사기(평상형)-넓이조절 가능	48
이용자서비스/직원당 책상(대출)	80~120
이용자서비스/직원당 책상(참고서비스)	80~120
보관소	100~1,000

직원 사물함(작은 사이즈)	풀타임직원/봉사자당 2.5NSF
직원 사물함(큰 사이즈)	풀타임직원/봉사자당 5NSF
직원 사물함(본관)	풀타임직원/봉사자당 15NSF
직원 사물함(별관)	풀타임직원/봉사자당 25NSF
임시(여분)룸	100~1,000
임시(여분) 캐비닛	36~48

출처: 국립중앙도서관 (2007). 도서관 공간운영 실태조사 및 표준모델 연구

3 공간규모계획

3.1 공공도서관 공간구성에 영향을 미치는 요인

공공도서관의 공간구성에 영향을 미치는 요인에는 여러 가지가 있다. 곽철완(2005)은 도서관 이용목적과 도서관 내 활동에 따라 공간구성에 영향을 미치는 요인을 이용자의 연령, 경제수준, 교육수준, 동반자 형태, 이용빈도, 방문 소요시간, 교통수단, 이용시간 등으로 정리하였으며, 그 내용을 도식화하면 다음 [그림 2-5]와 같다.

그림 2-5 공공도서관 공간구성과 관련된 요인

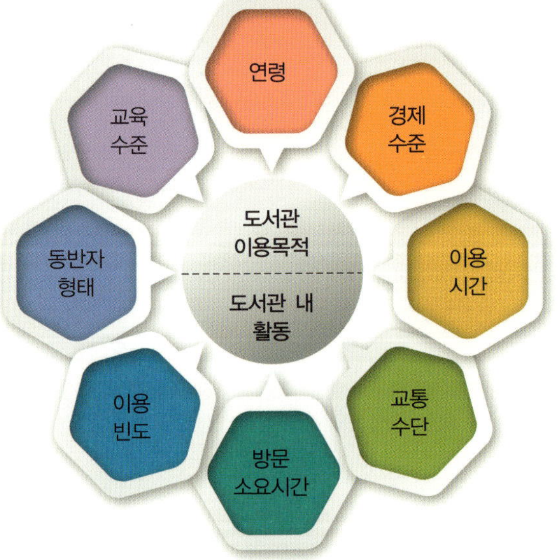

3.2 공간구성의 변화

1) 시대별 공간구성의 변화

공공도서관의 기능과 공간은 2000년대 전후를 기준으로 많은 변화가 있었다. 2000년대 이전의 공공도서관의 경우 공공도서관의 기능과 공간은 장서보존과 자료열람에 초점을 맞추어 운영하였다.

1980년대의 도서관의 조직과 기능은 장서보존과 열람, 관리업무 위주의 공간으로 구성되었다. 폐가서고 및 목록실, 북모빌(book mobile: 이동도서관), 대출공간, 사무 및 관리공간이 활성화되었고, 집회 및 문화관련공간은 축소되어 운영되었다. 폐가서고의 비율은 공공도서관의 자료열람부문에서 매우 높았고, 자료관리를 위한 목록실이 도서관의 가장 큰 영역을 차지하고 있었다. 그러나 1990년대에 들어오면서 주민이용부분이 보다 강조되었다. 아래의 [표 2-19]는 1990년대의 도서관 소요공간에 대해 정리한 것이다. 1990년대에 주민이용부분에서 폐가제와 개가제가 공존했다는 점이 특징적이다(고재민, 조현양, 고홍권, 2015).

표 2-19 1990년대 소요공간 분류기준

구분	구성요소	구체적 구성성분
주민 이용 부분	열람부분	개가제 일반열람실, 주제별 열람실, 아동열람실, 청소년열람실, 노약자열람실, 향토열람실, 점자자료실, 지방행정자료실, 연구실, 경독서실, 특수자료실 등
	참고 및 연속간행물 부분	참고자료실, 연속간행물실, 정보안내코너 등
	서고부분	폐가제서고, 보존서고, 시청각자료고, 고서 및 고문서보존고 등
	대출부분	대출실, 독서상담실 등
	시청각 봉사부분	음악감상실, 마이크로자료실, 전시실 등
	집회부분	중소집회실, 시청각실, 영사설비, 음향설비 등
	공중을 위한 부분	이야기방, 입구, 현관홀, 식당, 화장실, 복도, 계단 등
지원 봉사 부분	사무, 작업 및 직원용 부분	관장실, 사무실, 수서실, 정리실, 열람봉사업무실, 복사제본실, 회의실, 프로그램기획실, 강의실, 탕비실, 화장실 등
	건물의 유지관리 (서비스)부분	보일러실, 수위실, 숙직실, 전기실, 기계실, 창고 등
	이동문고부분	이동문고작업실, 이동사무실, 차고, 화장실, 휴게실 등
	외부부분	자전거보관소, 주차장 북포스트

출처: 고재민, 조현양, 고홍권 (2015). 도서관 소요공간에 따른 면적구성에 관한 연구

2000년대 이후로 들어서면서부터는 공공도서관의 소요공간이 자료열람부분, 문화교육부분, 관리업무부분, 공용부분, 기타 부분 등으로 세분화되었다.

기존의 자료수집과 보존의 기능을 하던 공간이 줄어들고 그 공간을 디지털 기기 및 매체가 채우게 되었다. 그리고 이용자의 이용부문이 늘어나면서 관리자공간과의 경계도 개방되었다. 목록검색방법의 변화와 함께 PC검색대를 배치한 검색공간이 추가되었고 다양한 계층의 사용자가 자유롭게 정보에 접근할 수 있도록 서가공간이 변화되었다.

정보공간에는 다양한 자료유형을 이용하기 위해 디지털자료실이나 전자정보실이 생겨났고, 공공도서관의 문화적인 기능 및 여가활동을 지원하는 커뮤니티공간이 추가되었다(장우석, 손광호, 2011).

공공도서관 건립 · 운영매뉴얼(2013)에서는 2000년대 이후 공공도서관의 소요공간을 자료열람부분과 문화교육부분, 관리업무부분, 공용부분으로 구분하였다. 자료열람부분에서는 일반자료열람실, 연속간행물실, 귀중 · 향토자료실, 멀티미디어열람실, 실버 · 장애인열람실, 디지털열람실, 어린이자료열람실, 유아자료열람실, 이야기방, 어린이문화교실 등을 포함하고 각각 독립된 실의 여부는 필수가 아니며, 기본적으로는 통합된 공간으로 설정된다고 하였다. 문화교육부분에서는 문화교육실(강의실, 동아리실 등), 다목적실 · 시청각실, 전시실 · 전시영역, 학습실 · 일반열람실 · 자유열람실을 포함하고 관리업무부분에서는 보존서고실, 관장실, 사무실, 문서보관실, 직원회의실, 탕비실, 직원휴게실, 자원봉사자실, 서버 및 통신실, 자료반입 및 정리실, 인내 등을 포함한다. 공용부분에서는 홀, 계단, 엘리베이터 복도, 화장실, 식당, 주방, 휴게실을 포함하고, 기타부분에서는 기계실, 전기실, 창고, 지하주차장을 포함하고 있다(문화체육관광부, 2013).

표 2-20 2000년 이후 공공도서관 소요공간

구분	공간	
자료열람부분	일반자료열람실	일반자료열람실, 연속간행물실, 귀중 · 향토자료실, 멀티미디어열람실, 디지털열람실 등
	어린이자료실	어린이자료열람실, 유아자료열람실, 이야기방, 어린이문화교실 등
문화교육부분	문화교육실	강의실, 동아리실 등
	다목적실 · 시청각실	
	전시실 · 전시영역	

	학습실 · 일반열람실 · 자유열람실	
관리업무부분	보존서고실	
	사무실	관장실, 사무실, 문서보관실
	사무지원	회의실, 탕비실, 직원휴게실, 자원봉사자실, 서버 및 통신실, 자료반입 및 정리실, 안내 등
공용부분	홀, 계단, 엘리베이터, 복도, 화장실 등	
	식당, 주방	
	휴게실	
기타	기계실, 전기실, 창고 등	
	지하주차장	

출처: 고홍권, 임채진, 임호균 (2012). 공공도서관 공간규모계획기준에 관한 기초적 연구

공간구성 변화에 따라 기존 도서관에서 사용하던 가구와 달리 새로운 가구형태의 가구디자인도 등장하였다. 주로 목재로 한정되어 있던 서가는 유리타일과 알루미늄 프레임을 사용하는 심미적인 측면까지 고려되어 변화되었다.

서가와 열람공간을 통합하거나 점차 개방형태의 공간이 나타나기 시작했고, 열람공간의 가구는 폐가형에서 개가형으로 바뀌었다.

정보공간에서는 디지털 자료를 이용하기 위해 서버실이나 전자정보실이 생겨났고 다양한 기기의 등장으로 TV와 비디오플레이어를 놓는 시청각 부스가 생겨났다. 또한 공공도서관의 문화적인 기능과 역할이 증대되고 요구되어 지역주민들의 문화여가공간을 지원하는 문화강의실, 시청각실, 전시실과 같은 다양한 기능의 공간들이 추가되었다(장아리, 황연숙, 2007).

2) 공공도서관의 중심공간체계 변화

① 공공도서관의 공간성격 변화

정보산업의 발달로 네트워크화된 공공도서관의 특징은 도서관이 정보중심시설에서 이용자중심시설로 비중이 바뀌었다는 것이다. 이용자를 위한 공간, 이용자가 효율적으로 사용할 수 있도록 한 'Open Space'가 공공도서관의 중심이 되었고, 이는 중심공간의 공동화와 입체화로 요약되어 탈중심적 공간이 구체화되었음을 보여준다(양성원, 김억, 2004).

② 공공도서관의 공간이동과 분화

양성원과 김억(2004)은 현대의 네트워크화된 공간이 과거의 공간개념을 대신하고 있으며, 네트워크화된 공간은 이동성을 중시하는 공간 개념으로서 과거의 단일 기능 중심공간이 여러 개의 공간으로 분화된 다(多)중심공간화되었다고 하였다.

이러한 의견을 정리해 볼 때 공공도서관의 중심공간은 시설중심의 공간에서 도서관을 이용하는 사용자중심공간으로 변화되었고, 폐쇄적이고 독립적으로 운영되었던 공간은 개방된 공간이자 상호보완적인 공간으로 변화되었다고 볼 수 있다.

3.3 공공도서관의 공간구성

1) 지역사회 접근성 및 환경

공공도서관의 위치는 이용자의 접근성을 높이기 위해 대중교통이 가까운 교통중심지의 전철과 버스노선 도로와 가까운 곳에 위치하는 것이 바람직하다.

도서관의 주변환경은 자연환경과 함께 도서관을 이용할 수 있도록 공원과 접한 공원부지에 접해 있는 것이 좋으며, 도서관 주변에 문화시설과 평생기관들이 위치해 있을 경우 연계사업 및 지역주민들이 편리하게 오갈 수 있다. 공공도서관 위치와 주변환경 선점에서 학교나 교회, 기타 소음이 발생되는 환경시설은 피하는 것이 좋다(강영숙, 2009).

2) 층 구성

도서관의 규모는 지하 1층에서 지하 2층을 포함하여, 지상 3층 또는 지상 4층 규모로 정보제공공간 및 개인학습공간, 평생학습공간을 제공할 수 있어야 한다. 또한 대지면적의 한계로 지하에 주차시설을 확보하도록 편의를 제공해야 한다. 지하에는 시청각실 및 평생학습실을 제공하여 소음이 도서관 전체로 전달되지 않도록 하고 1층 공간에는 어린이 자료실과 노인실, 장애인실이 위치할 수 있도록 하여 이용자의 접근성이 용이하도록 한다. 그리고 가능하다면 일반자료실을 2층에 위치하도록 하여 자료의 대출과 반납을 편리하게 이용할 수 있도록 한다. 휴게공간의 경우 각 층마다 배치하여 이용자들이 틈틈이 쉴 수 있도록 설치하는 것이 좋다.

또한 일반열람실은 자료실이용자와 혼선을 방지하기 위해 별도의 건물로 분리하여 운영하는 것이 좋으며 학습실을 제공할 경우 이용자 수요를 고려하여 화장실, 휴게실

의 공간을 다른 층보다 넓게 제공해야 한다(강영숙, 2009)

공공도서관의 면적과 열람석의 규모는 법적 기준을 넘는 면적과 열람석수를 확보하되 융통성 있게 상황에 따라 변화할 수 있도록 해야 한다. 강영숙(2009)은 그 기준을 정리하여 다음 [표 2-21]과 같이 제안하였다.

표 2-21 공공도서관의 공간별 면적비율

구분	면적구성 비율
장서공간	40%
열람공간	
교육·집회공간	10%
서비스공간	10%
관리·지원공간	10%
공용공간	30%

출처: 강영숙 (2009). 지역사회 친화형 공공도서관 공간구성에 관한 연구 재편집

3) 도서관 외부 공간구성

도서관의 외부공간으로는 주차장, 도서관 입구, 도서관 정원이 포함된다. 도서관의 외부공간 중에서도 가장 중요하게 다뤄지는 부분은 주차장이다. 이는 공공도서관 주차장의 협소함으로 인해 도서관을 이용하는 이용자들이 기피하는 사례가 많기 때문이다. 주차공간을 확보할 시 장애인용 주차공간도 함께 확보해야 한다. 또한 지상 주차장 외에 지하 주차장도 반드시 확보하여 이용자의 출입이 편리하도록 해야 하며, 자전거 보관소, 어린이 자료실을 이용하는 유아들을 위한 유모차 보관소도 확보되어야 한다.

도서관의 입구는 도보로 도서관을 방문하는 이용자와 승용차가 도서관에 진입하는데 불편함이 없도록 충분히 고려하여 공간을 확보해야 한다. 또한 도서관의 입구에서 연결되는 1층 현관공간은 도서관 이용자들이 도서관에 대한 친근감과 매력을 느낄수 있도록 계획해야 하며, 계단식 출입구 외에 장애인 휠체어가 드나들 수 있도록 턱이 없는 경사로를 설치해야 한다.

도서관의 정원은 이용자들의 휴식공간을 제공하는 기능과 평생학습 전시공간이나 야외음악회, 공연 등과 같은 특별활동공간으로도 활용할 수 있다. 따라서 다양한 공간으로 활용할 수 있도록 아름답게 꾸미는 계획이 필요하다(강영숙, 2009).

4) 도서관 내부 공간구성

강영숙(2009)은 도서관의 내부 공간을 장서 · 열람공간, 교육 · 집회공간, 관리 · 집회공간, 공용공간으로 구분하였으며, 이에 따른 내부 공간구성을 다음 [표 2-22]와 같이 제시하였다.

[표 2-22] 공공도서관의 내부 공간구성

공간요소		공간구성
장서 · 열람 공간	어린이자료실	• 독서공간을 위한 열람석 확대(어린이와 동반하는 보호자와 이용자 수를 감안) • 도서관법기준에 따라 어린이실 좌석수는 전체 열람석의 20% 이상 좌석으로 마련 • 검색대 코너, CD/DVD 코너, E-book 코너는 독서환경이 저해되지 않는 공간에 배치, 사서직원이 관리가 용이한 거리에 배치 • 영유아를 위한 유아실을 설치하고 방음처리가 잘 되도록 설치 • 유아실의 경우 영유아의 특성을 고려하여 온돌을 바닥에 깔아 자유롭게 이용할 수 있도록 설치 • 유아실에 수유공간을 별도로 설치하여 부모들의 편의제공 • 어린이자료실의 화장실은 가까운 곳에 위치하되 아기와 함께 이용하는 가족을 배려하여 기저귀대 또는 기저귀테이블을 설치하도록 함 • 어린이자료실의 화장실은 부모가 함께 하는 경우가 있기 때문에 부스의 공간을 넓게 설치하도록 함
	노년층 · 장애인실	• 몸이 불편한 이용자층을 고려하여 현관에서 가까운 1층에 위치 • 장애인실은 낭독코너, 저시력 확대 독서기, 휠체어 전용 열람책상을 갖출 수 있는 공간 확보 • 장애인실은 휠체어가 출입할 수 있도록 넓은 동선 공간 확보
	디지털자료실	• 디지털자료실은 창문이 햇볕을 차단하여 모니터를 보는 데 불편함이 없도록 블라인드 설치 • 동영상 및 기타 미디어를 위한 공간 확보 • 어학 코너를 별도 마련 • 노트북 이용자를 위한 좌석 설치 • 이용자들이 자료를 출력할 수 있는 프린터와 스캐너기 설치
	일반 개가 열람실	• 많은 이용자들이 드나드는 공간으로 이용자들의 짧은 이동 동선을 위해 1층 또는 2층과 같이 낮은 층에 설치 • 대출 · 반납데스크는 출입구와 가까운 곳에 설치 • 대출 · 반납데스크는 자료실이 잘 보이는 곳과 도난방지시스템이 가까운 위치에 설치 • 대출 · 반납 시 기다리는 이용자들의 공간 확보 • 자료실 입구에 도난방지기 설치 • 대출 · 반납데스크는 2인 이상 직원들을 배치할 수 있는 공간으로 확보 • 직원의 별도의 작업공간은 대출 · 반납데스크와 가까운 곳에 설치
	일반자료실	• 서가는 자료실 면적에 따라 적정 서가를 비치하여 자료를 배열 • 열람석의 규모는 자료실 하루 평균 이용자수를 고려하여 좌석수 확보

<table>
<tr><td rowspan="3">교육 · 집회공간</td><td></td><td>• 서가 사이 공간은 북 트럭과 휠체어가 드나들 수 있는 공간으로 확보</td></tr>
<tr><td>일반열람실</td><td>• 칸막이가 없는 열람석과 칸막이가 있는 열람석으로 각각 구성
• 칸막이가 있는 열람석은 탁자 위의 칸막이 높이가 60cm 이상으로 제공
• 장애인들이 일반열람실의 열람석을 이용할 수 있도록 장애인 열람석 확보
• 일반열람실의 별도의 냉 · 난방기 설치
• 일반열람실의 환기를 위한 개폐창문은 크게 설치</td></tr>
<tr><td>평생학습실</td><td>• 프로그램 특징상 소음이 있는 경우가 많기 때문에 지하공간이나 1층에 배치
• 많은 인원이 참여하는 경우가 많기 때문에 자료실 이용자와 일반열람실 이용자들과 혼선을 피하는 장소공간으로 배치
• 어린이실 및 노인학습실과 가까운 곳에 평생학습실 배치(어린이와 노인을 위한 프로그램 운영 시 이동거리와 소음을 해결하고 이용편의 제고)
• 다양한 평생학습프로그램을 제공하기 위해 대 · 중 · 소 규모의 평생학습실이 제공되도록 다양한 규모의 다목적실 설치
• 별도의 냉 · 난방시설 설치</td></tr>
<tr><td></td><td>다목적실</td><td>• 지역주민을 위해 문화공연 등을 겸한 다목적실 공간 설치
• 대형 다목적실의 경우 소음이 발생하기 쉽기 때문에 방음이 철저히 되도록 하고, 습기, 환기시설을 완비하여 실내공기를 쾌적하게 하도록 공간 마련
• 별도의 냉 · 난방시설 설치</td></tr>
<tr><td rowspan="5">관리 · 지원공간</td><td>사무실</td><td>• 이용자들의 요구도와 이용자행태를 쉽고 정확하게 파악하기 위해 중간층(2~3층)에 배치</td></tr>
<tr><td>열람봉사과</td><td>• 열람봉사를 지원하는 공간은 중간층에 배치하여 자료실 지원 및 열람자 지원에 신속하게 대응할 수 있도록 함</td></tr>
<tr><td>자료정리과</td><td>• 자료를 이동하는 데 불편함이 없도록 엘리베이터와 가까운 공간에 위치</td></tr>
<tr><td>기타 관리 지원 및 관장실</td><td>• 도서관의 구조와 기능을 고려하여 적당한 위치에 배치</td></tr>
<tr><td>직원들의 휴식공간</td><td>• 락커룸과 휴식공간 사무실 내 별도 배치</td></tr>
<tr><td rowspan="3">공용공간</td><td>현관</td><td>• 도서관의 현관은 탁 트이고 시원한 감을 느낄 수 있도록 넓게 공간구성
• 드나드는 이용자가 많은 곳으로 전시회를 개최할 수 있는 전시공간으로 공간구성</td></tr>
<tr><td>입구</td><td>• 입구에 무인열람 발급기, 홍보물 전시대, 게시판 공간을 확보
• 안내데스크 등을 고려한 충분한 공간 제공
• 일반열람실(학습실) 이용자들을 위한 대기자 공간을 확보하여 도서관 입구에서부터 길게 줄을 서서 기다리는 시간을 절약할 수 있도록 이용자의 편의공간 제공</td></tr>
<tr><td>각 층의 계단</td><td>• 이용자들의 안전성을 고려하여 계단의 넓이, 기본 계단 폭크기, 경사가 급하지 않은 완만한 계단형태가 제공되도록 설치</td></tr>
</table>

	화장실	• 하루 이용자수를 감안하여 충분한 화장실 칸 수와 공간이 확보되어야 하며, 남자화장실 칸 수보다 여자화장실 칸 수가 더 많이 제공되도록 설치 • 일반열람실이 한 층에 집중되어 있는 경우 다른 층의 화장실보다 화장실 칸 수를 더 많이 설치해야 함 • 장애인전용화장실도 별도로 설치해야 하며, 장애인이 이용하지 않을 시에는 일반인도 이용할 수 있도록 함 • 여자화장실의 경우 세면대를 사용하는 이용자와 화장을 하는 이용자의 혼재로 불편함이 초래하기 때문에 파우더 코너를 마련하여 이용자의 편의성을 제고함 • 어린이이용자를 위해 어린이화장실 칸을 별도로 설치하거나 어린이 체형에 맞는 변기 및 세면대를 설치 • 식당 또는 매점이나 다목적실 등 이용자가 많이 이용하는 공간에는 반드시 화장실을 설치하도록 함
	엘리베이터	• 장애인, 노약자, 몸이 불편한 이용자, 유아를 동반한 가족들의 이용을 위해 현관에서 가까운 곳에 위치해야 함 • 북트럭, 서가, 열람대를 옮길 수 있도록 해야 하며, 장애인이 휠체어를 사용하는 데 불편함이 없는 크기의 대형 화물용 엘리베이터(17인승)가 설치되어야 함 • 도서관에 지하 층이 있다면 지하에도 엘리베이터를 운행할 수 있도록 설치

출처: 강영숙 (2009). 지역사회 친화형 공공도서관 공간구성에 관한 연구 재편집

3.4 공공도서관의 공간구성 요소

김여경, 정지석, 최무혁(2003)은 도서관 건물의 구성요소로 열람부문과 교육 · 집회부문, 관리 · 업무부문, 서비스부문과 그 외 기타부문으로 나누고 있으며, 그 세부사항은 [표 2-23]과 같다.

표 2-23 공공도서관의 구성요소와 세부사항

구성요소		세부사항
열람부문	일반열람실	학습실(일반열람실, 청소년열람실)
	개가열람실	창고열람실, 정기간행물실, 향토 및 지방행정 자료실, 멀티미디어실, 전자정보열람실, 자료검색실
	폐가열람실	폐가서고, 보존서고, 대출실, 목록실
교육 · 집회부문		집회실, 강당, 시청각실, 강의실
관리 · 업무부문		관장실, 사무실, 회의실, 직원휴게실, 경의실, 숙직실, 작업실, 소독실, 작업실 겸 서고, 차고
서비스부문		휴게실, 식당, 주방, 매점
기타부문		입구, 현관홀, 화장실, 복도, 계단, 기계실, 전기실, 변전실, 주차장

출처: 김여경, 정지석, 최무혁 (2003). 공공도서관의 공간구성비 변화에 관한 연구

1) 국내외 공공도서관 기능 및 실별 공간구성

안인자 등(2011)은 공공도서관 기능 및 실별 공간구성을 공간별, 공간용도별, 장소 명칭, 해당 실의 기능별로 다음 [표 2-24]와 같이 분석하였다.

표 2-24 국내외 공공도서관의 구성요소와 세부사항

호주NSW	미국 Province Associates Inc.	프랑스대학 IFLA 대학도서관 강의	도서관 편람	서혜란 외	공간용도 (종합)	기능
장서공간	장서공간	장서공간	자료 공간	장서공간	• 참고자료실 • 신문자료실 • 종합자료실 (주제별 자료실) • 정기간행물실 • 디지털자료실 • 시청각자료실	• 각종 인쇄매체 및 디지털매체를 매개하고 관리하는 공간
열람학습공간	이용자 열람공간	열람공간	이용자 공간	열람공간	• 일반열람실 • 어린이열람실 • 청소년열람실 • 노인열람실 • 정보검색코너 • 대출반납코너 • 개별학습공간	• 열람공간, 멀티미디어공간, 대출반납공간, 학습공간이 포함됨 • 이용자들이 자료와 멀티미디어기기를 열람할 수 있도록 한 공간 • 이용자 특성에 맞추어 놓은 공간 • 자료의 대출 및 반납, 이용상담을 위한 공간 • 새로운 도서나 자료를 비치하여 이용자의 이용을 유도할 수 있는 공간 • 인터넷 정보검색이 가능한 공간
사무공간	사무공간	사무공간	직원 공간	사무공간	사무실	• 자료의 수서업무, 관리업무가 전반적으로 이루어지는 공간
문화여가공간		전시 · 회의 공간		전시, 회의, 교육, 문화공간	강당, 세미나실	• 집회가 가능한 공간 • 프로그램 시행이 가능한 공간
비품공간		기술 · 지원 공간	공유 공간	지원공간	복사설비실	

<table>
<tr>
<td rowspan="2">선택적 공간:
• 스토리텔링공간
• 청소년을 위한 공간
• 특별장서공간
• 가계역사공간
• 다목적공간
• 교육훈련공간
• A/V룸
• 북카페
• 장난감도서관
• 기록물관리수장공간
• 이동도서관서비스
• 중앙 또는 지역 작업공간</td>
<td rowspan="2">기타 공간</td>
<td rowspan="2"></td>
<td rowspan="2"></td>
<td rowspan="2">선택적 공간:
• 스토리텔링공간
• 기록물관리공간
• 특별장서 공간</td>
<td>• 폐가제서고
• 보존서고</td>
<td>• 특별한 관리가 필요한 자료를 따로 보존하여 보관하는 공간</td>
</tr>
<tr>
<td>• 향토자료실
• 점자자료실
• 카페 및 휴게실
• 건물유지관리실</td>
<td></td>
</tr>
</table>

* 호주 New South Wales의 도서관의회(Library Council)의 공공도서관 공간운영기준
* Province Associates Inc와 Library Planner Consultants가 제안하는 도서관 공간운영기준
* 프랑스 신축도서관 건물평가(valuation of New Building)연구팀에 의하여 제안된 대학도서관공간운영 권장사항
* IFLA 대학도서관 공간구분은 프랑스에서 제시한 제안과 동일
* 스페인의 'Diqutacio de Barcelona'에서 표준으로 제시하고 있는 바르셀로나지역의 공공도서관 공간운영의 기준
* 표의 핵심은 핵심공간, 비핵심은 비핵심공간을 의미
* 문헌자료공간은 문헌자료공간에 포함된 각 자료실 내의 서가 점유공간을 의미
* 열람공간은 각 열람실에서 서가가 점유하는 공간은 제외한 공간을 의미

2) 공간구싱요소별 면직비

규모별 소요공간에 관한 지침은 규모에 따라 다르게 나타나며 15만 명 도시의 지역중앙관과 인구 2만 명 단위의 분관의 공간구성부분별 면적비를 살펴보면 다음 [표 2-25]와 같다.

[표 2-25] 공공도서관 공간구성요소별 면적 비율

<table>
<tr><th colspan="2" rowspan="2">공간구성요소</th><th colspan="2">면적배분(%)</th></tr>
<tr><th>지역중앙관</th><th>분관</th></tr>
<tr><td rowspan="3">자료열람부문</td><td>일반자료열람실</td><td rowspan="3">35~45</td><td rowspan="3">40~50</td></tr>
<tr><td>어린이자료열람실</td></tr>
<tr><td>디지털자료열람실</td></tr>
</table>

업무관리부문	보조서고	16~22	13~20
	업무관리실		
	기계실, 전기실, 창고		
문화교육부문	전시실, 교육, 문화, 학습실 등	8~15	6~10
공용부문		25~30	25~30
합계		100	100

출처: 문화체육관광부 도서관 정보정책기획단 (2010). 공공도서관 건립 · 운영 매뉴얼

3) 기능변화에 따른 공간요소

공공도서관은 2002년 '도서관발전종합계획'의 수립을 기점으로 디지털자료실 설치가 의무화되었으며, 이에 따라 공공도서관의 기능별 공간구성요소도 변화되었다(송승언, 김석태, 2011).

공공도서관이 목적과 기능을 제대로 수행하고 지역의 문화센터 역할을 수행하기 위해서는 인쇄자료뿐만 아니라 비인쇄자료를 포함하여 충분한 자료를 제공해야 하며, 각종 문화행사와 전시회, 강연회 등의 다양한 형태의 프로그램을 운영해야 한다. 공공도서관은 정보환경변화에 따라 그 역할도 변화되어야 한다(서혜란, 김선애, 강은영, 2008).

공간 사용자를 기준으로 이용자와 관리자, 공용공간으로서의 기능요소를 세분화하여 나타내면, 이용자의 경우 열람실, 디지털자료실, 멀티미디어실, 시청각실, 세미나실, 전시실 등으로 볼 수 있고, 관리자의 경우 관장실, 사무실, 회의실, 직원휴게실, 대출실, 서고 등이 있다. 공용공간으로 사용되는 곳은 휴게실과 식당, 주방, 매점, 입구 현관과 복도, 엘리베이터, 화장실과 주차장이 있다(송승언, 김석태, 2011).

▌표 2-26▌ 기능변화에 따른 공공도서관의 공간기능 및 구성요소

구분	기능	공간구성요소
주민이용 공간	도서관기능	일반열람실, 어린이(모자)열람실, 노인(장애자)열람실, 참고열람실, 종합자료실, 향토자료실, 연속 · 정기 간행물실, 개인연구실
	교육기능	세미나실, 문화교실, 강의실, 집회실
	정보기능	전자정보열람실, 멀티미디어실, 디지털 정보검색실, 영상자료실
	문화기능	시청각실, 강당, 회의실, 공연장, 전시실(갤러리), 동아리방, 대기실
	서비스기능	식당, 매점, 카페(북카페), 휴게실

출처: 김여경, 정지석, 최무혁 (2003). 공공도서관의 공간구성비 변화에 관한 연구

3.5 공공도서관의 공간계획

공공도서관은 지역대표도서관과 지역중앙관, 지역분관으로 구성된다. 이에 따라 공공도서관의 역할과 제공하는 서비스의 범위와 규모는 달라지며, 도서관의 공간구성 역시 달라진다. 이에 따라 공공도서관의 위치와 역할에 맞는 공간계획이 필요하다.

1) 지역대표도서관

지역대표도서관은 특별시 · 광역시 · 도 단위지역을 대표하여 종합적으로 자료를 수집 · 정리 · 보존하고 도서관의 서비스를 체계적으로 관리하며, 지역중앙관을 지원하는 상위개념의 도서관의 역할을 하고 있다. 이에 따라 이용자의 이용거리는 2km 이상으로 봉사대상 범위 전역의 이용자를 대상으로 서비스를 제공해야 하며, 도서관 역할에 맞게 공간이 계획되어야 한다(박지훈, 2007).

공공도서관의 공간요소는 크게 자료서비스부문, 문화교육부문, 업무관리부문, 공용부분으로 나눌 수 있다. 지역대표도서관의 경우 공간계획은 지역대표도서관의 역할을 고려하여 시 · 도 단위 공동보존서고 공간, 조사연구기능 공간, 귀중보존서고 공간, 참고자료 및 고문서 열람공간, 규모에 맞는 식당공간을 갖추어야 한다. 다음 [표 2-27]은 지역대표도서관의 기능별로 공간계획을 제시하여 정리하였다.

표 2-27 지역대표도서관의 공간요소에 따른 공간계획

구분	공간계획
자료서비스 부문	• 대출업무의 비중을 줄일 수 있도록 전체적인 구성비를 기존보다 줄임 • 자료열람공간을 실로 구분하는 것이 아니라 개방형 통합공간으로 구성하여 여유로운 공간활용과 이용자들의 정보접근을 높임 • 조사연구기능 강화를 위한 연구실 및 특수자료 부분을 배치하여 구성 • 광역 시 · 도 단위의 고문헌자료들을 수집 · 정리하여 고문서자료실, 참고자료실 배치
문화교육부문	• 문화의 기능을 지역중앙관으로 이전시켜 시 · 군 · 구 단위의 문화교육시스템이 이루어질 수 있도록 구성 • 세미나실의 접근을 이용자가 찾기 쉽도록 동선을 짧게 하기 위해 입구에 가까운 곳에 배치하고, 세미나실의 규모는 중규모와 소규모 시설로 나누어 배치 • 전시실을 특별시 · 광역시 · 도 단위의 모든 이용자가 이용할 수 있도록 공간을 확보해야 하며, 다양한 전시를 수용할 수 있도록 가변적인 공간으로 구성
업무관리부문	• 자료보존기능 강화를 위해 지역의 자료수집 지원 및 다른 도서관으로 이관받은 자료의 보존을 위한 공동보존서고 및 귀중보존서고 배치 • 도서관서비스를 체계적으로 지원할 수 있도록 종합적으로 자료를 수집 · 정리할 수 있는 공간을 확보하여 구성 • 모빌랙(Mobilerack) 및 전자동 서고시스템을 설치하여 면적의 개념이 아닌 부피의 개념으로 보다 많은 자료를 훼손 없이 보관할 수 있도록 함

	• 관장실은 집무 외 응접실의 역할로 구성 • 직원전용 회의실과 휴게실을 배치 • 자원봉사자실과 탈의실, 숙직실 등 지원영역을 충분히 배치하여 원활하게 운영되도록 함
공용부문	• 식당과 북카페 및 휴식공간 조성하되 적절한 면적 구성을 계획 • 자료서비스부문의 개방형 통합공간 운영으로 불필요한 복도면적 최소화 • 입구는 휠체어사용자를 포함한 장애인 및 노약자의 출입이 용이하도록 경사로와 자동개폐문 설치 • 주출입구 가까운 곳에 물품보관소를 설치

출처: 박지훈 (2014). 상호협력체계에 따른 공공도서관 공간모형에 관한 연구

2) 지역중앙관

지역중앙관은 시 · 군 · 구 단위지역의 중심도서관으로 이용자의 이용거리는 2km 미만으로 지역대표관보다 좁은 인근지역의 이용자를 대상으로 서비스를 제공한다. 다양한 문화프로그램과 교육프로그램이 이루어져야 하며, 지역의 특성화를 기반으로 공간을 구성해야 한다(박지훈, 2014). 지역중앙관 공간구성의 특징은 시 · 군 · 구 단위의 향토자료 공간, 지역분관 및 이동도서관 지원공간, 지역문화프로그램 공간이 구성되어져야 한다는 것이다. 다음 [표 2-28]은 지역중앙관의 공간요소에 따라 공간계획을 정리한 것이다.

표 2-28 지역중앙관의 공간요소에 따른 공간계획

구분	공간계획
자료서비스 부문	• 일반자료열람부문, 어린이자료열람부문, 디지털자료열람부문으로 구성하고, 공간을 실로 구분하는 것이 아닌 개방형 통합공간으로 구성 • 여유로운 공간활용과 이용자들의 자유로운 정보접근으로 효율적인 자료실 운영 • 시 · 군 · 구 단위 향토자료공간 배치하여 자료특성화에 의한 공간을 구성 • 연속간행물은 검색홀부터 가까운 곳에 설치하여 이용자의 동선을 편리하게 함 • 어린이자료부문과 유아자료부문은 부모님과 함께 동반하는 경우가 많기 때문에 이용자의 편의성을 고려하여 일반열람부문과 연계하여 배치 • 장애인 및 노약자를 위한 열람부문도 별도로 배치
문화교육부문	• 도서관이 평생교육의 역할을 담당하면서 문화의 기능을 시 · 군 · 구 단위의 문화교육시스템으로 구성하여 이루어질 수 있도록 문화프로그램 공간부문 확대 설치 • 세미나실의 접근을 이용자가 찾기 쉽도록 동선을 짧게 하기 위해 입구에 가까운 곳에 배치하고, 세미나실의 규모는 중규모와 소규모 시설로 나누어 배치 • 전시실을 특별시 · 광역시 · 도 단위의 모든 이용자가 이용할 수 있도록 공간을 확보해야 하며, 다양한 전시를 수용할 수 있도록 가변적인 공간으로 구성
업무관리부문	• 분관이나 이동도서관의 활동을 총괄 · 지원하는 공간을 확보하여 구성 • 모빌랙(Moblilerack) 및 전자동 서고시스템을 설치하여 면적의 개념이 아닌 부피의 개념으로 보다 많은 자료를 훼손 없이 보관할 수 있도록 구성 • 관장실은 규모에 따라 사무실과 통합하여 사용할 수 있도록 구성 • 직원전용 회의실과 휴게실 배치

공용부문	• 규모에 맞는 적절한 면적구성으로 북카페 및 휴식공간을 조성 • 자료서비스부문의 개방형 통합공간 운영으로 불필요한 복도면적 최소화 • 입구는 휠체어사용자를 포함한 장애인 및 노약자의 출입이 용이하도록 경사로와 자동개폐문 설치 • 주출입구 가까운 곳에 물품보관소를 설치

출처: 박지훈(2014), 상호협력체계에 따른 공공도서관 공간모형에 관한 연구

3) 지역분관(읍 · 면 · 동)

지역분관은 읍·면·동 단위지역의 분관도서관으로 지역주민들을 대상으로 직접적인 서비스를 제공한다. 대출과 열람기능을 중점적으로 수행하며 이용자의 이용거리는 1km 미만으로 인근지역의 이용자를 대상으로 서비스를 제공한다. 또한 아동과 노약자 및 장애인의 접근이 편리한 거리에 배치하여 이용자의 편의 및 안전을 도모하고 지역의 특성에 맞는 공간의 복합화로 지역의 문화센터 및 평생학습관의 역할도 함께 가지고 있다. 지역분관 도서관에서 반드시 갖추어야 할 공간의 특징으로는 어린이자료부문과 유아자료부문의 충분한 공간구성, 자료량의 한계를 극복할 수 있도록 디지털자료 열람부문 구성, 지역의 특성에 맞는 공간의 복합화, 노령자서비스를 위한 공간확보이다.

아래의 [표 2-29]는 지역분관의 공간요소에 따라 공간계획을 정리한 것이다.

표 2-29 지역분관의 공간요소에 따른 공간계획

구분	공간계획
자료서비스 부문	• 이용자의 유형에 따라 종합자료실로 통합하여 운영할 수 있으며, 공간을 실로 구분하는 것이 아닌 개방형 통합공간으로 구성 • 연속간행물은 검색홀부터 가까운 곳에 설치하여 이용자의 동선을 편리하게 함 • 어린이와 유아의 접근성이 용이하도록 어린이자료부문과 유아자료부문을 이용자 특성을 고려하여 적합하게 공간구성 • 노령인구 증가에 대비한 노령층을 위한 서비스공간 확보
문화교육부문	• 독서실로 이용되는 학습실의 비율 최소화 • 지역적 특성에 맞는 다양한 집회공간을 신설하여 공간활용 • 아동과 노약자 및 장애인의 접근성을 높이고 편의 및 안전을 도모 • 학습실부문은 이용자의 편의를 배려하여 구성 • 휴게실이 직접적인 소음원이 되지 않도록 고려하여 구성
업무관리부문	• 관장실은 규모에 따라 사무실과 통합하여 구성 • 서고공간은 대부분의 자료를 지역중앙관의 보존서고와 연계하여 구성 • 도서관의 일부자료는 폐가서고에 보관할 수 있도록 구성
공용부문	• 규모에 맞는 적절한 면적구성으로 휴식공간과 기타 편의공간을 조성 • 입구는 휠체어사용자를 포함한 장애인 및 노약자의 출입이 용이하도록 경사로와 자동개폐문 설치 • 주출입구 가까운 곳에 물품보관소를 설치

출처: 박지훈 (2014). 상호협력체계에 따른 공공도서관 공간모형에 관한 연구

4 관리공간

도서관 내부의 주요 동선은 이용자, 자료, 직원에 의해 이루어진다. 자료에 의한 동선은 정리 · 배가의 흐름에 수반하는 것과 열람 · 반환 · 복사의뢰 등 평소 서비스에 수반되는 것이 일반적이지만, 반송설비가 설치되어 있는 경우를 제외하고는 도서를 단독으로 움직일 수 없기 때문에 동선계획을 통해 이용자와 직원의 동선을 조절할 수 있다. 이러한 동선계획은 이용자의 동선이 반드시 확인되어야 하며, 이용자와 직원의 퇴관부분에서도 차이가 있음을 고려해야 한다(김금현, 이초린, 공순구, 2008).

공공도서관의 업무는 참고봉사, 정리, 서무로 나뉘어진다. 도서관의 업무를 구역별로 보면 열람공간에서 참고봉사 카운터를 중심으로 하나의 열람실 내에 참고봉사서비스와 작업실, 사무실공간 등이 함께 구성되어 있는 것이 대부분이다. 이는 열람실 내에서 이루어지는 사서의 업무가 독립적으로 분리되는 것이 아니라 서로 연계되기 때문이다.

기본적으로 업무부분에서는 적은 직원으로 효율적인 도서관서비스가 가능할 수 있도록 개가열람실과의 관계 등을 고려하여 공간을 배치하고 동선을 계획하며 참고봉사데스크와의 위치를 고려해야 한다. 도서관은 업무를 기준으로 관리부분공간을 타부분과 분리하는 것이 용이하지만, 보통은 직원이 근무하는 곳에 위치하도록 하며, 관리부분의 공간은 능률적이고 경제적이며 직원을 위해 쾌적해야 한다(김금현, 이초린, 공순구, 2008).

5 이용자 요구별 공간

이용자들의 요구를 프로그램화하여 적용시키는 공간을 이용자중심 공간이라고 한다. 이용자중심의 공간구성은 다수의 이용자들의 요구와 만족도를 동시에 충족시키는데 목적을 둔다.

이용자중심의 공간은 다중심의 공간으로 독립된 기능이 있으나 분화된 과정에서 상호조직적으로 연계되어 이용자들의 다양한 요구를 충족시키는 데 유리하다.

▌표 2-30▌ 이용자 요구기반 공간구성

구성요소	세부구분	공간구성요소
자료부분	도서자료	참고자료실, 종합자료실(인문자연과학실, 예술어문학실, 정기간행물실, 신문자료실, 향토 지방행정자료실, 복사실 등)
	비도서자료	디지털자료실, 정보검색코너, 멀티문화감상실, 전자(정보)자료실, 미디어자료실 등
열람부분	열람	일반열람실, 청소년열람실, 배움터 등의 명칭으로 학습실(독서실)기능을 하는 열람실
	어린이열람	모자(母子)열람실(자료실)
		어린이열람실(자료실)
	노인/장애우열람	시각장애인자료실, 점자자료실, 실버자료실, 노약자실
집회부분	강당(시청각)	강당, 시청각실
교육부분	교육(강의/실습)	강의실, 세미나실, 토론실 등
서비스부분	매점/식당(주방)	카페, 매점, 식당, 카페테리아 등
	전시	전시코너, 전시실, 정보관(체험관)
	휴게	실내 휴게실, 휴게라운지, 실외 테라스형 휴게실
특성화부분	연구, 공연	연구실, 공연장, 천문대 등 도서관 특성화실(자료특성화 제외)

출처 : 이수경, 김용승 (2008). 국내 공공도서관의 이용자 행위조사 · 분석에 따른 공간구성에 관한 연구

6 프로그램별 공간구성 및 사용

6.1 공공도서관 프로그램

오늘날 공공도서관은 지역사회의 특성을 고려하여 지역주민에게 문화프로그램 제공을 통해 여가문화와 평생교육의 기능을 제공하고 있다. 이에 따라 공공도서관의 공간 역시 도서관에서 제공하고 있는 프로그램에 따라 변화되고 이용된다.

먼저 공공도서관에서 주로 이루어지는 프로그램의 종류를 살펴보면 다음 [표 2-31]과 같다.

표 2-31 공공도서관 프로그램

기능	프로그램 내용
독서교육	가정독서지도, 어머니 동화구연교실, 영어독서지도, 동화구연지도법, 독서·글쓰기 지도자과정
어학정보	엑셀 & 파워포인트, 미니홈피와 포토샵, 한글 문서작성, 컴퓨터와 인터넷, 디카활용과 사진편집, 자격증대비반, 파워포인트, 한문교실, 영어, 일본어, 중국어, 영어회화, 중국어회화, 일본어회화
예술교양	사군자(문인화), 서예, 비즈공예, 기타교실, 예쁜손글씨 쓰기, 네일아트, 천연비누 & 화장품 만들기, 데생수채화(초등생 포함), 플루트, 액세서리 만들기, 종이접기, 천연비누 & 화장품 만들기
건강	수지침, 스포츠댄스, 건강요가, 필라테스, 건강지압
생활교양	주산·암산지도, 부모역할교실, 마음챙김과 공감·비폭력 대화 Change, 자녀와의 대화기법(P.E.T)

출처: 황연숙, 손여림, 장아리 (2009). 공공도서관 프로그램에 따른 공간사용방법 및 사용자 요구도

6.2 프로그램별 공간구성 및 사용

1) 강당과 시청각실

강당과 시청각실은 영상 및 음향 설비가 갖추어진 공간이다. 주로 영화상영이나 일회성 행사, 동적인 프로그램을 위해 사용되고 있었으며, 문화강의실이 부족할 경우나 큰 규모의 행사가 이루어질 경우 강당과 시청각실에서 프로그램이 운영되고 있는 것으로 파악되었다(황연숙, 손여림, 장아리, 2009).

2) 문화강의실

문화강의실은 일반적으로 강의를 들을 수 있는 교실로 책상과 의자가 배치되어 문화교실, 세미나실, 강좌실 등 도서관에서 다양한 명칭으로 불렸다.

3) 멀티미디어실과 어학실

멀티미디어실과 어학실은 컴퓨터나 어학기기가 구비된 공간으로 어학정보프로그램과 정보화교육, 컴퓨터활용교육이 주로 이루어지는 공간이다. 황연숙, 손여림, 장아리(2009)에 따르면 실제로 멀티미디어실과 어학실에서 인터넷, 엑셀과 파워포인트, 컴퓨터 자격증프로그램 등의 프로그램이 운영되고 있는 것으로 파악되었고, 작게는 25석, 많게는 40석의 규모로 운영되었다.

7 공공도서관 공간구성 사례

7.1 국내 공공도서관 사례

1) 국립중앙디지털도서관

정보산업이 발전하고 정보처리 및 통신기술이 발달되면서 국립중앙도서관은 변화하는 정보환경에 대응하기 위해 여러 가지 형태로 도서관 정보화 사업을 추진하였다. 또한 정보환경이 변화되면서 다양한 형태의 자료들과 이용자의 요구에 따라 기존의 시설만으로는 한계가 있어 이를 보완하기 위해 2009년 디지털도서관을 건립하여 현재 운영중이며, 건물의 규모는 지하 5층, 지상 3층이며, 면적은 38.212m^{2}이다(김홍섭, 2014).

① 공간구성 요소별 면적계획

표 2-32 국립중앙디지털도서관 공간별 면적 비율

공간구성요소		면적(%)	합계
자료열람부문	디지털열람실	26	38
	미디어랩	8	
	미디어자료실	4	
문화교육부문	전시, 교육, 문화 등	14	14
업무관리부문	업무관리	24	24
공용부문	휴게공간	2	24
	로비 및 안내데스크	9	
	편의시설	13	
합 계		100	100

출처: 김홍섭 (2014). 디지털시대 도서관계획에 있어서의 공간 변화의 특성에 대한 연구

② 층별 프로그램 및 공간구성

국립디지털중앙도서관에서 이용자가 이용 가능한 공간은 지하 1층에서 지하 3층이며, 서고는 지하 3층 일부와 지하 4층과 지하 5층이다. 그리고 사서직원의 업무관리 공간은 지상 1층에서 지상 3층으로 구성되어 있다.

국립디지털중앙도서관의 층별 공간구성을 보면, 지하 3층에는 문화교육공간이 위

치해 있고 지하 2층에는 디지털자료열람공간, 지하 1층에는 국립중앙도서관 본관과 연결되는 통로가 있다.

표 2-33 국립중앙디지털도서관 층별 공간구성

구분	공간구성	특징
지하 1층	• 디지털기획과 • 디지털북카페 • 지식의길(본관 연결통로)	• 국립중앙도서관 본관과의 내부 연결통로역할 공간
지하 2층	• 디지털열람실 • 노트북이용실 • 정보취약계층공간 • 미디어랩 • 종합음향영상실 • 세미나실 • 미디어전시실 • 디지털정보이용과	• 디지털도서관에서 이용자를 위한 열람서비스 • 집중공간으로 이용자의 연구, 교육, 학습을 위한 시설이 집중된 통합센터공간
지하 3층	• 전시실 • 글로벌라운지 • 물품보관실 • 회의실 • 보존서고	• 이용자에 제한 없이 누구나 사용가능한 공간 • 디지털도서관이용자가 전체 서비스를 이용하기 위한 공간

출처: 김홍섭 (2014). 디지털시대 도서관계획에 있어서의 공간 변화의 특성에 대한 연구

2) 공공도서관 공간구성 비교사례

현재 운영하고 있는 공공도서관의 규모는 평균적으로 지하 1층에서 지상 4층으로 나타났다(이정원, 2015; 김은자, 2008). 이는 연도에 상관없이 도서관의 규모가 비슷하게 나타났다. 또한 이용자가 많이 이용하는 식당, 매점, 휴게공간, 강당, 문화프로그램이 이루어지는 공간을 지하 1층 또는 지상 1층으로 배치하였고, 어린이실과 유아실, 장애인실은 역시 이용자의 동선을 고려하여 낮은 층에 배치하였다는 것을 공통적으로 확인할 수 있다. 또한 2010년대 이후에 개관한 도서관일수록 문화복합공간에 중점을 두고 공간을 운영하는 특징을 보였다.

다음 [표 2-34], [표 2-35], [표 2-36]은 개관년도에 따른 공공도서관의 공간구성 현황을 정리한 것이다.

표 2-34 2000년대 이전에 개관한 공공도서관

구분		영통도서관	양천도서관	송파도서관
일반사항	위치	경기도 수원시 영통구 청명로 151	서울특별시 양천구 목동서로 113	서울특별시 송파구 동남로 263
	건물규모	지하 1층~지상 3층	지하 1층~지상 5층	지하 1층~지하 4층
	부지면적	9,572m^2	4,244m^2	6,469.68m^2
	연면적	4,136m^2	6,864m^2	8,472m^2
	열람석수	825석	1,620석	1,617석
	장서수	263,954권	9,976권	10,067권
	주차공간	84대	-	-
	주요 공간	종합자료실, 어린이실, 다문화자료실, 디지털자료실, 세미나실, 회의실, 강당, 보존서고, 공용시설(휴게실 등)	책누리실, 꿈동산실, 정보마당실, 독서상담실, 열린학습실, 문화교실, 노트북실, 장애인누리실, 관장실, 안내실, 매점, 순회문고, 기계실, 청소용역실, 주차장, 자전거 보관대 등	자료열람실, 어린이자료실, 디지털자료실, 간행물실, 시청각실, 일반열람실, 문화교실, 기타실, 향토자료실, 사무실, 갤러리, 직원휴게실, 관장실, 강의실, 학습동아리실, 식당·매점, 아트홀, 전기실, 기계실 등
	개관일	1999.07.21	1990.07.09	1994.10.25
특징		• 지하 1층에 갤러리와 강당 위치 • 1층에 어린이자료실과 북카페 위치 • 2층에 종합자료실, 종합자료실 내 디지털자료실 위치 • 3층에 개인열람실과 휴게실 위치 • 디지털자료실이 종합자료실 내에 위치해 있으나 시각적으로 분리 • 북카페가 1층에 위치하여 소음에 상관없이 자유롭게 대화 가능 • 휴게실이 일반열람실에 배치	• 지하 1층에 제1배움방과 기계실, 청소용역실 위치 • 1층에 독서문화진흥과, 꿈동산실, 안내실, 장애인누리실, 모세 미연실, 매점, 순회문고 위치 • 2층에 관장실, 행정지원과 책누리실, 독서상담실, 회의실, 다모아방, 전시실, 노트북실 위치 • 3층에 정보자료과 제1열린학습실, 하늘정원 위치 • 4층에 정보마당실, 제2열린학습실, 하늘정원 • 5층에 제2~5배움방 위치	• 지하 1층에 강의실이 주로 배치 • 지하 1층은 많은 이용자가 드나들고 소음에 신경쓰지 않고 도서관을 자유롭게 이용할 수 있도록 지하 1층에 공간을 주로 배치(학습동아리실, 식당·매점, 아트홀, 전기실, 기계실) • 1층에는 어린이실·모자실, 안내데스크, 갤러리, 대강의실, 사무실(정보자료과, 행정지원과, 문서고, 직원휴게실, 소회의실, 관장실) 위치 • 2층은 향토자료실, 독서문화진흥과, 디지털자료실, 휴게공간, 어학문학실·연속간행물실 배치 • 3층은 탐구 4실, 탐구 5실, 인문사회자연과학실, 서고, 독서지도실 배치 • 4층은 탐구 1실~3실, 학습기기 1~2실, 자기계발실, 서고 배치

출처 : 이정원 (2015). 사회-공간 네트워크 분석을 활용한 공공도서관 공간구성에 관한 연구 재편집; 김은자 (2008). 공공도서관 이용자 행태에 따른 공간구성에 관한 연구 재편집; 양천도서관 홈페이지 (2016. 2. 19). http://yclib.sen.go.kr; 송파도서관 홈페이지 (2016. 2 .19). http://splib.sen.go.kr

표 2-35 2000년대 이후 개관한 공공도서관

구분		고양시립화정도서관	서수원 지식정보도서관	의왕중앙도서관
일반 사항	위치	고양시 덕양구 은빛로 77번길 8	경기도 수원시 권선구 탑동로 57번길 35	경기도 의왕시 골우물길 49
	건물규모	지하 1층~지상 3층	지하 1층~지상 3층	지하 1층~지상 4층
	부지면적	–	2,634m^2	–
	연면적	4,580m^2	4,587m^2	7,268m^2
	열람석수	530석	730석	1,100석
	장서수	188,634권	191,742권	200,621권
	주차공간	32대(일반 30, 장애인 2)	23대	–
	주요 공간	종합자료실, 열람실, 휴게실, 디지털자료실, 북카페, 수서정리실, 사무실, 어린이자료실, 노인 및 장애인 연속간행물실, 시청각실, 대회의실, 식당	제1열람실, 제2열람실, 종합자료실, 어린이실, 강당, 강의실, 보존서고, 공용시설(커뮤니티 공간 등)	어린이열람실, 문헌정보실, 디지털정보실, 향토사료관, 제1, 2열람실, 휴게실, 강당, 문화교실, 식당, 매점, 휴게실 등
	개관일	2003.09.04	2006.03.08	2007.05.31
특징		• 지하 1층에 시청각실과 대회의실, 식당이 위치 • 사무실은 1층에 위치 • 1층에 어린이자료실과 노인 및 장애인 연속간행물실을 배치 • 2층에 시설팀과 디지털자료실, 열람실, 북카페, 수서정리실 위치 • 3층에 종합자료실과 열람실, 휴게실 위치	• 지하 1층에 어린이자료실 위치 • 1층에 강당, 강의실, 북카페, 보존서고 위치 • 2층에 종합자료실과 종합자료실 내 디지털자료실 위치 • 3층에 개인열람실 위치 • 열람실은 제1열람실과 제2열람실로 구성	• 지하 1층에 식당, 휴게실, 매점 위치 • 1층에 어린이자료실 과 문화교실 위치 • 2층에 문헌정보실, 디지털정보실, 향토사료관 위치 • 3층에 제1, 2열람실, 휴게실 위치 • 4층에 강당 위치

출처: 김은자 (2008). 공공도서관 이용자 행태에 따른 공간구성에 관한 연구 재편집; 최선희 (2011). 지역사회를 위한 공공도서관의 공간구성에 관한 연구 재편집; 고양도서관 홈페이지 (2016. 2. 19). http://www.goyanglib.or.kr; 서수원 지식정보도서관 홈페이지 (2016. 2. 19). http://seo.suwonlib.go.kr; 의왕중앙도서관 홈페이지 (2016. 2. 19). http://www.uwlib.or.kr/jungang/index.asp

표 2-36 2010년대 이후 개관한 공공도서관

구분		태장마루도서관	서울도서관	강동구립암사도서관
일반 사항	위치	경기도 수원시 영통구 태장로 46	서울특별시 중구 세종대로 110	서울특별시 강동구 고덕로 20길 42
	건물규모	지하 1층~지상 4층	지하 4층~지상 4층	지하 1층~지상 4층
	부지면적	4,676m^2	–	642m^2

	연면적	3,969m^2	18,711m^2	1,759.05m^2
	열람석수	822석	390여 석	369석
	장서수	93,967권	331,927권	74,233권
	주요 공간	어린이자료실, 문헌정보자료실, 디지털자료실, 세미나실, 강당, 독서토론실, 공용면적(휴게실 등)	일반자료실, 기획전시실, 장애인자료실, 모유수유실, 어린이화장실, 대면낭독실, 자료정리실, 디지털자료실, 스마트오피스, 정보서비스과, 서울자료실, 서울기록문화관, 시장실 복원공간, 세계자료실, 행정지원과 등	해강홀, 유아자료실, 어린이자료실, 종합자료실, 자료정리실, 디지털자료실, 다국어자료실, 커뮤니티실, 휴게실, 자람방, 새롬방, 일반열람실, 사무실, 해담뜰(주차장) 등
	개관일	2011.08.25	2012.10.26	2010.04.23
특징		• 지하 1층에 강당 위치 • 1층에 어린이자료실과 세미나실 위치 • 2층에 문헌정보자료실과 독서토론실 위치 • 3층에 일반열람실과 디지털자료실 위치 • 3층에 공용으로 사용할 수 있는 휴게실 위치 • 휴게실은 각 층마다 배치되어 있지만, 시각적으로 단절되고 공간의 위계가 높음	• 지하 1~2층은 시민청 공간으로 공연장, 전시, 카페 등의 공간들이 위치 • 지하 3~4층은 본서고로 이용자의 출입이 제한되어 있음 • 1926년 청사 건립 당시의 본관동을 4년간 리모델링 과정을 거쳐 개관하였음 • 일반자료실이 1, 2로 나뉘어 1층과 2층에 위치하였으며 내부계단으로 연결되어 있음 • 1층에 이용자의 편의를 고려하여 장애인자료실, 모유수유실, 어린이화장실 배치 • 지상 2층은 시청과 연결되는 브릿지 설치 • 3층에는 서울자료실, 서울기록문화관 시장실 복원공간이 설치 • 4층에는 세계자료실과 도서관 행정지원사무실 위치	• 지하 1층에 영화상영, 어린이 문화강좌, 도서관행사, 주민커뮤니티공간, 전시회, 주민대관기능을 위한 해강홀이 위치 • 지상 1층에 유아자료실과 어린이자료실 위치 • 지상 2층에 종합자료실과 직원의 사무공간인 자료정리실 위치 • 지상 3층에 디지털자료실과 다국어자료실, 커뮤니티실, 휴게실, 지역주민을 위한 문화강좌 공간 위치 • 지상 4층에 일반열람실과 사무실 위치

출처: 이정원 (2015). 사회-공간 네트워크 분석을 활용한 공공도서관 공간구성에 관한 연구 재편집; 박지훈 (2014) 상호협력체계에 따른 공공도서관 공간모형에 관한 연구 재편집; 서울도서관 홈페이지 (2016. 2. 19).http://lib.seoul.go.kr ; 서수원 지식정보도서관 홈페이지 (2016. 2. 19). http://seo.suwonlib.go.kr; 강동구립암사도서관 홈페이지 (2016. 2. 19). http://www.gdlibrary.or.kr/aslib/main.do

3) 공공도서관 공간구성 요소별 사례

그림 2-6 ▌디지털자료실의 데스크탑 PC 구성

고양시 아름누리 도서관	
부천시 꿈여울 도서관	

부천시
한울빛
도서관

그림 2-7 ▌디지털자료실의 노트북전용석

고양시
아름누리
도서관

그림 2-8 ▌ 일반자료실의 열람공간

시흥시 능곡 도서관	
부천시 꿈여울 도서관	

부천시
한울빛
도서관

그림 2-9 ▎일반자료실의 일반서가

고양시
아름누리
도서관

시흥시 능곡 도서관	
부천시 한울빛 도서관	

부천시
꿈여울
도서관

그림 2-10 | 일반자료실의 정기간행물 서가

고양시
아름누리
도서관

부천시
한울빛
도서관

그림 2-11 ▎일반자료실의 안내데스크

부천시 한울빛 도서관	
시흥시 능곡 도서관	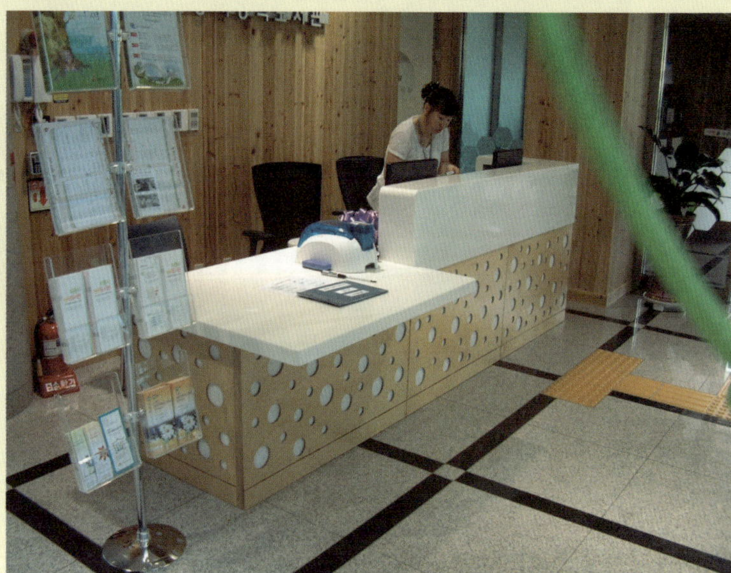

그림 2-12 **일반자료실의 출입문**

부천시 한울빛 도서관	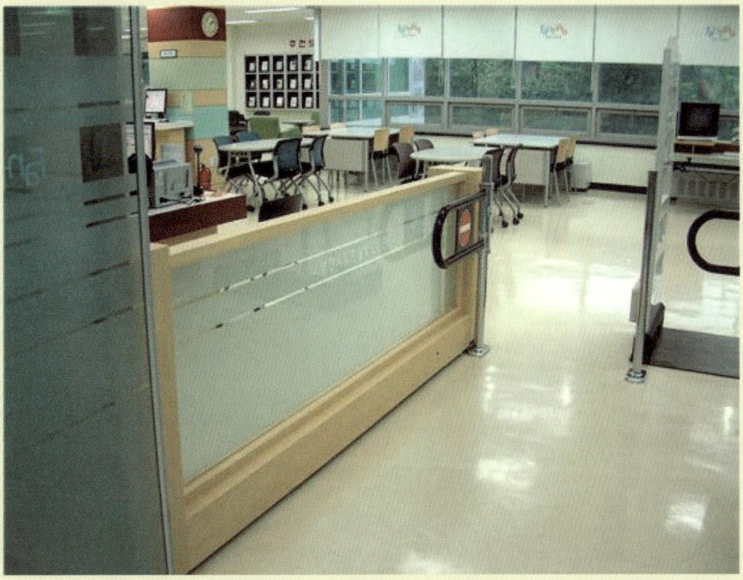 

그림 2-13 ▌일반열람실의 칸막이형 열람석

시흥시 능곡 도서관

부천시 한울빛 도서관

그림 2-14 ▌일반열람실의 개방형 열람석

고양시 아름누리 도서관

그림 2-15 ▌일반자료실의 정보검색대

부천시 꿈여울 도서관

고양시 아름누리 도서관	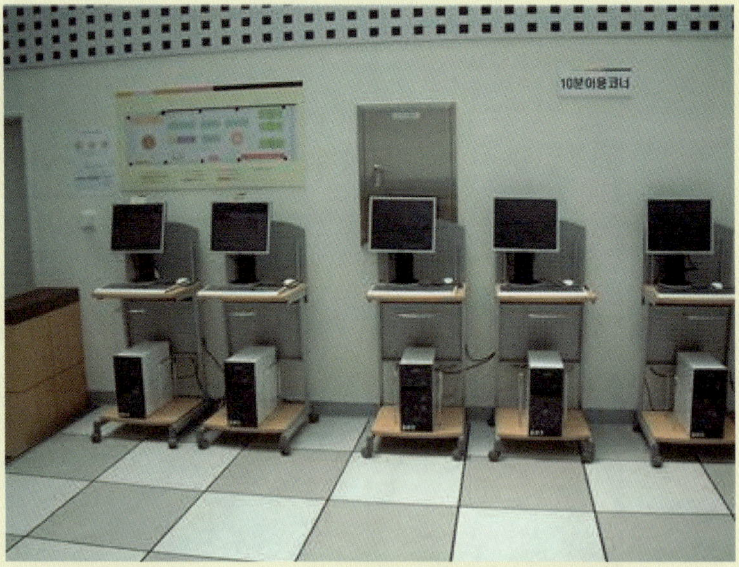
시흥시 능곡 도서관	

그림 2-16 ▌공공도서관의 내부 휴게공간

고양시 아름누리 도서관	
시흥시 능곡 도서관	

부천시
꿈여울
도서관

그림 2-17 | 공공도서관의 외부 휴게공간

부천시 꿈여울 도서관	
부천시 한울빛 도서관	

시흥시
능곡
도서관

그림 2-18 | 공공도서관의 관리공간(사무실)

시흥시 능곡 도서관	
부천시 꿈여울 도서관	
부천시 한울빛 도서관	

그림 2-19 ▌공공도서관의 이동동선(복도)

고양시 아름누리 도서관	
시흥시 능곡 도서관	

7.2 해외 공공도서관 사례

1) National Library of Public(NLOP)

① 공간구성 요소별 면적계획

National Library of Public(이하, NLOP)는 대만에 위치해 있는 국립공공도서관으로 2012년에 개관하였으며, 공원과 함께 공존하여 도서관으로서 친환경적인 요소를 갖추고 있다. 건물의 규모는 지하 2층에서 지상 5층으로 이루어져 있으며, 면적은 4,350m^{2}이다.

❚표 2-37❚ NLOP 공간별 면적비율

공간구성요소		면적(%)	합계
자료열람부문	디지털열람실	15	29
	미디어랩	8	
	미디어자료실	6	
문화교육부문	교육, 문화	20	20
업무관리부문	업무관리	8	24
	서고	16	
공용부문	휴게공간	8	24
	로비 및 안내데스크	7	
	편의시설	12	
합 계		100	100

출처: 김홍섭 (2014). 디지털시대 도서관계획에 있어서의 공간 변화의 특성에 대한 연구

② 층별 프로그램 및 공간구성

NLOP의 공간구성은 크게 열람공간, 문화교육공간, 사무공간으로 구성된다(김홍섭, 2014).

2층과 3층은 디지털열람공간, 4층과 5층은 일반 열람공간이며, 문화교육공간은 이

❚표 2-38❚ NLOP 층별 공간구성

구분	공간구성		특징
1층	• 로비 • 어린이열람실 • 서점 • 어린이디지털센터	• 안내데스크 • 카페 • 디지털 체험공간	• 다양한 연령층을 위한 공간이 배치 • 편의시설과 상업시설이 주로 배치
2층	• 사무실 • E-러닝 교실 • 디지털 여가센터	• 멀티미디어실 • 회의실 • 디지털열람실	디지털열람공간을 중심으로 다양한 미디어 매체를 활용하여 이용객들이 재미있게 정보를 검색하고 활용할 수 있도록 공간 구성
3층	• 사무실 • 미디어자료실 • 다문화서비스센터	• 디지털교실 • 일반열람실	디지털열람실, 아날로그 열람실(일반열람실), 문화공간 배치
4층	• 사무실 • 일반열람실	• 서고	일반 아날로그도서관과 유사한 일반열람실, 서고, 업무공간으로 구성(자연과학, 응용과학, 사회과학, 문학)
5층	• 사무실 • 일반열람실	• 서고	인문학, 예술, 해외자료

출처: 김홍섭 (2014). 디지털시대 도서관계획에 있어서의 공간 변화의 특성에 대한 연구

용자들이 다양하게 문화교육을 이용할 수 있도록 세미나실, 프로젝트실, 강당 등은 여러 층에 분산되어 있다. 사무공간의 경우 이용자에게 효율적으로 서비스를 제공하기 위해 분산되어 배치되어 있고, 서비스 공간은 각 공간마다 연결되어 있다.

2) 국가별 공공도서관 공간운영 현황

해외의 공공도서관은 도서관의 기본기능공간을 갖추되 문화복합공간으로서 공간을 구성하는 경우가 더 많은 것으로 나타났다. 또한 평균적으로 해외도서관은 지하 1층에서 지상 4층의 건물이 많았으며, 도서관의 특징에 따라 건물 층이 높은 경우도 다소 있었다. 파리국립도서관의 경우 연구용 열람실이 따로 제공되어 있다는 것이 특징이었으며, 대부분의 해외 공공도서관은 도서관 직원의 사무공간이 별도의 층으로 구성되어 있다는 것도 특징적이다. 다음 [표 2-39]와 [표 2-40]은 국가별 공공도서관 공간운영 현황을 정리한 것이다(김형석, 2008).

[표 2-39] 국가별 공공도서관 공간운영현황 1

구분		도쿄도립중앙도서관	파리국립도서관	뉴페캄도서관
일반사항	위치	도쿄도미나토구 미나미 아자부 5-7-13	Paris, France	London, England
	건물규모	지하 2층~지상 5층	지하 5층~지상 22층	지상 1층~지상 5층
	부지면적	9,157.21m²		
	연면적	23,252.7m²	365,000m²	3,454m²
	주요 공간	귀중자료실, 학습실, 멀티미디어자료실, 멀티미디어시청실, 카페, 창고, 그룹학습실, 기획전시실, 다목적실, 인문·과학자료열람실, 시각장애인 자료실, 사회·자연과학자료실, 물품보관실, 일반자료 열람실, 폐가서고, 기계실	서고, 연구용 열람실, 공개도서관, 엔트런스 열람실, 사무실 등	회의실, 아프리카·카리브자료실, 어린이놀이실, 종합자료실, 회의실, 어린이자료실, 사무실, 관리실, 종합서비스실
	개관년도	2009(재개관)	1995	2000
특징		• 지하 2층과 지하 1층에 폐가서고와 기계실 위치 • 지상 1층에 물품보관실, 검색코너, 안내데스크, 일반자료 열람실 위치 • 일반자료실은 건강·의료, 법률, 비즈니스, 연속간행물, 주택지도, 도시·도쿄에 대한 자료가 제공	• 지하 2층 서고, 연구자열람개별실 • 지하 1층 공개도서관, 엔트런스 열람실 • 1층에서 7층은 사무실 • 8층에서 18층은 서고 • 개방적인 지하 1층의 열람실과 연구용 열람실이 따로 배치	• 1층에 관리실과 종합서비스실 위치 • 2층과 3층은 사무실 • 4층은 종합자료실, 회의실, 어린이자료실 • 5층은 미팅룸, 아프리카·카리브자료실, 어린이놀이실

	• 지상 2층은 사회·자연과학 열람실로 산업, 기술공학, 자연과학, 교육·사회학, 통계, 정치가 제공 • 지상 3층은 인문·과학계 자료실로 민족·민속, 지리·기행, 지방사, 역사, 미술, 예술, 문학 자료가 제공되며, 시각장애인자료실과 창고가 위치 • 지상 4층은 학습실과 그룹학습실, 기획전시실, 다목적실, 창고, 홀이 위치 • 지상 5층은 귀중자료실, 학습실, 세미나실, 멀티미디어실, 멀티미디어 시청실, 카페, 창고가 위치	되어 있다는 것이 특징 • 도서관 안에서 열람실과 열람구역들 사이로 자연환경을 볼 수 있음	

출처: 김형석 (2008). 공공도서관의 공간운영에 따른 공간구성체계에 관한 연구 재편집; 최선희 (2011). 지역사회를 위한 공공도서관의 공간구성에 관한 연구 재편집

▌표 2-40▌ 국가별 공공도서관 공간운영현황 2

구분		오를레앙 미디어테크	알메로 공공도서관	먼스터 시립도서관
일반사항	위치	Orleans, France	Almelo, Netherlands	Munster, Germany
	건물규모	지상 1층~지상 4층	지하 1층~지상 4층	지하 1층~지상 4층
	연면적	6,110.4m^2	4,800m^2	9,750m^2
	주요 공간	오디토리움, 전시, 열람서가, 정기간행물실, 카페, 멀티미디어실, 일반열람실, 귀중도서실, 아동열람실, 비디오열람실, 오디오·비디오열람실	스튜디오, 열람실, 세미나실, 오디토리움, 독서전용카페	실습실, 제본실, 사무실, 열람실, 정기간행물실, 강의실, 신문열람실, 어린이열람실, 장기서고, 미디어라이브러리, 사서실
	개관년도	1994	1994	1993
특징		• 1층과 4층에 오디토리움이 위치 • 1층이 중층으로 구성되어 있음 • 1층의 중층은 정기간행물실과 카페 • 2층에 멀티미디어와 일반열람실, 귀중도서 위치 • 3층에 아동열람실과 비디오열람실이 위치 • 4층에 오디오·비디오 열람실 위치	• 도서관의 단면이 지그재그로 배치 • 지하 1층에 독서전용카페가 위치 • 지상 1층에 사무실과 서가, 열람실이 위치 • 지상 2층에 서가와 열람실, 오디토리움 위치 • 지상 3층에 열린서가와 세미나실 위치 • 지상 4층에 스튜디오가 위치	• 지하 1층에 장기서고, 어린이열람실, 미디어라이브러리 위치 • 지상 1층에 안내·대출·등록데스크 위치, 신문열람, 열람실 사서실 위치 • 지상 2층에 정기간행물실, 열람실, 강의실 사무실 위치 • 지상 3층에 열람실, 사무실, 회의실, 매점 위치 • 지상 4층에 실습실과 제본실, 사무실 위치

출처: 김형석 (2008). 공공도서관의 공간운영에 따른 공간구성체계에 관한 연구 재편집; 최선희 (2011). 지역사회를 위한 공공도서관의 공간구성에 관한 연구 재편집

공공도서관 공간구성 **시험문제**

1 공공도서관에 대한 설명으로 옳지 않은 것은?

① 공공도서관은 「도서관법」 제2조에 의거하여 국가 또는 지방자치단체가 설립한 도서관만을 의미하며, 공중에게 개방하기 위해 민간기관 및 단체가 설립한 도서관은 포함되지 않는다.
② 공공도서관은 공중의 정보이용, 문화활동 및 평생교육 지원을 주된 목적으로 한다.
③ 공공도서관은 다양한 계층의 이용자들을 대상으로 봉사하는 복합문화센터로서의 기능을 한다.
④ 공공도서관은 어린이도서관, 학교도서관, 대학도서관, 전문도서관 등의 역할을 포괄한다.
⑤ 공공도서관은 다수의 이용자를 대상으로 자료와 정보를 수집 및 제공하여 조사·연구활동을 적극적으로 지원하고 있다.

정답 ①

해설 ① 공공도서관은 「도서관법」 제2조에 의거하여 국가 또는 지방자치단체가 설립한 도서관이나 공중에게 개방하기 위해 민간기관 및 단체가 설립한 도서관을 말한다.

2 공공도서관의 기능 및 역할로 옳은 것은?

① 효율적 교육과정의 수행을 위한 지원기능
② 도서관 이용의 체계적 지도기능
③ 평생교육센터로서의 기능
④ 독서지도기능
⑤ 도서관 이용교육기능

정답 ③

해설 ① 효율적 교육과정의 수행을 위한 지원기능은 「도서관법」에 명시된 대학도서관의 기능이다.
② 도서관 이용의 체계적 지도기능은 「도서관법」에 명시된 대학도서관의 기능이다.
④ 독서지도는 학교도서관의 기능이다.
⑤ 도서관 이용교육기능은 학교도서관의 기능이다.

3 공공도서관의 정보화에 따른 기능변화에 대한 설명으로 옳지 않은 것은?

① 자료수집과 보존이라는 전통적인 기능에서 벗어나 이용자에게 도서관서비스를 제공하는 기능까지 수행하게 하는 등 그 기능을 확대하고 있다.
② 정보산업이 발전됨에 따라 도서관에서 수집하고 이용하는 자료의 유형이 다양해졌다.

③ 도서관의 정보센터로서의 기능은 산업사회가 요구하는 과학기술정보의 신속한 공급과 지역사회 정보센터로서의 역할을 수행하는 것이다.
④ 도서관의 문화기능은 도서관에서 개인의 지적 활동과 문화활동, 여가활동을 지원하여 지역주민의 삶을 풍요롭게 만드는 데 기여하는 것이다.
⑤ 도서관의 교육기능은 아동, 청소년 계층의 이용자만을 대상으로 평생교육을 제공하는 것이다.

정답 ⑤

해설 ⑤ 교육기능은 모든 이용자를 대상으로 평생교육을 제공하는 것이다.

4 공공도서관의 업무로 옳은 것은?

① 공공도서관 사서의 전문적 업무는 제본·수리 및 개안할 자료의 사전 유형별 작업과 간단한 제본수리, 준비작업, 발송업무와 제본수리에 대한 기록 유지, 청결 유지 등이 있다.
② 공공도서관 사서의 비전문적 업무로는 자료보전을 위한 방법과 기술 결정, 자료보관의 방침 결정, 보존을 위한 자료처리 지도감독, 수리 및 개안·정책안 수립 등을 최종 결정하는 것이다.
③ 공공도서관 운영에 있어서 공공도서관의 운영적 업무와 경쟁력부분을 유지하는 것은 관리부분에서 제외된다.
④ 공공도서관 운영에 있어서의 사서의 직접서비스 업무에는 대인적 및 대자료적 서비스가 포함된다.
⑤ 공공도서관 운영에 있어서의 관리부분 업무는 사서 이외의 직원이 담당한다.

정답 ④

해설 ① 공공도서관 사서의 전문적 업무는 자료보전을 위한 방법과 기술 결정, 자료보관의 방침 결정, 보존을 위한 자료처리 지도감독, 수리 및 개안·정책안 수립, 개안할 자료 품목을 최종 결정하는 것이다.
② 비전문적 업무는 사서의 제본·수리 및 개안할 자료의 사전 유형별 작업과 간단한 제본수리, 준비작업, 발송업무와 제본수리에 대한 기록 유지, 제본 자료의 검수, 제본 자료의 초장과 풀기, 망실된 레이지의 복제 기입, 자료보존을 위한 기타 업무, 자료와 비품의 청결 유지가 있다.
③ 관리부분에는 기획, 서무, 연사, 시설관리 등 공공도서관의 운영적 업무와 경쟁력을 유지하는 것과 관련된 업무가 포함된다.
⑤ 공공도서관 운영에 있어서 사서의 업무는 도서관서비스와 관리부분이다.

5 다음 〈보기〉에서 설명하는 것에 해당하는 것은?

보기
- 어린이가 독서습관을 기를 수 있도록 한다.
- 모든 단계의 정규교육뿐만 아니라 자기 주도적 학습을 지원한다.
- 창의적이고 건설적인 발전을 할 수 있는 기회를 개인에 제공한다.
- 어린이와 청소년의 상상력과 창의력을 자극한다.
- 문화유산에 대한 자각, 예술과 과학적 발견, 혁신에 대한 이해를 돕는다.

① UNESCO와 IFLA의 공공도서관 공동선언
② 「도서관법」 제28조 내 공공도서관의 역할
③ 「도서관및독서진흥법」 제20조 내 공공도서관의 역할
④ IFLA의 공공도서관이 갖추어야 할 내부 환경
⑤ 미국의 PROVIDENCE Associates Inc 도서관 운영기준

정답 ①

해설 ① UNESCO와 IFLA의 공공도서관 공동선언에 해당하는 것이다.

6 공공도서관 중 지역중앙관의 기능으로 옳지 않은 것은?

① 도서관서비스가 미치지 않는 지역에서 공공도서관의 대출·반납을 연계 지원하는 등의 서비스 포인트로서의 역할 수행
② 소규모 분관과 작은도서관·이동도서관 등의 보완 인프라 운영지원
③ 지역자료의 체계적인 수립, 정리
④ 지역 내 도서관 인프라를 총괄한 정보서비스계획 수립
⑤ 지역사회와 도서관 간의 협력망 구축, 운영

정답 ①

해설 ① 소규모 분관의 기능에 대한 설명이다.

7 「도서관법시행령」에 따른 공립 공공도서관의 시설과 자료의 기준을 바르게 제시한 것은?

① 봉사대상 인구 2만 명 미만일 때 기본 장서는 6,000권 이상을 기준으로 한다.
② 봉사대상 인구가 2만~5만 명 미만일 때 기본 장서는 12,000권 이상을 기준으로 한다.
③ 봉사대상 인구가 5만~10만 명 미만일 때 기본 장서는 15,000권 이상을 기준으로 한다.
④ 봉사대상 인구가 10만 이상~30만 명 미만일 때 기본 장서는 35,000권 이상을 기준으로 한다.
⑤ 봉사대상 인구가 50만 명 이상일 때 기본 장서는 200,000권 이상을 기준으로 한다.

정답 ③

해설 ① 봉사대상 인구 2만 명 미만일 때 기본 장서는 3,000권 이상을 기준으로 한다.
② 봉사대상 인구가 2만~5만 명 미만일 때 기본 장서는 6,000권 이상을 기준으로 한다.
④ 봉사대상 인구가 10만 이상~30만 명 미만일 때 기본 장서는 130,000권 이상을 기준으로 한다.
⑤ 봉사대상 인구가 50만 명 이상일 때 기본 장서는 150,000권 이상을 기준으로 한다.

8 한국도서관협회에서 제시한 공공도서관 시설기준을 바르게 제시한 것은?

① 전체 열람석의 15%를 어린이를 위한 열람석으로 하여야 한다.
② 전체 열람석의 10%는 노인과 장애인을 위한 열람석과 시설로 한다.
③ 봉사대상 인구 5만 명 미만일 때 인구 1천인당 면적을 37m² 이상으로 한다.
④ 봉사대상 인구 5만~10만 명 미만일 때 인구 1천인당 면적을 33m² 이상으로 한다.
⑤ 봉사대상 인구 10만~20만 명 미만일 때 인구 1천인당 면적을 28m² 이상으로 한다.

정답 ②

해설 ① 전체 열람석의 20% 이상을 어린이를 위한 열람석으로 하여야 한다.
③ 봉사대상 인구 5만 명 미만일 때 인구 1천인당 면적을 40㎡ 이상으로 한다.
④ 봉사대상 인구 5만~10만 명 미만일 때 인구 1천인당 면적을 37㎡ 이상으로 한다.
⑤ 봉사대상 인구 10만~20만 명 미만일 때 인구 1천인당 면적을 33㎡ 이상으로 한다.

9 IFLA에서 제시한 공공도서관이 갖추어야 할 내부 환경으로 옳지 않은 것은?

① 휴식, 연구, 여가 그리고 학습을 위한 공간
② 도서관 장서를 보관하고 진열하기 위한 공간
③ 대중이 도서관서비스를 적절하고 편리하게 이용할 수 있는 안락하고 매력적인 공간
④ 직원들이 효율적이고 편안한 곳에서 업무를 수행할 수 있는 충분한 공간
⑤ 미래를 위한 공간과 변경 가능성

정답 ①

해설 ① 호주 NSW Library Council의 공공도서관 건물의 공간운영을 위한 가이드라인에서 미래의 공공도서관 건물이 갖추어야 할 공간의 의미에 대한 것이다.

10 호주 NSW Library Council의 공공도서관 공간운영기준으로 옳지 않은 것은?

① 이용자들의 다양한 활동과 이용을 수용할 수 있는 다중 복합화공간
② 친숙하고 쉬운 방법의 최신 정보기술 접근 용이
③ 지역사회의 변화와 요구를 충족시키기 위한 모든 이해관계자와 상호협력
④ 지역사회를 위한 문화적 허브의 역할과 활동의 중심공간
⑤ 지역특성에 따른 분관 등의 설립 및 육성

정답 ⑤

해설 ⑤ 「도서관법」 제28조에 명시된 공공도서관의 역할이다.

11 공공도서관 공간구성에 영향을 미치는 요인으로 옳지 않은 것은?

① 이용자의 연령
② 이용자의 성별
③ 교육수준
④ 경제수준
⑤ 이용시간

정답 ②

해설 ② 공공도서관 공간구성에 영향을 미치는 요인은 이용자의 연령, 경제수준, 교육수준, 동반자 형태, 이용빈도, 방문 소요시간, 교통수단, 이용시간 등이 있다.

12 시대별 공간구성의 변화로 옳은 것은?

① 1980년대 이전의 공공도서관의 경우 공공도서관의 기능과 공간을 장서보존과 자료열람에 초점을 맞추었다.
② 1990년대의 도서관의 조직과 기능은 장서보존과 열람, 관리업무 위주의 공간으로 구성되었다.
③ 2000년대 공공도서관의 소요공간은 자료열람부분, 문화교육부분, 관리업무부분, 공용부분, 기타 부분 등으로 세분화되었다.
④ 2000년대에 들어오면서 주민이용부분이 보다 강조되었다.
⑤ 2000년대에 주민이용부분에서 폐가제와 개가제가 공존했다는 점이 특징적이다.

정답 ③
해설 ① 2000년대 이전의 공공도서관의 경우 공공도서관의 기능과 공간은 장서보존과 자료열람에 초점을 맞추었다.
② 1980년대의 도서관의 조직과 기능은 장서보존과 열람, 관리업무 위주의 공간으로 구성되었다.
④ 1990년대에 들어오면서 주민이용부분이 보다 강조되었다.
⑤ 1990년대에 주민이용부분에서 폐가제와 개가제가 공존했다는 점이 특징적이다.

13 공공도서관의 중심공간체계 변화로 옳지 않은 것은?

① 정보산업의 발달로 도서관이 이용자중심시설에서 정보중심시설로 비중이 바뀌었다.
② 공공도서관의 공간이동과 분화에 관하여 현대의 네트워크화된 공간이 과거의 공간개념을 대신하고 있다.
③ 현대의 도서관은 개방되며 상호보완적인 공간으로 변화되었다고 말했다.
④ 현대의 도서관은 이용자가 효율적으로 사용할 수 있도록 한 'Open Space'가 공공도서관의 중심이 되었다.
⑤ 네트워크화된 공간은 이동성을 중시하는 공간 개념으로서 다중심공간화되었다.

정답 ①
해설 ① 정보산업의 발달로 도서관이 정보중심시설에서 이용자중심시설로 비중이 바뀌었다.

14 공공도서관의 지역사회 접근성 및 환경에 대한 설명으로 옳지 않은 것은?

① 공공도서관의 위치는 대중교통이 가까운 교통중심지의 전철과 버스노선 도로와 가까운 곳에 위치하는 것이 좋다.
② 도서관의 주변환경은 자연환경과 함께 도서관을 이용할 수 있도록 공원과 접한 공원부지에 접해 있는 것이 좋다.

③ 도서관 주변에 문화시설과 평생기관들이 위치해 있을 경우 연계사업 및 지역주민들이 편리하게 오갈 수 있다.
④ 공공도서관 위치와 주변환경 선점에서 학교나 교회, 기타 소음이 발생되는 환경시설은 피하는 것이 좋다.
⑤ 공공도서관의 위치가 대중교통과 가까운 것은 이용자의 접근성과 관계가 없다.

정답 ⑤

해설 ⑤ 공공도서관의 위치는 대중교통이 가까운 교통중심지의 전철과 버스노선 도로와 가까운 곳에 위치하는 것이 좋다. 이는 이용자의 도서관 접근성을 높일 수 있기 때문이다.

15 공공도서관의 층 구성에 대한 설명으로 옳지 않은 것은?

① 도서관의 규모는 지하 1층에서 2층을 포함하여, 지상 3층 또는 4층 규모로 정보제공공간 및 개인학습공간, 평생학습공간을 제공할 수 있어야 한다.
② 지하에는 시청각실 및 평생학습실을 제공하여 소음이 도서관 전체로 전달되지 않도록 한다.
③ 일반열람실과 자료실은 근접한 위치에서 운영하는 것이 이용자들의 편의를 위해서 좋다.
④ 휴게공간의 경우 각 층마다 배치하여 이용자들이 틈틈이 쉴 수 있도록 설치하는 것이 좋다.
⑤ 공공도서관의 면적과 열람석의 규모는 법적 기준을 넘는 면적과 열람석수를 확보하되 융통성 있게 상황에 따라 변화할 수 있도록 해야 한다.

정답 ③

해설 ③ 일반열람실의 경우 별도의 건물로 분리되어 운영하는 것이 자료실 이용자와 혼선을 피할 수 있다는 점에서 유리하다.

16 도서관 내부 공간구성에 대한 설명으로 옳은 것은?

① 어린이실 좌석수는 전체 열람석의 15% 이상 좌석으로 마련해야 한다.
② 노년층·장애인실은 휠체어가 출입할 수 있도록 넓은 동선 공간을 확보해야 한다.
③ 일반열람실의 칸막이가 있는 열람석은 탁자 위의 칸막이 높이를 70cm 이상으로 제공해야 한다.
④ 관리·지원공간인 사무실은 이용자들이 한 번에 찾을 수 있는 1층에 배치해야 한다
⑤ 평생학습실은 프로그램 특징상 소음이 있는 경우가 많기 때문에 가장 높은 층에 배치하여야 한다.

정답 ②

해설 ① 어린이실 좌석수는 도서관법 기준에 따라 전체 열람석의 20% 이상 좌석으로 마련해야 한다.
③ 일반열람실의 칸막이가 있는 열람석은 탁자 위의 칸막이 높이를 60cm 이상으로 제공해야 한다.

④ 사무실은 이용자들의 요구도와 이용자행태를 쉽고 정확하게 파악하기 위해 중간층(2~3층)에 배치해야 한다.
⑤ 평생학습실은 프로그램 특징상 소음이 있는 경우가 많기 때문에 지하공간이나 1층에 배치해야 한다.

17 다음은 공공도서관의 공간구성 요소와 세부사항의 일부를 정리한 표이다. (가), (나), (다)에 들어갈 내용으로 옳은 것은?

구성요소	세부사항
(가)	학습실
(나)	참고열람실, 정기간행물실, 향토 및 지방행정 자료실, 자료검색실 등
(다)	보존서고, 대출실, 목록실 등

	(가)	(나)	(다)
①	개가열람실	일반열람실	폐가열람실
②	개가열람실	폐가열람실	일반열람실
③	일반열람실	개가열람실	폐가열람실
④	일반열람실	폐가열람실	개가열람실
⑤	폐가열람실	일반열람실	개가열람실

정답 ③

해설 (가) 일반열람실
(나) 개가열람실
(다) 폐가열람실

18 다음은 공공도서관의 기능변화에 따른 공간기능 및 구성요소 일부를 정리한 표이다. (가), (나), (다)에 들어갈 내용으로 바르게 짝지어진 것은?

구분	기능	세부사항
주민이용 공간	도서관기능	일반열람실, 어린이(모자)자료실, 노인(장애자)열람실, 참고열람실 등
	(가)	세미나실, 문화교실, 강의실, 집회실
	(나)	전자정보열람실, 멀티미디어실, 디지털 정보검색실, 영상자료실
	문화기능	시청각실, 강당, 회의실, 공연장, 전시실, 동아리방, 대기실
	(다)	식당, 매점, 카페, 휴게실

	(가)	(나)	(다)
①	정보기능	서비스기능	교육기능
②	정보기능	교육기능	서비스기능
③	교육기능	서비스기능	정보기능
④	교육기능	정보기능	서비스기능
⑤	서비스기능	교육기능	정보기능

정답 ④

해설 (가) 교육기능
(나) 정보기능
(다) 서비스기능

19 지역대표도서관의 공간요소에 따른 공간계획으로 옳지 않은 것은?

① 대출업무의 비중을 줄일 수 있도록 전체적인 구성비를 기존보다 줄인다.
② 문화의 기능을 지역중앙관으로 이전시켜 시 · 군 · 구 단위의 문화교육시스템이 이루어질 수 있도록 구성한다.
③ 조사연구기능 강화를 위한 연구실 및 특수자료 부분을 배치하여 구성한다.
④ 모빌랙(Mobilerack) 및 전자동 서고시스템을 설치하여 면적의 개념이 아닌 부피의 개념으로 보다 많은 자료를 훼손 없이 보관할 수 있도록 한다.
⑤ 관장실은 규모에 따라 사무실과 통합하여 사용할 수 있도록 구성한다.

정답 ⑤

해설 ⑤ 지역중앙관의 공간요소에 따른 공간계획에 대한 설명이며, 지역대표도서관의 경우 관장실은 집무 외 응접실의 역할로 구성한다.

20 공공도서관의 관리공간에 대한 설명으로 옳지 않은 것은?

① 관리부분의 공간은 직원을 위해 쾌적해야 한다.
② 도서관의 업무를 구역별로 보면 하나의 열람실 내에 참고봉사서비스와 작업실, 사무실공간 등이 함께 구성되어 있다.
③ 업무부분에서는 적은 직원으로 효율적인 도서관서비스가 가능할 수 있도록 동선을 계획하며 참고봉사데스크와의 위치를 고려해야 한다.
④ 관리부분공간은 타부분과 분리하지 않는 것이 업무를 할 때 용이하다.
⑤ 관리부분의 공간은 능률적이고 경제적이어야 한다.

정답 ④

해설 ④ 관리부분공간을 타부분과 분리하는 것이 용이하지만, 보통은 직원이 근무하는 곳에 위치하도록 해야 한다.

21 공공도서관의 프로그램별 공간구성 및 사용에 대한 설명으로 옳은 것은?

① 강당과 시청각실에서는 주로 엑셀, 파워포인트, 컴퓨터자격증프로그램 등의 프로그램이 운영되고 있다.
② 멀티미디어실과 어학실은 큰 규모의 행사가 이루어질 경우 이용된다.
③ 강당과 시청각실은 영상 및 음향 설비가 갖추어진 공간이다.
④ 멀티미디어실과 어학실은 작게는 100석, 많게는 200석의 규모로 운영된다.
⑤ 강당과 시청각실은 장기적 행사와 정적인 프로그램을 위해 사용된다.

정답 ③

해설 ① 멀티미디어실과 어학실에서 주로 엑셀, 파워포인트, 컴퓨터자격증프로그램 등의 프로그램이 운영되고 있다.

② 멀티미디어실과 어학실은 컴퓨터나 어학기기가 구비된 공간으로서 어학정보프로그램과 정보화교육, 컴퓨터활용교육이 주로 이루어지는 공간이다.
④ 멀티미디어실과 어학실은 작게는 25석, 많게는 40석의 규모로 운영된다.
⑤ 강당과 시청각실은 주로 영화상영이나 일회성 행사, 동적인 프로그램을 위해 사용된다.

22 공공도서관의 기능에 대한 설명 중 지식정보센터의 기능으로 바르지 않은 것은?

① 기록을 도서관에서 수집 · 정리 · 보존하여 후세에 전하는 문화전승기능 수행
② 수집된 정보를 체계적이고 신속하게 관리
③ 이용자에게 정보접근 기회 확대 및 보편적 서비스 제공
④ 취학 전 어린이와 노인, 그 밖에 정규교육의 기회를 갖지 못한 사람들을 위한 특별프로그램 실시
⑤ 정보복지 실현을 위한 정보사회의 구심점 역할 수행

정답 ④
해설 ④ 공공도서관의 평생교육센터의 기능이다.

23 다음 〈보기〉 중 지역중앙관에 해당하는 기능으로 바르게 짝지어진 것은?

보기
가. 소규모 분관과 작은도서관 · 이동도서관 등의 보완 인프라 운영지원
나. 지역자료의 체계적인 수집, 정리
다. 지역주민에 대한 제한된 도서관서비스 제공
라. 지역사회와 도서관 간의 협력망 구축, 운영
마. 지역주민에 대한 대민서비스(대출 · 반납, 프로그램 운영)
바. 지역 내 도서관 인프라를 총괄한 정보서비스계획 수립

① 가, 나
② 다, 라, 마
③ 가, 바
④ 나, 라, 바
⑤ 가, 나, 라, 바

정답 ①
해설 다.는 소규모 분관, 마.는 거점도서관

24 공립 공공도서관 시설의 기준에 대한 설명으로 옳은 것은?

① 전체 열람석의 20% 이상은 노인을 위한 열람석이 되어야 한다.
② 봉사대상 인구가 50만 명 이상일 때 기본장서는 200,000권 이상을 기준으로 한다.
③ 봉사대상 인구가 5만~10만 명 미만일 때 열람석은 200개 이상을 기준으로 한다.
④ 봉사대상 인구가 10만 이상~30만 명 미만일 때 연간 증서는 1,500권 이상을 기준으로 한다.
⑤ 전체 열람석의 10% 범위의 열람석은 어린이와 장애인을 위한 편의시설로서 갖추어져야 한다.

정답 ③

해설 ① 전체 열람석의 20% 이상은 어린이를 위한 열람석이 되어야 한다.
② 봉사대상 인구가 50만 명 이상일 때 기본장서는 150,000권 이상을 기준으로 한다.
④ 봉사대상 인구가 10만 이상~30만 명 미만일 때 연간 증서는 3,000권 이상을 기준으로 한다.
⑤ 전체 열람석의 10% 범위의 열람석은 노인과 장애인을 위한 편의시설로서 갖추어져야 한다.

25 공공도서관의 공간구성 중 지역사회 접근성 및 환경에 대한 설명으로 옳지 않은 것은?

① 공공도서관의 위치는 대중교통이 가까운 교통중심지의 전철과 버스노선 도로와 가까운 곳에 위치하는 것이 좋다.
② 도서관의 주변환경은 자연환경과 함께 도서관을 이용할 수 있도록 공원과 접한 공원부지에 접해 있는 것이 좋다.
③ 도서관 주변에 문화시설과 평생기관들이 위치해 있을 경우 연계사업 및 지역주민들이 편리하게 오갈 수 있다.
④ 공공도서관의 위치는 학교나 교회의 주변에 위치하는 것이 주변환경 선점에 좋다.
⑤ 공공도서관의 위치로 소음이 발생되는 환경시설 주변은 피하는 것이 좋다.

정답 ④

해설 ④ 공공도서관 위치와 주변환경 선점에서 학교나 교회, 기타 소음이 발생되는 환경시설은 피하는 것이 좋다.

26 공공도서관의 어린이자료실 공간구성에 대한 설명으로 옳지 않은 것은?

① 어린이와 동반하는 보호자와 이용자수를 감안하여 독서공간을 위한 열람석 확대
② 도서관법 기준에 따라 어린이실 좌석수는 전체 열람석의 20% 이상 좌석으로 마련
③ 검색대 코너, CD/DVD 코너, E-book 코너는 독서환경이 저해되지 않는 공간에 배치, 사서직원이 관리가 용이한 거리에 배치
④ 유아실의 경우 영유아의 특성을 고려하여 좌석수를 확대하여 설치
⑤ 어린이자료실의 화장실은 부모가 함께 하는 경우가 있기 때문에 부스의 공간을 넓게 설치

정답 ④

해설 ④ 유아실의 경우 영유아의 특성을 고려하여 온돌을 바닥에 깔아 자유롭게 이용할 수 있도록 설치

27 일반개가열람실의 공간구성에 대한 설명으로 옳지 않은 것은?

① 많은 이용자들의 짧은 이동 동선을 위해 1층 또는 2층과 같이 낮은 층에 설치
② 대출·반납데스크는 자료실이 잘 보이는 곳과 도난방지시스템이 가까운 위치에 설치

③ 대출 · 반납 시 기다리는 이용자들의 공간 확보

④ 대출 · 반납데스크는 2인 이상 직원들을 배치할 수 있는 공간으로 확보

⑤ 업무에 방해가 되지 않도록 직원의 별도의 작업공간은 대출 · 반납데스크와 멀리 떨어진 곳에 설치

정답 ⑤

해설 ⑤ 직원의 별도의 작업공간은 대출 · 반납데스크와 가까운 곳에 설치

28 도서관 공용공간 중 화장실에 대한 설명으로 옳지 않은 것은?

① 장애인전용화장실은 별도로 설치해야 한다.

② 일반열람실이 한 층에 집중되어 있는 경우 다른 층의 화장실보다 화장실 칸 수를 더 많이 설치해야 한다.

③ 장애인이 이용하지 않을 시에는 일반인의 이용은 자제하도록 관리한다.

④ 어린이이용자를 위해 어린이화장실 칸을 별도로 설치하거나 어린이 체형에 맞는 변기 및 세면대를 설치한다.

⑤ 남자 화장실 칸 수보다 여자화장실 칸 수가 더 많이 제공되도록 설치한다.

정답 ③

해설 ③ 장애인전용화장실도 별도로 설치해야 하며, 장애인이 이용하지 않을 시에는 일반인도 이용할 수 있도록한다.

29 다음 〈보기〉는 도서관의 기능에 따른 공공도서관의 공간구성요소에 대한 설명이다. 〈보기〉에 해당하는 내용이 바르게 짝지어진 것은?

보기

가. 세미나실, 문화교실, 강의실, 집회실

나. 일반열람실, 어린이(모자)열람실, 노인(장애인)열람실, 참고열람실

다. 전자정보열람실, 멀티미디어실, 디지털 정보검색실, 영상자료실

	(가)	(나)	(다)
①	정보기능	도서관기능	교육기능
②	교육기능	도서관기능	정보기능
③	서비스기능	정보기능	교육기능
④	도서관기능	교육기능	정보기능
⑤	교육기능	서비스기능	정보기능

정답 ②

해설 ② (가) 교육기능, (나) 도서관기능, (다) 정보기능

30 프로그램별 공간구성 및 사용에 대한 설명으로 옳지 않은 것은?

① 강당과 시청각실은 주로 계속성 행사, 정적인 프로그램을 위해 사용된다.

② 문화강의실은 문화교실, 세미나실, 강좌실 등 도서관에서 다양한 용어로 불린다.

③ 문화강의실이 부족할 경우나 큰 규모의 행사가 이루어질 경우 강당과 시청각실에서 프로그램이 운영된다.
④ 문화강의실은 일반적으로 강의를 들을 수 있는 교실로서 책상과 의자가 배치된다.
⑤ 멀티미디어실과 어학실에서 인터넷, 엑셀과 파워포인트, 컴퓨터 자격증프로그램 등의 프로그램이 운영된다.

정답 ①

해설 ① 강당과 시청각실은 주로 영화상영이나 일회성 행사, 동적인 프로그램을 위해 사용된다.

31 다음 이용자 요구기반 공간구성 중 집회부문에 해당하는 공간구성요소로 옳은 것은?

① 강의실, 토론실
② 강당, 시청각실
③ 일반열람실
④ 세미나실
⑤ 실내휴게실

정답 ②

해설 ① 교육부분에 해당되는 공간구성요소이다.
③ 열람부분에 해당되는 공간구성요소이다.
④ 교육부분에 해당되는 공간구성요소이다.
⑤ 서비스부분에 해당되는 공간구성요소이다.

도서관 공간구성의 이해

학교도서관의 교육기능은 도서관 이용지도 및
도서관 자료의 활용법 지도, 독서지도, 효과적인 학습방법지도,
정보교육으로서의 도서관 이용교육 등을 수행하는 것이며, 학교도서관은
여러 매체를 통한 정보기능에 대한 중심장소로 이용되어야 한다.
또한 학교도서관은 정서발달에 있어서 건전하고 사회적인 정서함양의
장소로서 교양과 윤리를 바로 세우는 건전한 성정을 돕는 기능을 하여야 한다.
그러므로 학교도서관은 이용자에게 최대의 자료와 공간시설을
편리하게 사용할 수 있는 열린 도서관(Open-Library)으로서의
역할을 수행하여야 할 것이다.

CHAPTER

03

학교도서관 공간구성

1. 학교도서관의 이해
2. 공간관련 규정 및 기준
3. 공간규모계획
4. 공간구성 시 유의사항 및 개선안

1 학교도서관의 이해

1.1 학교도서관의 정의

「도서관법」 제2조에서는 학교도서관을 고등학교 이하의 각급 학교에서 교사와 학생, 직원에게 도서관서비스를 제공하는 것을 주된 목적으로 하는 곳이라 정의하고 있다. 그리고 「학교도서관진흥법」에서는 학교도서관을 학교에서 학생과 교원의 학습·교수활동을 지원함을 목적으로 하는 도서관이나 도서실이라 정의하고 있다.

미국도서관협회(ALA)의 문헌정보학 용어사전에는 학교도서관을 모든 형태의 자료를 포괄하는 장서, 설비, 그리고 전문직원에 의한 서비스가 교직원과 학생에게 제공되는 '초·중등학교 안의 특정 공간이나 시스템'이라고 정의하고 있다.

표 3-1 학교도서관의 정의

도서관법	학교도서관진흥법	미국도서관협회(ALA)
「도서관법」 제2조, 학교도서관은 고등학교 이하의 각급 학교에서 교사와, 학생, 직원에게 도서관서비스를 제공하는 것을 주된 목적으로 하는 곳	학교도서관은 학교에서 학생과 교원의 학습·교수활동을 지원함을 목적으로 하는 도서관이나 도서실	문헌정보학 용어사전에는 학교도서관은 모든 형태의 자료를 포괄하는 장서, 설비, 그리고 전문직원에 의한 서비스가 교직원과 학생에게 제공되는 초중등학교 안의 특정 공간 또는 시스템

지식정보사회에서 학교도서관은 교수·학습정보를 효과적으로 제공하고, 다양한 정보자료를 지원하기 위해서 인쇄매체는 물론 영상매체와 전자통신매체 등 여러 정보자료를 충분히 확보하여 소공연장, 전시장 등 소규모 문화공간으로서의 역할을 해야 한다. 학교도서관의 개념을 세 가지로 요약한다면 다음과 같다(박정선, 2004).

첫째, 학교도서관은 지식정보사회에 따른 교육환경 변화에 능동적으로 대응하여 교육목표 달성에 기여하고, 교육과정 전개에 필요한 다양한 정보자원을 제공하는 종합적인 학습 환경이다.

둘째, 학교도서관은 교수·학습활동에 필요한 인쇄매체, 영상매체, 전자매체 등 다양한 형태의 정보자원을 갖추어, 학생들이 자신의 능력과 수준에 적합한 정보자료를 활용할 수 있도록 개별학습을 지원하는 교육지원시설이다.

셋째, 학교도서관은 교육과정과 밀접한 자료를 제공하여 자료중심 교육을 실현함으로써 열린교육과 자기주도적 학습을 지원하고 과제해결 능력을 배양하여 평생교육의 기초를 마련하는 학습시설이다.

이를 정리하면 학교도서관은 '학교에서 학생과 교원의 교수·학습활동, 문화·예술적인 활동의 중심이 되는 교육공간'으로 정의할 수 있다(김창규, 2010).

1.2 학교도서관의 목적

학교도서관은 다양한 자료를 활용하여 학생들이 다양한 경험을 쌓을 수 있도록 자발적인 참여를 촉진함으로써 교실과 교사, 교과서로만 한정되었던 교수·학습의 경계를 확장하고 학습을 위한 유용한 기능을 가진 교수·학습센터이다. 그러므로 학교도서관은 학교교육의 핵심 영역으로서, 지식정보사회에 대비할 수 있도록 학생들의 소양을 길러주고, 효과적인 교수·학습의 방법을 실현하는 교수·학습의 장이 되어야 한다.

UNESCO에서는 21세기 지식기반사회에 있어서 학교도서관은 모든 가르침과 배움의 근간을 이루는 핵심기관임을 인식하고, 1998년 8월 암스테르담 IFLA 회의에서 도서관 전문기구인 국제도서관협회연맹(IFLA: International Federation of Library Association)과 공동으로 학교도서관 정책 선언문을 채택하여, 다음 [표 3-2]과 같이 학교도서관의 이념과 목적을 제시하였다.

표 3-2 UNESCO의 학교도서관 이념 및 목적

학교도서관의 이념	학교도서관의 목적
학교의 모든 구성원들이 모든 형식의 정보매체를 효과적으로 이용할 수 있도록 학습활동을 지원하고 도서 및 각종 정보자료를 제공한다.	교육과정 이행의 핵심적인 기관으로서 정보 소양, 교수학습, 문화 계발 등의 역할을 수행하기 위한 핵심적인 서비스를 제공한다.

출처: 유양근 (2004). 학교도서관의 발전 방안에 관한 연구

또한 학교도서관 정책선언문에서는 학교도서관의 목표를 다음 [표 3-3]과 같이 9가지로 제시하고 있다(한국교육학술정보원, 2006).

표 3-3 학교도서관 정책선언문이 제시한 학교도서관의 목적

학교도서관 정책선언문 내 학교도서관의 목적
1. 각급 학교의 목적과 교육과정에 기여함으로써 궁극적으로 교육목적을 달성하고 향상시킨다. 2. 학생들에게 독서와 학습의 즐거움 그리고 평생 동안 도서관을 이용하는 습관과 태도를 길러준다.

3. 지식, 이해, 상상 그리고 오락을 위해 정보를 이용하고 창출할 수 있는 경험을 제공한다. 4. 모든 학생들의 학습활동을 지원하고, 일상적인 커뮤니케이션 방식은 물론 모든 매체의 형식이나 형태에 관계없이 정보를 평가하고 활용할 수 있는 기능을 길러준다. 5. 지방, 지역, 국가 그리고 범세계적인 정보자원에 접근할 수 있도록 하고, 학생들에게 다양한 지식과 경험 그리고 견해를 체험할 수 있는 경험을 제공한다. 6. 문화적, 사회적 자각과 의식을 촉진할 수 있는 활동을 조직한다. 7. 학교교육의 목표를 달성하기 위하여 학생, 교사, 행정가, 그리고 학부모와 협력한다. 8. 지적 자유와 정보접근은 민주사회에 참여하고, 책임 있는 시민의식을 고취시키는데 핵심적인 개념임을 견지한다. 9. 학교도서관의 정보자원 및 서비스는 물론 학교 이외의 지역사회에 제공되어야 하며, 독서를 장려한다.

출처: 한국교육학술정보원 (2006). 학교도서관 평가 적용 및 및 교육적 효과 측정 연구

한국도서관협회(2003)에서는 학교도서관의 목적을 다음 [표 3-4]와 같이 6가지를 제시하고 있다.

표 3-4 한국도서관협회가 제시한 학교도서관의 목적

한국도서관협회기준 내 학교도서관의 목적
1. 학교도서관은 교수·학습활동에 필요한 다양한 정보 자료, 기기, 시설을 갖추고 사서교사의 전문적인 봉사를 통하여 학생중심의 열린교육과 자기주도적 학습을 실현한다. 2. 학교도서관은 학생에게 과제 해결에 필요한 정보 및 자료의 선택과 수집, 분석과 종합, 평가와 해석, 표현능력을 길러주어 평생학습의 기틀을 마련한다. 3. 학교도서관은 학생 개개인의 능력과 수준에 알맞은 다양한 정보와 매체를 활용할 수 있도록 지원함으로써 탐구학습과 창의력 개발에 기여한다. 4. 학교도서관은 교과학습, 특별활동, 학교행사 등 교육활동과 연계한 독서교육을 실시하여 학생의 인성교육에 기여한다. 5. 학교도서관은 학생들의 도서관 활동을 통하여 민주시민의 태도와 공공심을 길러준다. 6. 학교도서관은 "교직원과 학생의 이용에 지장이 없는 범위 내에서 지역주민에게 시설과 자료를 개방함으로써 지역 문화 발전에 이바지한다"

출처: 한국도서관협회 (2003). 한국도서관기준

1.3 학교도서관의 기능

학교도서관의 이용자는 기본적으로 학생과 교직원이며, 학교도서관은 이들이 편리하게 도서관을 활용할 수 있도록 다양한 서비스를 고려하여 제공한다. 즉, 학생과 교직원이 교수·학습활동을 계획하거나 전개하는 데 필요한 다양한 학습매체를 준비하고, 언제든지 도서관을 이용할 수 있도록 계획하는 것이 기본요건이다.

「도서관및독서진흥법」에서는 학교도서관의 기능에 대하여 다음 [표 3-5]와 같이 제시하고 있다.

표 3-5 「도서관및독서진흥법」의 학교도서관 기능

학교도서관 기능
1. 학교교육에 필요한 도서관자료의 수집·정리·보존 및 이용서비스 제공 2. 학교소장 교육 자료의 통합관리 및 이용 제공 3. 시청각자료 및 멀티미디어 자료의 개발·제작 및 이용 제공 4. 정보관리시스템과 통신망을 이용한 정보공유체제의 구축 및 이용 제공 5. 도서관 이용의 지도 및 독서교육, 협동수업 등을 통한 정보 활용의 교육 6. 그 밖에 학교도서관으로서 해야 할 기능수행에 필요한 업무

오늘날 정보화 사회에서는 학교도서관의 가장 기본적이며 필수적인 기능으로 도서관 이용교육과 독서지도가 중요하게 인식되고 있다. 도서관 이용교육은 교수·학습을 위한 다양한 정보로의 접근과 효율적 이용을 통하여 자율적이고 주체적인 학습능력을 향상시키며, 독서지도는 창조적 사고능력의 향상과 광범위하고 바람직한 인격형성에 커다란 영향을 끼친다(정국헌, 2008).

학교도서관이 학습활동의 중심이 되어 교과과정에서 핵심적인 기능을 수행하게 되면, 학습단계에서 필요한 모든 교육 자료가 학교도서관에 집중될 것이다. 또한 정보화로 인하여 다양한 소프트웨어가 활용·보급되고 있어 학교도서관에서도 이러한 매체를 활용할 수 있도록 지원해야 한다.

또한 학교도서관은 학교 내에서 역할을 수행하는 경우가 많으나 점차 외부프로그램과 함께 교육적 역할을 수행하는 확장성을 보여주고 있다. 따라서 학교도서관은 단위 학교에서의 운영 목적과 도서관 내부 이용자의 요구를 수렴하고 외부기관이나 이용자들에게 데이터베이스를 제공할 수 있어야 하며 외부기관과 교류할 수 있는 환경을 구성할 수 있어야 한다.

학교도서관은 학교의 교육활동 중심지로서의 역할과 사회가 요구하는 문화적 역량을 길러주는 교육장소임을 인지하여 학교 교육활동의 정보이용 및 정서함양의 중심 역할을 병행하여 수행하여야 한다.

학교도서관의 교육기능은 도서관 이용지도 및 도서관 자료의 활용법 지도, 독서지도, 효과적인 학습방법지도, 정보교육으로서의 도서관 이용교육 등을 수행하는 것이며, 학교도서관은 여러 매체를 통한 정보기능에 대한 중심장소로 이용되어야 한다.

또한 학교도서관은 정서발달에 있어서 건전하고 사회적인 정서함양의 장소로서 기능을 하여 교양과 윤리를 바로 세우는 건전한 성정을 돕는 기능을 하여야 한다. 그러므로 학교도서관 이용자에게 최대의 자료와 공간시설을 편리하게 사용할 수 있는 열

린 도서관(Open-Library)으로서의 역할과 기능을 수행하여야 할 것이다(신동준, 이상호, 임채진, 2009).

1) 도서관 이용교육 기능

다양한 형태와 수많은 종류의 교육매체 자료와 사서(교사)가 제공하는 프로그램, 그리고 잘 갖추어진 시설 · 장비가 있더라도 실제로 학생과 교사가 그 이용방법을 몰라서 자료와 시설, 기기, 서비스 등을 이용하지 못한다면 학교도서관은 무용지물이 될 것이다. 따라서 도서관 이용교육은 학교도서관에서 가장 기본적이면서 필수적인 기능이라 할 수 있다.

정보화 사회에서는 다양한 정보접근과 정보의 효율적 이용을 통하여 사회 · 경제 · 기술 등의 문제를 학생들 스스로 해결하는 능력을 필요로 하고 있다. 또한 현대의 교육은 학생들의 창의력 향상과 자주적인 학습에 중점을 두는 방향으로 전개되고 있으며, 실제로 교육 선진국에서는 교육프로그램 중에서 도서관 이용교육을 특히 강조하고 있다.

따라서 도서관 이용교육은 학교의 전반적인 교육프로그램과 연관 지어서 계획적이고 체계적으로 실시되어야 하며, 미래를 위한 평생교육의 일환으로써 정보활용능력을 향상시키는 데 기여해야 할 것이다.

교사들은 일반적으로 학교도서관의 이용방법과 다양한 매체의 효율적 이용에 관한 기본지식이 부족하다. 따라서 오리엔테이션을 통하여 교사들에게도 학교도서관이 제공할 수 있는 모든 봉사와 그에 따른 규칙 및 절차를 알려주어야 하며 학교도서관의 교육 자료와 시설과 기기를 소개하여 이에 따른 서비스와 자료의 존재를 인식시켜야 한다(김중한, 1982). 교사를 위한 도서관 이용교육은 교사들에게 학교도서관의 역할과 기능들을 올바르게 인식시켜 교수자원과 학습자료 등을 개발할 수 있는 능력을 향상시킬 수 있다(안광열, 2010).

2) 독서지도 기능

독서지도는 독서하는 습관을 기르고 올바른 도서 선택과 올바른 독서감상을 통해 독서활동을 돕는다. 또한 올바르게 독서한 내용을 생활에 응용시키며 독서문제아의 예방과 치료를 위하여 필요하다.

독서는 모든 교과 영역의 기초가 될 수 있기 때문에 독서지도는 교육활동의 전체를 포괄하여 실시되어야 한다. 원래 독서는 우리 생활의 모든 면에 영향을 미치는 것이기 때문에 독서지도는 학교에 한정할 수 없다. 그러므로 가정교육과 사회교육, 더 나아가 독서지도의 소재인 도서출판에 관계하는 사람들이 학생들에게 풍부한 인격형성을 시켜준다는 관점으로 출발하여 광범위하게 진행되어야 한다. 아울러 정보화 사회에 효율적으로 적응하기 위해 정보와 지식을 획득하기 위한 독서가 필요하며, 학습방법을 위한 독서지도를 통해 학습독서 또한 실시하여야 한다. 따라서 당면과제 해결에 필요한 정보의 수집 · 선택 · 정리 및 활용능력을 육성하여 평생교육의 기틀을 마련할 수 있는 독서교육에 대한 지도에 중점을 두어야 한다(안광열, 2010).

1.4 학교도서관의 역할

IFLA/UNESCO, IASL 등 국제기구는 학교도서관의 역할을 교육, 정보소양, 문화 등의 관점에서 다음과 같이 제시하고 있다.

1) IFLA/UNESCO 학교도서관 선언문

IFLA/UNESCO(2000) 학교도서관 선언문에서는 학교도서관은 교육과정 운영에 있어서 핵심적인 부분으로, 문명 교육은 물론 정보소양, 교수 · 학습, 문화개발 등의 역할을 수행하기 위해서 다음 [표 3-6]과 같은 핵심적인 봉사를 제공해야 한다고 밝히고 있다.

▌표 3-6▌ IFLA/UNESCO에서 제시한 학교도서관 역할

IFLA/UNESCO 학교도서관 선언문 내 학교도서관의 역할
1. 각 학교의 목적과 교육과정에 기여함으로써 궁극적으로 교육목적을 달성하고 향상시킨다. 2. 학생들에게 독서와 학습의 즐거움 그리고 평생동안 도서관을 이용하는 습관과 태도를 길러준다. 3. 지식, 이해, 상상 그리고 오락을 위해 정보를 이용하고 창출할 수 있는 경험을 제공한다. 4. 모든 학생들의 학습활동을 지원하고, 일상적인 커뮤니케이션 방식은 물론 모든 매체의 형식이나 형태에 관계없이 정보를 평가하고 활용할 수 있는 기능을 길러준다. 5. 지방, 지역, 국가 그리고 범세계적인 정보자원에 접근할 수 있도록 하고, 학생들이 다양한 지식과 경험 그리고 견해를 체험할 수 있는 기회를 제공한다. 6. 문화적, 사회적 자각과 의식을 촉진할 수 있는 활동을 조직한다. 7. 지적 자유와 정보접근은 민주사회에 참여하고, 책임있는 시민의식을 고취시키는 데 핵심적인 개념임을 견지한다. 8. 학교도서관의 정보자원 및 서비스는 학교는 물론 학교 이외의 지역사회에 제공되어야 하며, 독서를 장려한다.

2) IASL 학교도서관 정책성명서

1993년에 발표된 IASL(International Association of School Librarianship) 학교도서관 정책성명서에 따르면 학교도서관은 가르치고 배우는 모든 활동의 근간이며, 교육과정을 위한 핵심 시설로서 다음 [표 3-7]과 같이 학교도서관의 역할을 밝히고 있다.

표 3-7 IASL 학교도서관 정책성명서

IASL 학교도서관 정책성명서 내 학교도서관의 역할	
정보적 기능	교수・학습에 필요한 모든 정보 자료를 신속하게 제공하며, 국가 및 지역 네트워크의 핵심
교육적 기능	학습을 위한 시설과 공간을 제공함으로써 평생교육에 기여 교과 학습과 연계하여 정보를 탐색하고, 분석할 수 있는 기초적인 기능을 신장시키고, 지적 자유의 정신을 고양
문화적 기능	심미적 경험, 작품 감상, 창의성 신장, 건전한 인간관계 신장을 통해 평생동안 삶의 질을 향상
레크리에이션 기능	다양한 정보 자료와 가치있는 레크리에이션 프로그램을 제공하여 건전한 여가생활과 풍요로운 삶을 제공

2 공간관련 규정 및 기준

2.1 법률상 기준

「초・중등교육법」 제4조(학교의 설립 등)에서는 "학교를 설립하려는 자는 시설・설비 등 대통령령으로 정하는 설립기준을 갖추어야 한다"고 규정하고 있으며, 이에 따라 「고등학교 이하 각급 학교 설립・운영 규정」, 「특수학교시설・설비기준령」에서 학교 교구와 설비기준을 다루고 있다.

1) 「고등학교 이하 각급 학교 설립・운영 규정」

「고등학교 이하 각급 학교 설립・운영 규정」에서는 학교 건물의 면적기준을 학교급별로 학생 1인당 필요한 최소기준 면적만을 제시하고 실(공간)의 종류와 수, 크기 등을 정하고 있지 않다. 학교 설립자 및 운영자가 학교의 설립목적과 운영방법, 교수・학습방법 등에 따라서 자유롭게 공간구성을 할 수 있도록 하고 있다(김기남, 1998).

표 3-8 「고등학교 이하 각급 학교 설립 · 운영 규정」

법령	시설 및 자료기준
시설 · 설비 기준	유치원 · 초등학교 · 중학교 · 고등학교 · 공민학교 · 고등공민학교 · 고등기술학교와 이에 준하는 각종 학교(이하 '각급 학교'라 한다)의 설립 · 운영에 필요한 시설 및 설비기준은 제3조 내지 제12조 및 제17조와 같다.
교사(校舍) 설치기준	• 각급 학교의 교사(교실, 도서실 등 교수 · 학습활동에 직 · 간접적으로 필요한 시설물을 말한다)는 교수 · 학습에 적합하여야 하고, 그 내부환경은 「학교보건법」 제4조의 규정에 의한 환경위생 및 식품위생의 유지 · 관리에 관한 기준에 적합하여야 한다. • 제1항의 규정에 의한 교사의 기준면적은 '별표 1'과 같다. 다만, 각급 학교의 학교별 특성을 고려하여 교육상 지장이 없는 범위 안에서 시 · 도 조례로 정하는 바에 따라 기준면적의 3분의 1의 범위 안에서 완화하여 적용할 수 있다.
교구(校具) 설비기준	• 각급 학교에는 학과 또는 교과별로 필요한 도서 · 기계 · 기구 등의 교구를 갖추어야 한다. • 제1항의 규정에 의한 교구의 종목 및 기준은 시 · 도 교육감이 정하여 고시한다.

표 3-9 「고등학교 이하 각급 학교 설립 · 운영 규정」 '별표 1' 학생수별 기준면적

(N: 순사용 면적)

학교		학생수별 기준면적		
유치원		40명 이하	41명 이상	
		5N	80+3N	
초등학교 · 공민학교 및 이에 준하는 각종 학교		240명 이하	241명 이상 960명 이하	961명 이상
		7N	720+4N	1,680+3N
중학교 · 고등공민학교 및 이에 준하는 각종 학교		120명 이하	121명 이상 720명 이하	721명 이상
		14N	1,080+5N	1,800+4N
고등학교 · 고등 기술학교 및 이에 준하는 각종 학교	계열별	120명 이하	121명 이상 720명 이하	721명 이상
	인문계열	14N	960+6N	1,680+5N
	전문계열		720+8N	2,160+6N
	예 · 체능 계열		480+10N	1,920+8N

2) 「특수학교시설 · 설비기준령」

「특수학교시설 · 설비기준령」에서는 학교건물 내에 두는 시설의 종류 및 기준을 명시하며, 그에 대한 사항은 [표 3-10], [표 3-11]과 같다.

표 3-10 「특수학교시설 · 설비기준령」

법령	시설 및 자료기준
교사(校舍)에 두는 시설의 종류 및 기준	• 학교의 교사에 두는 시설의 종류 및 그 기준은 '별표'와 같다. • 지역의 여건 및 학생의 장애 유형 등을 고려하여 시설의 종류별 면적기준을 3분의 1의 범위 안에서 시 · 도 조례로 정하는 바에 따라 완화하거나 강화하여 적용할 수 있다. • 제1항의 각 시설에 두어야 할 설비 · 비품 등의 품목 · 수량 등은 시 · 도 교육감이 따로 정한다.

표 3-11 「특수학교시설 · 설비기준령」 '별표' 시설의 종류 및 기준

시설의 종류	설치기준	면적기준
도서실	학교 특성에 따라 설치하되, 보통 교실을 겸용할 수 있다.	20석 이상

2.2 교육청 중 · 고등학교 교구 설비기준

도서관의 기능과 활용을 기준으로 공간을 세분화하고 각 공간별로 설비기준을 제시한 교육청은 대구, 경북, 전북 교육청이다. 각 교육청은 별도의 설비기준에 따라 교구 · 설비종목과 규격 그리고 소유기준을 제시하고 있다(송기호, 2005).

표 3-12 대구, 경북, 전북 지역별 중 · 고등학교 도서관 공간구분

대구	경북	전북
문헌자료공간 영상자료공간 전자자료공간 교수 · 학습공간 대출반납공간 종합관리공간	도서관인테리어 인터넷 환경 교수 · 학습환경	자료보관 및 열람용 설비, 멀티미디어기기

출처: 송기호 (2005). 학교도서관 교구 · 설비기준 개선방안

2.3 한국도서관협회 설비기준

한국도서관협회(2003)는 학교도서관의 시설기준을 초 · 중 · 고등학교별, 그리고 공간요소별로 다음 [표 3-13], [표 3-14]와 같이 제시하고 있다. 건물면적은 초 · 중 · 고등학교별로 재적학생을 기준으로 1인당 면적을 고려하며, 시설이 복합건물 혹은 독립건물 등의 위치 여부에 따라 공간요소의 비율에 차이가 있었다.

▌표 3-13▌ 한국도서관협회의 초 · 중 · 고등학교별 학교도서관 시설기준

<table>
<tr><th rowspan="2">구분</th><th colspan="2">면적(m^2)</th><th rowspan="2">비고</th></tr>
<tr><th>복합건물</th><th>독립건물</th></tr>
<tr><td>초등학교</td><td>0.89</td><td>0.96</td><td rowspan="3">학생 1인당 면적은 재적학생을 기준으로 함</td></tr>
<tr><td>중학교</td><td>1.19</td><td>1.29</td></tr>
<tr><td>고등학교</td><td>1.32</td><td>1.44</td></tr>
</table>

출처: 한국도서관협회 (2003). 한국도서관기준

▌표 3-14▌ 한국도서관협회의 학교도서관의 공간요소별 시설기준

<table>
<tr><th rowspan="2">구분
공간요소</th><th colspan="2">초등학교</th><th colspan="2">중학교</th><th colspan="2">고등학교</th></tr>
<tr><th>복합건물(%)</th><th>독립건물(%)</th><th>복합건물(%)</th><th>독립건물(%)</th><th>복합건물(%)</th><th>독립건물(%)</th></tr>
<tr><td>자료공간</td><td>55</td><td>51</td><td>46</td><td>42</td><td>41</td><td>38</td></tr>
<tr><td>이용자공간</td><td>16</td><td>15</td><td>20</td><td>18</td><td>27</td><td>24</td></tr>
<tr><td>직원공간</td><td>16</td><td>14</td><td>21</td><td>20</td><td>19</td><td>18</td></tr>
<tr><td>공유공간</td><td>13</td><td>20</td><td>13</td><td>20</td><td>13</td><td>20</td></tr>
</table>

출처: 한국도서관협회 (2003). 한국도서관기준

또한 학교도서관 주요 공간의 시설기준이 정리실, 컴퓨터실, 직원열람실, 참고열람실, 시청각실, 영사실, 정기간행물실 등으로 구체적으로 제시되고 있다.

▌표 3-15▌ 학교도서관 주요 공간 중심의 시설기준

<table>
<tr><th colspan="2">실명
공간요소</th><th>정리실</th><th>컴퓨터실</th><th>직원
열람실</th><th>열람실</th><th>참고
열람실</th><th>시청
각실</th><th>영사실</th><th>정기
간행물실</th></tr>
<tr><td rowspan="4">학교
규모
(학급수)</td><td rowspan="4">초등
학교</td><td>12 미만</td><td rowspan="4">24 미만
24 이상</td><td rowspan="4">24 이상</td><td>12 미만</td><td>12 미만</td><td>12 미만</td><td rowspan="4">12 이상
24 이상</td><td>12 미만</td></tr>
<tr><td>18 이상</td><td>18 이상</td><td>18 이상</td><td>18 이상</td><td>18 이상</td></tr>
<tr><td>24 이상</td><td>24 이상</td><td>24 이상</td><td>24 이상</td><td>24 이상</td></tr>
<tr><td>36 이상</td><td>36 이상</td><td>36 이상</td><td>36 이상</td><td>36 이상</td></tr>
<tr><td rowspan="4">면적
(단위:
m^2,
120)</td><td rowspan="4">초등
학교</td><td>21</td><td rowspan="4">80</td><td rowspan="4">120</td><td>90</td><td rowspan="4"></td><td>90</td><td rowspan="4">120</td><td rowspan="4"></td></tr>
<tr><td>21</td><td>140</td><td>90</td></tr>
<tr><td>21</td><td>200</td><td>90</td></tr>
<tr><td>21</td><td>290</td><td>180</td></tr>
<tr><td colspan="2">비고</td><td colspan="4">■ 열람실
• 좌석수는 전체 학생의 10%
• 1인당 기준 면적
– 초등학교:1.3m^2(0.4평)
– 중학교:1.7m^2(0.5평)</td><td colspan="4">■ 시청각실
• 초등학교: 1학급 수용
• 중 · 고등학교: 2학급 수용
• 회의실 및 세미나실로 이용가능
■ 정기간행물실</td></tr>
</table>

	– 고등학교:2.0m²(0.6평) ■ **참고열람실** • 중학교: 열람실의 1/3 • 고등학교: 열람실 1/2 • 일반열람실에 병치가능	• 12학급 미만은 열람실에 병치하고 12학급 이상은 규모에 관계없이 교실 1칸 정도로 함 • 일반열람실에 병치가능

출처: 한국도서관협회 (2003). 한국도서관기준

그림 3-1 ▌ 성신여자중학교 도서관 도면

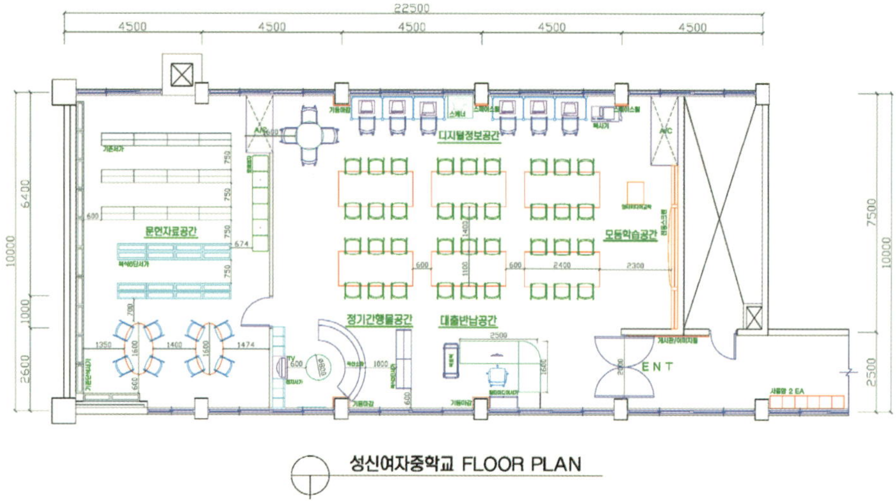

그림 3-2 ▌ 성신여자중학교 도서관 3D

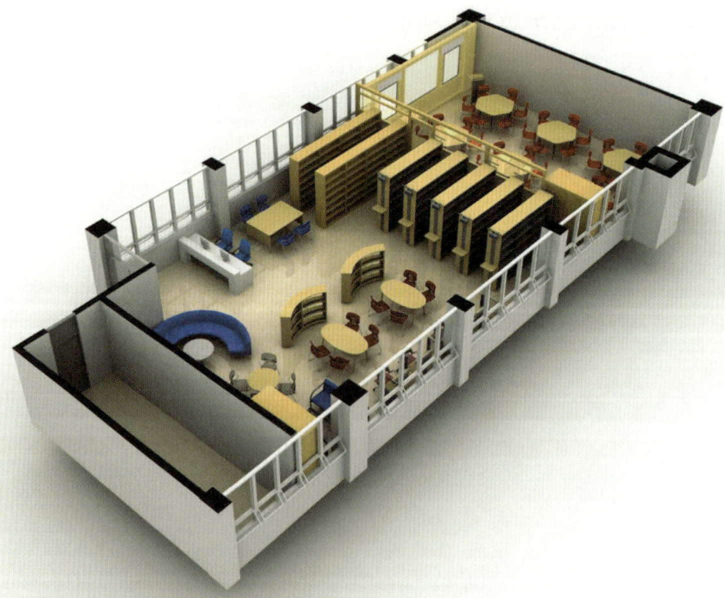

그림 3-3 ▌건대부속고등학교 도서관 도면

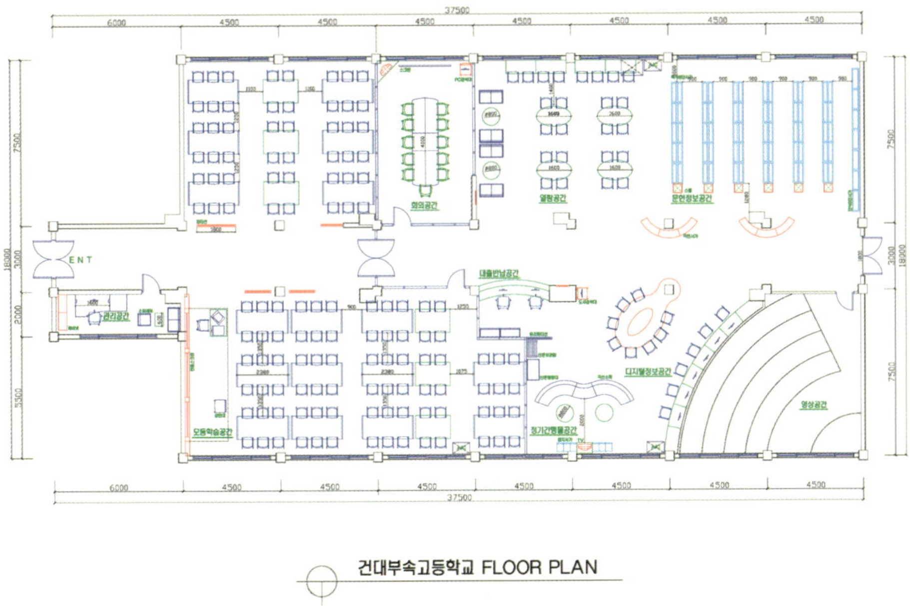

그림 3-4 ▌건대부속고등학교 도서관 3D

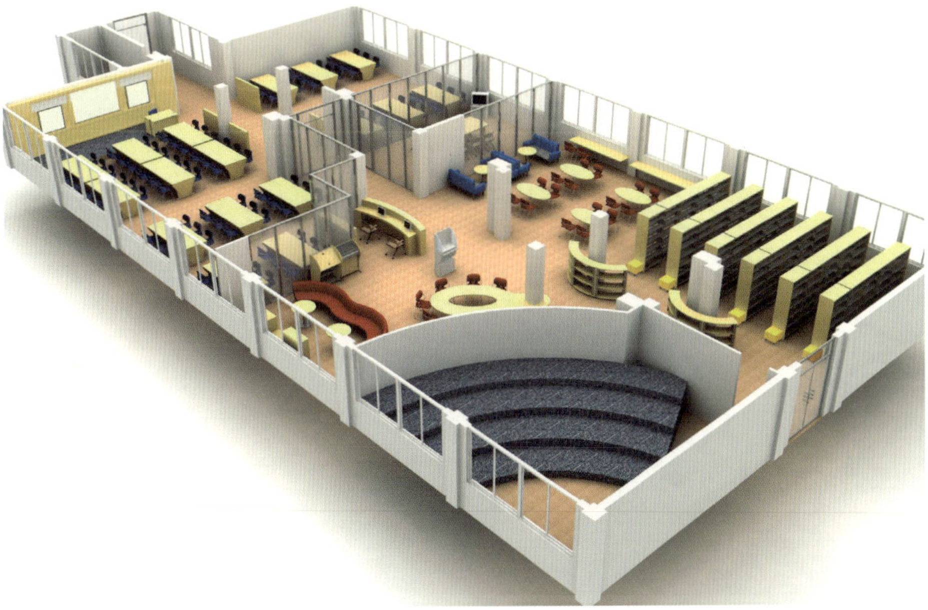

그림 3-5 ▌경희여자고등학교 도서관 도면

그림 3-6 ▌경희여자고등학교 도서관 3D

그림 3-7 | 가양초등학교 도서관 도면

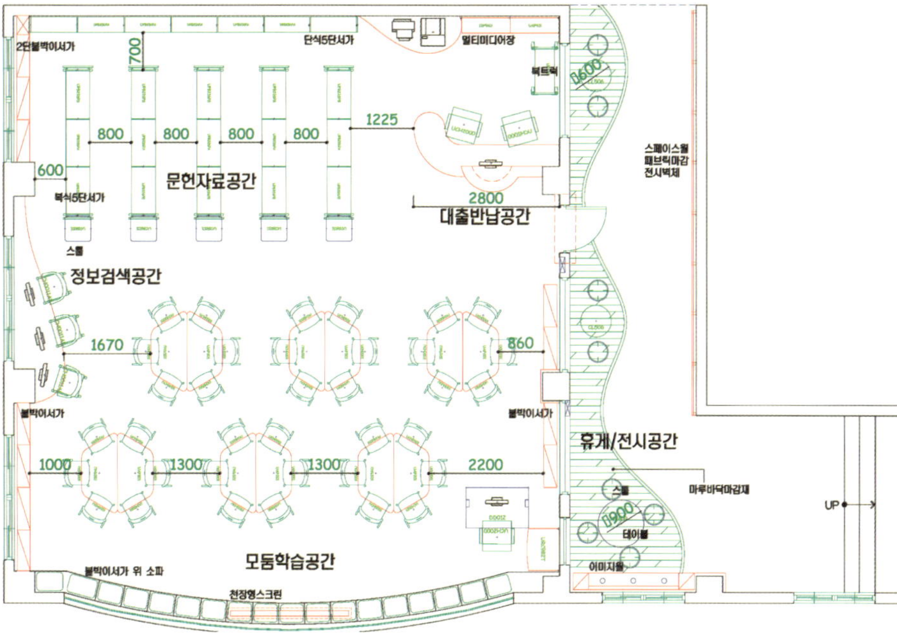

그림 3-8 | 가양초등학교 도서관 3D

3 공간규모계획

학교도서관의 활동이 다양할수록 내부면적은 커지게 된다. 따라서 학교도서관의 활동을 면밀하게 규정짓고 활동의 기능을 구체화하여 체계적으로 공간을 결정하여야 한다. 훌륭하게 계획된 시설의 배치는 다양한 매체이용을 촉진시키고 탐구활동을 활발하게 하며 학습을 위한 정보자료와 봉사를 활용하도록 학생들을 독려한다.

3.1 미국의 기능별 학교도서관 공간구분

미국학교도서관사서협회(American Association of School Librarians and Association for Educational Communications and Technology, 1988)가 발간한 '학교도서관 미디어 프로그램 가이드라인(Guidelines for School Library Media Program)'에서는 학교도서관 공간을 기능별로 구분하였다.

먼저 정보접근기능을 위한 공간은 도서관의 중심적인 공간으로 정보원과 기기를 제공·관리하는 공간이며, 교수·학습을 위한 공간은 교과과정 전 영역에서 사용되는 학습 정보와 공간을 학생과 교사에게 제공하는 공간이다. 상담 및 계획입안을 위한 공간은 사서교사와 일반교사의 상호협력으로 학습계획을 짜거나, 일반교사의 교수활동을 계획하도록 설계된 공간이다.

표 3-16 미국 학교도서관의 공간기능별 구분

구분	내용
정보접근기능을 위한 공간	• 도서관의 중심적인 공간으로 학교의 교육적 프로그램에 사용되는 정보원과 기기를 소장·제공·배포·대출하며 정보원을 발주·정리·보관함 • 참고정보원을 비치하여 사용하도록 함
교수·학습을 위한 공간	• 학교 교과과정 전 영역에서의 학습에 사용되는 정보와 공간을 학생과 교사에게 제공하는 공간 • 자주적 학습과 대단위·소단위 단체학습 또는 일반교사나 사서교사로부터 공식·비공식적인 지도를 받는 공간과 교육정보를 다양한 미디어와 형태로 제작 및 전달공간
상담 및 계획입안을 위한 공간	• 교사가 교육과정 개발이나 교수활동의 계획을 할 수 있도록 제공하는 공간 • 특정목표에 대응하기 위해 필요한 자료를 선정, 심사, 제작 또는 이용하기 위한 공간 • 사서교사, 일반교사 상호협력하에 교수·학습계획 계획입안 추진공간

출처: American Association of School Librarians and Association for Educational Communications and Technology (1988). Information Power: Guidelines for School Library Media Program

3.2 기본공간과 지원공간에 따른 학교도서관 공간구성

1) 기본공간과 지원공간의 구분

Preseano(1999)는 학교도서관 공간을 간단하게 기본공간과 지원공간으로 구분하였다. 기본공간은 열람·대출을 위한 공간과 도서관에서 다양한 활동을 할 수 있도록 꾸며진 공간이며, 지원공간은 회의실, 행정사무, 휴게실 등 교수·학습에서 분리된 시설공간이다.

표 3-17 기본공간과 지원공간에 따른 학교도서관 공간구성

구분	내용
기본공간	• 열람·대출을 위한 공간 • 다양한 활동을 수용할 수 있는 일반적 기능공간 • 시청각을 위한 소집단공간 • 회의실공간 • 단체학습 및 연구를 위한 공간 • 컴퓨터 학습공간 • 교사를 위한 공간 • 매체 제작 및 수정을 위한 공간 등
지원공간	• 교수·학습에서 분리된 시설공간(입구, 소지품 보관실 등) • 기본적인 기술봉사공간 • 회의실 및 행정사무공간 • 교재와 정기간행물 보관공간 • 기기보관 및 수납공간 • 매체 생산용 기기의 수리·보수공간 • 직원 휴게실공간 등

출처: Prestano Emanuel T, Prestano Joyce (1999). Libraries Unlimited

2) 공간구성

도서관은 다양한 학습자료를 활용하여 창의성을 극대화하는 공간으로 매우 중요한 교육공간이며 거시적인 측면에서 사회적, 문화적 측면의 발달과 전인교육이 이루어지는 공간이라 할 수 있다. 공간이 충분히 그 기능을 발휘할 수 있도록 하기 위한 공간 세부내용의 개선안은 다음과 같다.

① 안내관리공간은 사용자와 관리자를 위하여 충분한 공간을 확보하여야 하며 최소 1,800mm×2,100mm 이상의 주출입구를 갖추어야 한다. 또한 도서관의 일반적인 홍보공간을 벽면에 설치하여야 한다.

그림 3-9 ▌ 안내관리공간

② 모둠학습공간은 학교와 도서관 환경에 따라 변화요인이 있으나 일반적인 일렬 형식의 배치보다는 'ㄱ'자, 'ㄷ'자, 원형의 유닛(Unit) 형식이 집중력과 토론방식의 학습을 극대화할 수 있다.

그림 3-10 ▌ 덕성여자중학교의 모둠학습공간 1

그림 3-11 ▌덕성여자중학교의 모둠학습공간 2

그림 3-12 ▌덕성여자중학교의 정보검색공간

③ 서가 및 문헌정보공간은 관리자의 시각적 확보가 용이하며 직사광선을 피할 수 있어야 한다. 공간구성의 효율적 측면에서 많은 장서를 구비할 수 있는 복식형 서가의 사용을 권장하며, 공간의 연속성 측면에서 일렬배치보다 'ㄱ'자, 'ㄷ'자 등의 서가유형이 바람직한 공간구성이다.

④ 특히 정보검색공간은 관리자의 시각적 관리가 용이하도록 위치하여야 하며, 개인의 프라이버시를 구축할 수 있는 파티션형 테이블 공간배치가 되어야 한다. 또한 미래적 매체 변화에 따라 공간 확장성을 고려하여 공간구성을 하여야 한다.

⑤ 열람공간은 자연 채광의 환경요소를 최대한 받아들이면서 서가 및 문헌정보공간과 연계되도록 배치하는 공간구성이 바람직하다.

⑥ 영상자료공간은 A/V 시설이 갖추어져 있고, 다른 학생들의 열람활동에 방해되지 않도록 하는 독립공간의 구성이 바람직하다.

그림 3-13 ▌시온고등학교의 열람공간

그림 3-14 | 덕성여자중학교의 소파형 열람공간

그림 3-15 | 덕성여자중학교의 서가 근접 열람공간

그림 3-16 덕성여자중학교의 열람공간 및 모둠공간

3.3 정보봉사의 중심공간으로서의 학교도서관

정보봉사의 중심공간으로서 학교도서관의 공간구성계획은 이용자 개인의 특수한 조건과 새로운 통신기술이 적용되는 봉사 등을 고려하여 다음 [표 3-18]과 같이 학교도서관의 기능에 따라 도서관 시설을 다섯 가지로 제시하였다(Loertscher, 1999).

표 3-18 정보봉사 중심공간으로서의 학교도서관

구분	내용
데이터 군	정보망, 서버, 온라인목록, 참고정보원, 정기간행물, 인터넷연결 등
노후되었으나 가치 있는 것	연구장서, 고전자료, 우수한 비소설류, 과월호 정기간행물, 오래된 참고자료와 조용한 연구시설 등
제작시설	보고서 작성, 시현작업, 녹음작업, 비디오제작, 다매체생산, 그래픽작업, 채색·제도·제작 등을 위한 설비 및 제공 등
독서와 시청각정보원	신소설류, 염가판매도서, 신문, 인기비소설류, 청각도서, 인터넷 사이트, 인기비디오, 안락한 좌석 등
교사용 공간	교사작업실, 교육기자재, 전문분야 정기간행물과 도서, 전문분야 인터넷연결과 정보교육 등

출처: David V. Loertscher (1998). *Reinvent Your School's Library in the Age of Technology: A Guide for Principals and Suprintendents*

김병주(2003)는 학생과 교사에 대한 봉사활동의 기능에 초점을 맞추어 봉사활동을 6개의 범주로 구분하고, 각 범주를 구체적인 21개의 활동으로 세분화하여 각 활동을 실행하는 데 필요한 공간을 구분하였다.

표 3-19 활동별 학교도서관 내부공간 분류

구분	내용
대면봉사활동	대출, 열람 및 개인학습, 참고정보봉사, 여가독서 및 전시
학습활동	단체수업, 회의 및 소단위학습활동, 교과과정 계획 및 평가, 교사용 교육자료 활용
자료보관 및 유지활동	일반자료수용, 시청각자료・소프트웨어보관, 수직자료보관,
신기술적용활동	전자통제, 기자재관리, 컴퓨터활용
제작 및 이용활동	전자매체 제작, 시청각 스튜디오, 사진제작 및 이용
대내봉사활동	기술봉사업무, 학교도서관 사무실

출처: 김병주 (2003). 학교도서관 시설 개선에 관한 연구

3.4 학교도서관 공간구성 시설 · 설비 계획안

교육인적자원부(2002)는 학교도서관 시설・설비 모형 계획안에 학교도서관을 설치할 때 갖추어야 할 기본적인 공간으로 문헌자료공간, 영상자료공간, 인터넷공간, 모둠학습공간, 그리고 안내・관리공간 등을 제시하였다(교육인적자원부, 2002).

표 3-20 교육인적자원부에서 제시한 공간별 학교도서관 시설・설비

구분	내용
문헌자료공간	• 인쇄매체 보관 및 열람 • 모둠, 개별 학습공간
영상자료공간	• 시청각자료 열람 • 개별 혹은 집단별 열람
인터넷공간	• 인터넷 정보 및 열람 • 전자자료 활용 수업
모둠학습공간	• 한 학급 집단의 활용 • 사서교사 업무 • 교사의 과제 부여 및 설명 • 교수학습자료 제작
안내・관리공간	편집・교사열람실

출처: 교육인적자원부 (2002). 학교도서관 시설・설비 모형 계획안

신동준, 이상호, 임채진(2009)은 교육인적자원부(2002)의 학교도서관 시설 · 설비 모형 계획안을 바탕으로 하여 현장답사를 통해 다음 [표 3-21]과 같이 학교도서관공간을 세분화하였다.

표 3-21 학교도서관 내부공간 분류의 세분화

구분	내용
진입공간(출입구 및 안내공간)	• 주출입이 이루어지는 곳 • 방문 시 공간이미지와 연관되어 새로운 정보 및 게시물을 전시하고 홍보하는 공간
모둠학습공간	• 학습과 연계된 교육 및 학습기능이 형성되는 공간 • 관내 학습지원을 하는 곳 • 학습테이블, 의자, 화이트보드, 프로젝트, 교사테이블 및 의자 등이 위치
서가 및 문헌정보공간	• 자료를 보관 · 관리하는 공간 • 단식서가, 복식서가, 경사서가 등 여러 종류의 가구가 위치
정보검색공간	• 관내 학습자료 습득 외에 정보를 습득하는 공간 • 컴퓨터를 이용하는 특징으로 검색테이블 및 의자가 위치
열람(브라우징) 공간	• 자유롭게 열람하는 기능을 위한 공간 • 열람공간(브라우징) 2종류가 있음 • 테이블 및 의자 등의 가구가 위치

출처: 신동준, 이상호, 임채진 (2010). 초등학교 학교도서관 기능 공간의 배치유형에 관한 연구

학교도서관은 자료의 열람, 수업활동, 독서활동, 사무활동이 동시다발적으로 발생하는 공간이다. 그러나 입지 측면에서 독립되어 있는 도서관과 다르게 보통 기존의 교실을 확장하여 공간을 만들어 이용하므로 개별학습활동을 위한 독립공간을 형성하기에는 현실적으로 문제점을 가지고 있다. 그러므로 기본적인 교육활동에 충실하면서 업무수행에 필요 충분한 공간을 제공하고, 기능공간에 충실한 경제적이고 기능적인 공간 배치가 필요하다.

안광열(2010)은 교육인적자원부(2002)의 학교도서관 시설 · 설비 모형 계획안을 바탕으로 현장답사를 통해 다음 [표 3-22]와 같이 학교도서관공간을 세분화하여 제시하였다.

표 3-22 학교도서관 내부공간별 분류

구분	내용
서가 및 문헌자료공간	자료를 보관·관리하는 공간 도서의 상당수가 위치하며 여러 종류의 가구가 위치함
영상자료공간	멀티미디어 및 영상자료를 볼 수 있는 공간
열람공간	자유롭게 열람하는 기능을 위한 공간
정보검색공간	도서관 내 학습자료 습득 외에 정보를 습득하는 공간 주로 컴퓨터를 이용함
모둠학습공간	도서관 학습과 연계된 교육 및 학습기능이 형성되는 공간 관내 학습지원을 하므로 학습테이블, 의자, 화이트보드 등이 있으며 도서관 학습이 진행되지 않을 시 도서 열람공간으로 활용
안내·관리공간	주출입이 이루어지는 곳으로 방문 시 공간이미지와 연관되어 새로운 정보 및 게시물을 전시하고 홍보하는 공간

출처: 안광열 (2010). 초등학교 도서관 실내공간구성에 관한 연구

유지현(2004)은 학교도서관이 학교교육의 핵심부로서의 역할을 수행하기 위한 최소한의 공간으로 다음 [표 3-23]과 같이 14개의 공간을 제시하고, 단위 학교에서는 각 공간의 여건을 고려하여 조정할 수 있다고 밝혔다.

표 3-23 학교교육의 핵심부로서의 학교도서관 공간구성

구분	내용
문헌자료열람공간	도서, 신문, 잡지 등의 열람 및 독서활동
영상자료공간	시청각 기기를 이용하여 영상자료 열람
전자자료공간	인터넷 및 컴퓨터 이용
모둠학습공간	교사와 학생들의 대·중·소집단 활동
브라우징코너	안락한 분위기에서 연속간행물이나 신문자료 열람
자료수장공간	정보자료의 효율적인 관리, 보관
대출·반납·안내	정보자료를 출납하고 상담하는 공간
개별학습공간	개별학습공간
전시 및 게시공간	포스터, 문집, 신간도서 등의 게시 및 전시공간
교수·학습자료 제작공간	교사와 학생들이 교수·학습자료를 제작하는 공간
교직원 열람공간	교재 연구 및 조사공간
사무공간	사서교사의 업무 및 자료 정리공간
학생도서위원공간	학생도서위원의 활동공간
장비보관, 조경공간	컴퓨터 및 통신기기를 관리 및 유지할 수 있는 공간

출처: 유지현 (2004). 중등학교 학교도서관실내디자인에 관한 연구—서울시내 Y중등학교도서관 실내디자인계획을 중심으로

그림 3-17 ▌게시판 벽 3D 사진

4 공간구성 시 유의사항 및 개선안

4.1 학교도서관 공간구성 시 유의사항

1) IFLA/UNESCO 학교도서관지침

IFLA/UNESCO(2002)가 제시한 학교도서관 설비의 기본 원칙에 따르면 학교도서관은 학교 교육에 대한 핵심 역할을 수행할 수 있도록 설계되어야 한다. 학교도서관의 외관은 이용자가 도서관에 친밀감을 느껴 도서관에서 시간을 보내려는 마음을 갖도록 하는 심미성을 갖추어야 한다. 적절한 설비를 갖춘 도서관은 다음 [표 3-24]와 같은 특징을 갖는다.

표 3-24 IFLA/UNESCO가 제시한 학교도서관 설비의 기본원칙

IFLA/UNESCO 학교도서관지침 내 설비의 기본원칙
1. 안전성 2. 적절한 조도 3. 도서관의 활동과 이용자 요구, 개별공간에 적합한 기능성뿐만 아니라 견고성, 내구성, 기능성을 갖춘 비품 설계 4. 이용자의 특별한 요구를 최대한 반영한 비품 설계 5. 최신의 시청각자료기술과 도서관 프로그램, 학교의 교육과정의 변화를 반영한 비품 설계 6. 다양한 유형의 조직된 자료에 적시에 접근하고, 공정한 이용을 제공할 수 있는 비품 배치와 관리 7. 적절한 활용성, 비품과 설비의 안전성, 비용과 재료의 적절성을 고려한 설계 8. 이용자에게 심미적인 매력과 여가와 학습에 도움이 되는 비품 배치 및 관리와 깔끔하고 매력적인 안내표지판 구비

출처: IFLA/UNESCO (2002). School Library Guidelines

그리고 학교도서관이 학교의 요구를 가장 효과적으로 충족시키기 위해서 학교도서관 계획과정에서 고려해야 할 사항을 다음 [표 3-25]와 같이 제시하고 있다.

표 3-25 학교도서관 계획과정에서 고려해야 할 사항

IFLA/UNESCO 학교도서관지침 내 학교도서관 계획과정에서 고려해야 할 사항
1. 가급적 1층 중심부에 위치 2. 접근성과 모든 교수공간(Teaching areas)과의 근접성 3. 소음요소: 교내에서 소음이 가장 작은 곳 4. 채광과 조명을 통한 충분하고 적당한 조도 5. 장서의 보존과 쾌적한 작업조건을 위한 적당한 실내 온도(냉난방설비) 6. 신체장애 이용자의 특별한 요구를 충족시킬 수 있는 적당한 설계 7. 자료의 유형과 열람 목적에 적당한 크기의 공간 확보: 도서, 소설, 비소설, 표지의 종류, 신문, 잡지, 비인쇄자료별 공간/자료축적공간/학습공간/독서공간/컴퓨터 워크스테이션/직원 작업공간/도서관 데스크 8. 다양한 활동이 가능하고, 장래의 교육과정과 기술의 변화에 적응할 수 있는 공간의 융통성

출처: IFLA/UNESCO (2002). School Library Guidelines

2) 일반교실을 이용한 학교도서관 공간구성

일반교실을 이용하여 학교도서관의 공간을 구성한다면 다음과 같은 사항들을 고려하여야 한다.

첫째, 도서관의 모든 세부공간은 안내데스크를 중심으로 관리하기 편리한 위치에 배치되며, 안내데스크 전면에는 시야를 방해하는 요소를 제거한다.

둘째, 주요 동선의 신속한 흐름을 고려하여, 각 공간마다 소음발생공간과 학년 구분 등 프라이버시 공간을 고려하여 이동식 칸막이 설치를 계획한다.

그림 3-18 ▌안내데스크

그림 3-19 ▌발표를 위한 공간

셋째, 정보자료 검색 및 열람, 멀티미디어 교재를 이용한 학습 · 제작 · 발표 등을 위한 공간을 제공한다.

넷째, 대부분의 학교가 도서관 내에 별도의 문화적 공간, 발표공간을 위한 여유가 없음을 고려할 때, 도서관 세부공간 배치가 목적에 따라 가변적으로 활용할 수 있도록 한다. 이를 위해 세부공간 구획은 두 번째와 같이 별도의 벽체 설치를 지양하고, 필요에 따라 변형이 쉬운 조립식 벽돌, 석고보드, 파티션 등이나 가구 배치, 동선 유도를 통해 구분하는 것이 바람직할 것이다.

다섯째, 도서관의 학년별 · 반별 중점 활용 목적에 따라 소그룹활동 및 발표공간 규모를 중점적으로 고려한다.

여섯째, 도서관 내부 통로는 동선계획과 밀접하게 연관되는 것이고 전체 구성에 있어 축이 되기도 한다. 그리고 통로의 폭은 통행량과 공간 유형에 따라 적절한 비례가 되도록 해야 한다. 또한 교차되거나 돌아가는 코너부분과 접속부분은 비록 실내라 하더라도, 방향을 표시하거나 통행, 운반 등의 안전상의 배려도 필요하다. 한 사람이 아니고 여러 명이 다닐 경우 그에 상응한 통로의 폭과 거리를 조절하여 원활한 소통이 되도록 하여야 한다.

소규모 도서관일수록 아동과 교사의 정보이용공간, 수업활용 등 필수공간은 극대화하고 지원공간은 최소화하는 한편, 일정공간을 다용도로 겸용하는 방안을 고려해야 한다. 학교마다 최대의 운영성과를 낼 수 있도록 내부공간을 운영하는 것이 바람직하다(김창규, 2010).

4.2 학교도서관 공간구성 개선안

교육인적자원부(2002)는 학교도서관 구성에 있어서 고려할 요소로 환경적 요소를 제시하였다. 환경적 요소로는 방음처리, 내부벽, 바닥처리, 온도 및 습도, 조명시설, 천장, 전기 배선 및 네트워크 케이블 등이 있다(유지현, 2004).

김창규(2010)는 현장조사를 통해 공간구성, 가구 및 동선, 색채, 조명, 바닥재 등 도서관 공간구성에 있어서 개선안을 제시하였다.

1) 방음처리

- 외부 잡음을 차단하고 내부 이용자 및 장비로부터 나오는 소음을 적절히 차단할 수 있어야 한다.

• 열람실의 경우 보통 30~40데시벨(dB) 이하를 권장한다.

• 가구배치 및 파티션 등을 적절히 활용하여 소음을 방지한다.

• 멀티미디어자료 열람공간은 개별 혹은 그룹 이어폰을 설치하고 간이벽을 이용하여 다른 열람공간으로 소음이 전달되지 않도록 고려한다.

• 개별공간에 따라 천장의 높이에 차이를 줌으로써 공간 구별 및 소음방지의 효과를 얻을 수 있다.

그림 3-20 ▌파티션

그림 3-21 ▌공간 유리 파티션

2) 내부 벽

- 내부의 벽은 시각적 효과를 살릴 수 있는 자연스러운 색상이면서 잡음을 흡수할 수 있는 자재를 사용한다.
- 자료의 특성, 관리자 및 이용자, 교수 · 학습공간 등의 구분이 필요한 경우 이동식 칸막이나 유리벽을 설치할 수 있다.
- 유리벽을 설치할 경우, 유리의 하중을 고려하고 하단부에 낮은 서가 및 비품을 배치할 수 있도록 바닥으로부터 최소 1m 이상 구조물이나 벽체를 쌓는 것이 좋다.
- 전체적으로 벽면의 색상은 반사율이 50~60% 정도인 연회색, 연분홍색, 연노랑색, 연쑥색, 연하늘색이나 반사율이 높은 베이지색이 바람직하다.
- 영상자료공간은 잡음 차단을 고려해야 하며, 영상물이 잘 보이도록 청색계통의 벽면이나 커튼을 설치하는 것이 바람직하다.
- 학생들의 발표 작품, 신규 자료, 기타 게시물의 전시공간은 누구든지 쉽게 볼 수 있는 곳에 설치해야 하며, 주출입구 쪽에 설치하는 것이 바람직하다.
- 창문은 고정이 아닌 개방형이어야 하며, 소리의 흡수를 위해 블라인드 커튼이나 롤 스크린을 설치한다.

그림 3-22 **전시공간**

3) 바닥 처리

- 학교도서관의 모든 바닥은 미적 감각을 고려하되, 잡음 흡수재를 사용해야 한다. 주요 열람공간에는 잡음이 없는 카펫을 설치하는 것이 바람직하다.
- 초등학교의 경우 브라우징 코너에는 매트와 의자용 매트를 설치하는 것이 좋다.

초등학교 도서관의 경우 규모에 비해 많은 학생이 사용하고, 대부분의 이용자가 어린이들이기 때문에 뛰거나 구르기도 하고 엎드리는 등의 자유로운 활동이 동반된다. 따라서 어린이와 가장 많은 접촉을 하는 실내바닥의 마감재의 선택은 신중하게 검토된 후 선택되어야 한다. 바닥재 선택에 있어서 유의해야 할 사항은 다음 [표 3-26]과 같다.

표 3-26 바닥재 선택 시 유의사항

바닥재 선택 시 유의사항
1. 위생적이고 청소하기가 쉬워 유지관리가 용이하여야 한다. 2. 차가운 느낌보다는 따뜻한 느낌을 주는 것이 좋다. 3. 미끄럼을 방지하고 탄력성이 있어야 한다. 4. 다른 어린이에게 방해가 되지 않도록 소음이 적어야 한다. 5. 가구나 시설의 잦은 이동에도 견딜 수 있는 내구성이 있어야 한다. 6. 반짝이거나 딱딱하고 미끄러운 바닥은 피하는 것이 좋다. 7. 목재, 리노륨, 고무타일, 코르크 등의 재료를 사용한다. 8. 카펫은 유지관리가 어렵고 세균 먼지의 오염이 쉬워 어린이들의 건강에 영향을 끼칠 수 있으므로 도서관의 여건을 충분히 고려하여 사용해야 한다.

출처: 김창규 (2010). 초등학교 도서관 시설의 이용 활성화 방안에 관한 연구-문화적 활동 공간 확대를 중심으로

4) 온도 및 습도

- 중앙 냉 · 난방 공급방식 학교도 방과 후 사용을 위해 개별 냉 · 난방기를 설치한다.
- 실내 온도는 15~25℃, 습도는 40~60% 정도를 유지한다.
- 일사, 인체 및 기계발열 등 내부 발열 부하를 충분히 검토하여 적정 용량의 냉 · 난방기를 설치한다.

5) 조명시설

- 공간별로 필요에 따라서 밝기를 조절할 수 있는 스위치가 좋다.
- 조도는 문헌자료공간 500룩스(Lux), 전자자료공간과 영상자료공간 300룩스 정도를 유지한다.

• 컴퓨터나 영상장치가 설치되어 있는 공간에서는 창문이나 인공조명의 광원이 모니터에 직접 비쳐 눈부심 현상이 일어나지 않도록 간접조명 방식을 채택하는 것이 바람직하다.

도서관은 눈부시지 않으면서 충분한 밝기가 유지되어야 하며, 건물의 창을 통해 받아들이는 태양광선만으로는 부족하므로 인공조명을 함께 설치하여야 한다. 자연광선을 효과적으로 이용하기 위해서는 창을 위로 높고 넓게 설치해야 한다. 충분한 채광을 얻기 위한 열람실의 창 면적은 바닥 면적의 20~30%는 되어야 하며 직사광선을 피하기 위해서는 창밖에 커텐, 버티컬, 롤스크린 등을 설치하여야 한다.

인공조명에 있어 고려해야 할 점은 광도와 그에 따른 눈부심, 대비(對比), 그림자 처리 등으로 도서관에 적절한 채광이 되기 위해서는 다음사항의 조건을 만족시켜야 한다.

• 용도에 적합한 명도를 얻을 수 있을 것
• 균일한 명도를 얻을 수 있을 것
• 눈부시지 않을 것
• 부드러운 그림자를 드리울 것
• 빛의 색깔이 자연광에 가까울 것
• 조명기구가 아름다울 것
• 경제적일 것

독서에 필요한 최저 조도는 100~500룩스이며 미국 조명 전문가들이 추정한 밝기를 보면 아동 도서에는 320룩스가 적당하다고 한다. 그러나 밝기보다는 눈이 피로하지 않게 하는 광(光)의 질이 더욱 중요하며 이를 위해서는 실내의 밝기 분포를 고르게 하여 대비, 눈부심, 그림자 등을 적극 배제해야만 한다.

표 3-27 학교도서관 내부공간별 적정조도

장소	조도분류	KS 조도범위(Lux)	권장조도 (Lux)	활동유형	비고
도서열람실	H	600-1,000-1,500	500 이상	저휘도 대비 혹은 매우 작은 물체 대상의 시작업 수행	간접조명

전반	G	300-400-600	500 이상	일반휘도 대비 혹은 작은 물체 대상의 시작업 수행	간접조명
컴퓨터실 - 일반작업 - 판독작업	G H	300-400-600 600-1,000-1,500	500 이상		
서고	F	150-200-300	300 이상	고휘도 대비 혹은 큰 물체 대상의 시작업 수행	

* 책상면의 수평면 조도기준이며 항상 유지하여야 하는 수준임
* 도서열람 및 인터넷 검색공간은 빛의 눈부심을 경감할 수 있도록 간접조명으로 하여 기준조도에 맞추도록 함
* 조도범위에서 좌측은 최저, 중간은 표준, 우측은 최고조도임

출처: 한국표준협회 (1993.12.8.). 한국산업규격 KSA-3011-1993

6) 천장

• 학교도서관의 모든 천장에는 방음효과가 있는 타일제품을 사용하며, 천장의 재료는 무채색 계통의 밝은 색이 바람직하다.

• 분위기 연출과 에너지 절약 및 서가의 높이를 고려하여 천장의 높이를 결정하되, 최소 2.5m는 되어야 한다.

• 공간별로 천장 높이를 다르게 함으로써 방음 및 미적 효과를 높일 수 있다.

7) 전기 배선 및 네트워크 케이블

• 학교도서관 내의 모든 컴퓨터는 네트워크로 연결하되, 벽면과 천장, 가구 배치 등을 이용하여 바닥에 전원 및 네트워크 케이블이 노출되지 않도록 한다.

• 필요한 전기용량이 충분히 공급되도록 부하용량을 산정하며, 전기공급 간선은 다른 시설과 분리하여 공급되도록 설계하고, 메인 스위치는 관리공간에 가깝게 설계한다.

8) 가구 및 동선

• 안내데스크를 'ㄱ'자 형태로 만드는 것은 작은 동선으로도 도서의 반납과 대출을 원활하게 할 수 있으며, 사서의 개인사물함과 보조테이블을 구성하여야 한다.

• 서가는 높이를 4단으로 낮추고, 다양한 자료접근을 용이하게 하기 위한 안내물을 부착하고 서가는 별도의 조명을 설치하여 하부의 자료에까지 조도가 미치도록 하여야 한다. 그리고 오래된 책을 보관할 수 있는 밀집 서가로 공간의 효율성을 높여야 한다.

• 열람 책상과 의자는 인체공학적 문제를 고려하고, 열람자료의 특성에 맞게 디자인

과 색상에 변화를 주어, 서가와 주위 환경과의 조화가 이루어지도록 계획하여야 한다.

- 도서관의 동선은 도서관 면적에 따라 모둠학습공간과 서가 및 문헌정보공간을 우선적으로 구획하고 기능공간에 맞는 가구를 배치하며, 안내관리공간을 중심으로 한 이용자 동선 및 관리자 동선을 효율적으로 계획해야 한다.

9) 색채

- 초등학교 도서관의 경우 이용자가 어린이인 만큼 도서관 내부의 색채는 활동적이어야 하며, 쾌적하고 효과적인 시야를 조성해야 한다.
- 색채는 어린이의 독서 능률과 심리적인 측면에서 고려되어야 하며, 단순히 어린이들이 좋아하는 색을 선택하기보다는 즐거움과 친근감이 넘치는 도서관의 분위기를 위해 색채 조절이 효과적으로 이루어져야 한다.
- 같은 실내라도 천장, 벽, 바닥, 책상 면의 밝기를 달리하여 색채 조화를 효과적으로 구사해야 하며 동일한 색상 계열로 통일성을 기하는 것이 좋다. 밝은 색은 아이들과도 조화를 이루며 실내 조도를 높이는 역할을 한다.
- 천장, 벽, 바닥 같은 면적이 큰 곳은 채도가 낮은 색을 사용하고 가구나 시설물 같은 작은 면적은 채도가 높은 색을 사용하여 눈에 띄게 한다. 또한 재료의 자연색을 사용하여 심리적 효과를 높이고 실내 분위기를 밝게 하여야 한다.

학교도서관 공간구성 시험문제

1 학교도서관에 대한 설명으로 옳지 않은 것은?

① 고등학교 이하의 각급 학교에서 학생과 교사만을 대상으로 도서관서비스를 제공하는 것을 주된 목적으로 하는 곳이다.

② 모든 형태의 자료를 포괄하는 장서, 설비, 그리고 전문직원에 의한 서비스가 교직원과 학생에게 제공되는 초·중등학교 안의 특정 공간이나 시스템이다.

③ 교수·학습정보를 효과적으로 제공하고, 다양한 정보자료를 지원하기 위해서 인쇄매체는 물론 영상매체와 전자통신매체 등 여러 정보자료를 충분히 확보하여야 한다.

④ 학생들이 자신의 능력과 수준에 적합한 정보자료를 활용할 수 있도록 개별학습을 지원하는 교육지원시설이다.

⑤ 열린교육과 자기주도적 학습을 지원하고 과제해결 능력을 배양하여 평생교육의 기초를 마련하는 학습시설이다.

정답 ①

해설 ① 「도서관법」 제2조에서는 고등학교 이하의 각급 학교에서 교사와 학생, 직원에게 도서관서비스를 제공하는 것을 주된 목적으로 하는 곳이라 정의하고 있다.

2 학교도서관의 기능으로 옳지 않은 것은?

① 학교교육에 필요한 도서관자료의 수집·정리·보존 및 이용서비스 제공

② 학교소장 교육 자료의 통합관리 및 이용 제공

③ 정보관리시스템과 통신망을 이용한 정보공유체제의 구축 및 이용 제공

④ 도서관 이용의 지도 및 독서교육, 협동수업 등을 통한 정보활용의 교육

⑤ 강연회, 전시회, 독서회, 문화행사 및 평생교육관련 행사의 주최 또는 장려

정답 ⑤

해설 ①, ②, ③, ④는 「도서관및독서진흥법」에서 제시한 학교도서관의 기능이며, ⑤는 「도서관및독서진흥법」에서 제시한 공공도서관의 역할이다.

3 독서지도기능에 대한 설명으로 옳은 것은?

① 독서는 국어 및 논술 교과 시에만 필요하다.

② 독서지도를 할 때 양질을 가리지 않고 최대한 많은 도서를 읽어보도록 지시해야 한다.

③ 독서지도의 소재인 도서출판에 관계하는 사람들은 독서지도와 관계가 없다.

④ 독서는 언어적인 면에만 영향을 미친다.

⑤ 올바르게 독서한 내용을 생활에 응용시키며 독서문제아의 예방과 치료를 위하여 필요하다.

정답 ⑤

해설 ① 독서는 모든 교과 영역의 기초이다.
② 독서지도는 올바른 도서 선택과 올바른 독서감상으로 독서활동을 돕는다.
③ 독서지도의 소재인 도서출판에 관계하는 사람들이 학생들에게 풍부한 인격형성을 시켜준다는 관점으로 출발하여 광범위하게 진행되어야 한다.
④ 독서는 우리 생활의 모든 면에 영향을 미치는 것이다.

4 IFLA/UNESCO에서 제시한 학교도서관 역할을 바르게 제시한 것은?

① 부모와 교육자에게 자문하면서 현 교육 프로그램을 완전하게 이행하도록 그 역할을 함께 관리한다.

② 인류의 보통 기억으로 활용하는 자료와 미래 어린이 세계에서 사용할 자료를 보존해야 한다.

③ 지식, 이해, 상상 그리고 오락을 위해 정보를 이용하고 창출할 수 있는 경험을 제공해야 한다.

④ 자극적, 창조적 인격으로 성장할 수 있도록 격려하는 자료를 제공해야 한다.

⑤ 자발적이고 실제적인 어른이 될 수 있는 문화적 자극을 제공해야 한다.

정답 ③

해설 ①, ②, ④, ⑤ IFLA에서 제시한 어린이도서관지침에 관한 항목이다.

5 대구지역 중·고등학교 도서관 공간구분으로 옳지 않은 것은?

① 문헌자료공간

② 영상자료공간

③ 멀티미디어 기기

④ 전자자료공간

⑤ 대출반납공간

정답 ③

해설 대구지역 중·고등학교 도서관 공간은 문헌자료공간, 영상자료공간, 전자자료공간, 교수학습공간, 대출반납공간, 종합관리공간으로 구분된다.
③ 멀티미디어 기기는 전북지역 중·고등학교 도서관 공간구분항목이다.

6 기본공간과 지원공간에 따른 학교도서관 공간구성에 대한 설명으로 옳은 것은?

① 안내관리공간은 사용자와 관리자를 위하여 충분한 공간을 확보하여야 하며 최소 1,200mm×1,500mm 이상의 주출입구를 갖추어야 한다.

② 모둠학습공간은 학교와 도서관 환경에 따라 변화요인이 있으나 일반적인 일렬형식의 배치보다는 'ㄴ자', 'ㅁ'자, 원형의 유닛(Unit) 형식이 집중력과 토론방식의 학습을 극대화할 수 있다.
③ 서가 및 문헌정보공간은 일렬배치보다 공간의 연속성 측면에서 'ㄴ'자, 'ㅁ'자 등의 서가유형이 바람직한 공간구성이다.
④ 정보검색공간은 특히 이용자의 시각적 관리가 용이하도록 위치하여야 한다.
⑤ 열람공간은 자연 채광의 환경요소를 최대한 받아들이면서 서가 및 문헌정보공간과 연계되도록 배치하는 공간구성이 바람직하다.

정답 ⑤

해설 ① 안내관리공간은 사용자와 관리자를 위하여 충분한 공간을 확보하여야 하며 최소 1,800mm×2,100mm 이상의 주출입구를 갖추어야 한다.
② 모둠학습공간은 학교와 도서관 환경에 따라 변화요인이 있으나 일반적인 일렬형식의 배치보다는 'ㄱ'자, 'ㄷ'자, 원형의 유닛(Unit) 형식이 집중력과 토론방식의 학습을 극대화할 수 있다.
③ 서가 및 문헌정보공간은 일렬배치보다 공간의 연속성 측면에서 'ㄱ'자, 'ㄷ'자 등의 서가유형이 바람직한 공간구성이다.
④ 정보검색공간은 특히 관리자의 시각적 관리가 용이하도록 위치하여야 한다.

7 다음 〈보기〉는 교육인적자원부에서 제시한 학교도서관 시설·설비 모형 계획안의 일부이다. 〈보기〉의 내용으로 옳은 것은?

보기
- 인쇄매체 보관 및 열람
- 모둠, 개별 학습공간

① 문헌자료공간
② 영상자료공간
③ 인터넷공간
④ 모둠학습공간
⑤ 안내·관리공간

정답 ①

해설 ② 영상자료공간 : 시청각자료 열람, 개별 혹은 집단별 열람
③ 인터넷공간 : 인터넷 정보 및 열람, 전자자료 활용 수업
④ 모둠학습공간 : 한 학급 집단의 활용, 사서교사 업무, 교사의 과제 부여 및 설명, 교수·학습자료 제작
⑤ 안내·관리공간 : 편집·교사열람실

8 학교도서관 내부공간 중 모둠학습공간에 대한 설명으로 옳은 것은?

① 자료를 보관·관리하는 공간
② 방문 시 공간이미지와 연관되어 새로운 정보 및 게시물을 전시하고 홍보하는 공간
③ 자유롭게 열람하는 기능을 위한 공간

④ 컴퓨터를 이용하는 특징으로 검색테이블 및 의자가 위치

⑤ 학습테이블, 의자, 화이트보드, 프로젝트, 교사테이블 및 의자 등이 위치

정답 ⑤

해설 ① 서가 및 문헌정보공간에 대한 설명이다.

② 진입공간에 대한 설명이다.

③ 열람공간에 대한 설명이다.

④ 정보검색공간에 대한 설명이다.

9 일반교실을 이용한 학교도서관 공간구성 시 유의사항에 대한 설명으로 옳지 않은 것은?

① 도서관의 모든 세부공간은 서가를 중심으로 자료수집이 편리한 위치에 배치되어야 한다.

② 주요 동선의 신속한 흐름을 고려하고, 각 공간마다 소음발생공간과 학년 구분 등 프라이버시 공간을 고려하여 이동식 칸막이 설치를 계획한다.

③ 정보자료 검색 및 열람, 멀티미디어 교재를 이용한 학습 · 제작 · 발표 등을 위한 공간을 제공한다.

④ 도서관 세부공간 배치가 목적에 따라 가변적으로 활용할 수 있도록 한다.

⑤ 도서관의 학년별 · 반별 중점 활용 목적에 따라 소그룹활동 및 발표공간 규모를 중점적으로 고려한다.

정답 ①

해설 ① 도서관의 모든 세부공간은 안내데스크를 중심으로 관리하기 편리한 위치에 배치되어야 한다.

10 학교도서관 공간구성 개선안 중 방음에 대한 설명으로 옳지 않은 것은?

① 외부 잡음을 차단하고 내부 이용자 및 장비로부터 나오는 소음을 적절히 차단할 수 있어야 한다.

② 열람실의 경우 보통 50~60데시벨(dB) 이하를 권장한다.

③ 멀티미디어자료 열람공간은 개별 혹은 그룹 이어폰을 설치하고 간이벽을 이용하여 다른 열람공간으로 소음이 전달되지 않도록 고려한다.

④ 개별공간에 따라 천장의 높이를 같게 함으로써 공간 구별 및 소음방지의 효과를 얻을 수 있다.

⑤ 가구배치 및 파티션 등을 적절히 활용하여 소음을 방지한다.

정답 ②

해설 ② 열람실의 경우 보통 30~40데시벨(dB) 이하를 권장한다.

11 학교도서관 공간구성 개선안 중 내부 벽에 대한 설명으로 옳은 것은?

① 내부의 벽은 시각적 효과만을 고려한 자재를 사용한다.
② 전시공간은 누구든지 쉽게 바라볼 수 있는 통로 쪽에 설치하는 것이 바람직하다.
③ 전체적으로 벽면의 색상은 반사율이 30~40% 정도인 연회색, 연분홍색, 연노랑색, 연쑥색, 연하늘색이나 반사율이 높은 베이지색이 바람직하다.
④ 영상물이 잘 보이도록 청색계통의 벽면이나 커튼을 설치하는 것이 바람직하다.
⑤ 창문은 고정형이어야 하며, 소리의 흡수를 위해 블라인드 커튼이나 롤 스크린을 설치한다.

정답 ④

해설 ① 내부의 벽은 시각적 효과를 살릴 수 있는 자연스러운 색상이면서 잡음을 흡수할 수 있는 자재를 사용한다.
② 전시공간은 주출입구 쪽에 설치하는 것이 바람직하다.
③ 전체적으로 벽면의 색상은 반사율이 50~60% 정도인 연회색, 연분홍색, 연노랑색, 연쑥색, 연하늘색이나 반사율이 높은 베이지색이 바람직하다.
⑤ 창문은 고정이 아닌 개방형이어야 하며, 소리의 흡수를 위해 블라인드 커튼이나 롤 스크린을 설치한다.

12 학교도서관 공간구성 개선안 중 온도 및 습도에 대한 설명으로 옳지 않은 것은?

① 실내 온도는 15~25℃ 정도로 유지한다.
② 일사, 인체 및 기계발열 등 내부 발열 부하를 충분히 검토하여 적정 용량의 냉·난방기를 설치한다.
③ 중앙 냉·난방 공급방식 학교도 방과 후 사용을 위해 개별 냉·난방기를 설치한다.
④ 습도는 40~60% 정도를 유지한다.
⑤ 실내 온도는 25~30℃정도로 유지한다.

정답 ⑤

해설 ⑤ 실내 온도는 15~25℃ 정도를 유지한다.

13 학교도서관 공간구성 개선안 중 인공조명에 대한 설명으로 옳은 것을 모두 고른 것은?

보기

가. 용도에 상관없이 시각에 편안한 명도를 얻을 수 있을 것
나. 균일한 명도를 얻을 수 있을 것
다. 눈부시지 않을 것
라. 그림자를 분위기에 맞춰 살짝 드리울 것
마. 빛의 색깔이 자연광에 가까울 것

① 가, 나
② 가, 라, 마
③ 나, 다, 라
④ 가, 나, 다, 마
⑤ 나, 다, 마

정답 ⑤

해설 인공조명에 있어 고려할 점은 용도에 적합한 명도를 얻을 수 있을 것, 균일한 명도를 얻을 수 있을 것, 눈부시지 않을 것, 부드러운 그림자를 드리울 것, 빛의 색깔이 자연광에 가까울 것, 조명기구가 아름다울 것, 경제적일 것 등이 있다.

14 학교도서관 공간구성 개선안 중 천장에 대한 설명으로 옳지 않은 것은?

① 학교도서관의 모든 천장에는 방음효과가 있는 타일제품을 사용한다.
② 천장의 재료는 유채색 계통의 밝은 색이 바람직하다.
③ 분위기 연출과 에너지 절약 및 서가의 높이를 고려하여 천장의 높이를 결정한다.
④ 천장의 높이는 최소 2.5m는 되어야 한다.
⑤ 공간별로 천장높이를 다르게 함으로써 방음 및 미적 효과를 높일 수 있다.

정답 ②

해설 ② 천장의 재료는 무채색 계통의 밝은 색이 바람직하다.

15 학교도서관 공간구성 개선안 중 가구 및 동선에 대한 설명으로 옳은 것은?

① 안내데스크를 'ㄷ'자 형태로 만드는 것은 작은 동선으로도 도서의 반납과 대출을 원활하게 할 수 있다.
② 서가는 높이를 3단으로 낮추고, 다양한 자료접근을 용이하게 하기 위한 안내물을 부착하여야 한다.
③ 열람 책상과 의자는 디자인과 색상을 통일하여 안정감을 주어야 한다.
④ 도서관의 동선은 도서관 면적에 따라 안내관리공간과 휴식공간을 우선적으로 구획하여야 한다.
⑤ 오래된 책을 보관할 수 있는 밀집 서가로 공간의 효율성을 높여야 한다.

정답 ⑤

해설 ① 안내데스크를 'ㄱ'자 형태로 만드는 것은 작은 동선으로도 도서의 반납과 대출을 원활하게 할 수 있다.
② 서가는 높이를 4단으로 낮추고, 다양한 자료접근을 용이하게 하기 위한 안내물을 부착하여야 한다.
③ 열람 책상과 의자는 인체공학적 문제를 고려하고, 열람자료의 특성에 맞게 디자인과 색상에 변화를 주어, 서가와 주위 환경과의 조화가 이루어지도록 계획하여야 한다.
④ 도서관의 동선은 도서관 면적에 따라 모둠학습공간과 서가 및 문헌정보공간을 우선적으로 구획하여야 한다.

16 학교도서관 주요 공간 중심의 시설기준에 대한 설명으로 옳지 않은 것은?

① 학교도서관의 좌석수는 전체 학생의 10%이다.
② 초등학교 1인당 기준 면적은 $1.3m^2$(0.4평)이다.
③ 고등학교의 참고열람실은 열람실의 1/3이다.
④ 초등학교의 시청각실은 1학급 수용이다.
⑤ 시청각실은 회의실 및 세미나실로도 이용가능하다.

정답 ③
해설 ③ 고등학교의 참고열람실은 열람실의 1/20이다.

17 다음 〈보기〉는 미국 학교도서관의 공간기능별 구분에 대한 설명이다. 〈보기〉에 해당하는 내용으로 옳은 것은?

보기
• 도서관의 중심적인 공간으로 학교의 교육적 프로그램에 사용되는 정보원과 기기를 소장 · 제공 · 배포 · 대출하며 정보원을 발주 · 정리 · 보관함
• 참고정보원을 비치하여 사용하도록 함

① 정보접근기능을 위한 공간
② 교수-학습을 위한 공간
③ 상담 및 계획입안을 위한 공간
④ 문화기능을 위한 공간
⑤ 서비스기능을 위한 공간

정답 ①
해설 ② 학교 교과과정 전 영역에서의 학습에 사용되는 정보와 공간을 학생과 교사에게 제공하는 공간이다.
③ 교사가 교육과정 개발이나 교수활동의 계획을 할 수 있도록 제공하는 공간이다.
④ 공공도서관의 공간기능으로 공간구성요소로는 시청각실, 강당, 회의실, 공연장 등이 있다.
⑤ 공공도서관의 공간기능으로 공간구성요소로는 식당, 매점, 카페(북카페) 등이 있다.

18 학교도서관의 지원공간에 대한 설명으로 바르게 짝지어진 것은?

보기
가. 열람 · 대출을 위한 공간
나. 기본적인 기술봉사공간
다. 회의실 및 행정사무공간
라. 교재와 정기간행물 보관공간
마. 단체학습 및 연구를 위한 공간
바. 매체 제작 및 수정을 위한 공간

① 가, 마, 바　　　　② 나, 다, 라
③ 나, 다　　　　④ 가, 바
⑤ 가, 나, 다, 라, 마

정답 ②

해설 가, 마, 바는 학교도서관의 기본공간구성이다.

19 학교도서관의 공간구성에 대한 설명으로 옳지 않은 것은?

① 안내관리공간은 최소 1,800mm×2,100mm 이상의 주출입구를 갖추어야 한다.
② 서가 및 문헌정보공간은 관리자의 시각적 확보가 용이하며 직사광선을 피하면서 많은 장서를 구비할 수 있는 복식형 서가의 사용이 효율적이다.
③ 모둠학습공간은 'ㄱ'자, 'ㄷ'자, 원형의 유닛(Unit) 형식보다 일반적인 일렬 형식의 배치 형식이 좋다.
④ 정보검색공간은 개인의 프라이버시를 구축할 수 있는 파티션형 테이블 공간배치가 되어야 한다.
⑤ 영상자료공간은 A/V 시설이 갖추어져 있고, 다른 학생들의 열람활동에 방해되지 않도록 하는 독립공간의 구성이 바람직하다.

정답 ③

해설 ③ 모둠학습공간은 학교와 도서관 환경에 따라 변화요인이 있으나 일반적인 일렬형식의 배치보다는 'ㄱ'자, 'ㄷ'자, 원형의 유닛(Unit) 형식이 집중력과 토론방식의 학습을 극대화할 수 있다.

20 다음은 학교도서관을 설치할 때 갖추어야 할 기본적인 공간의 일부를 정리한 표이다. 괄호 안에 들어갈 내용으로 옳은 것은?

구분	내용
(가)	• 인쇄매체 보관 및 열람 • 모둠, 개별 학습공간
(나)	• 시청각자료 열람 • 개별 혹은 집단별 열람
(다)	• 인터넷 정보 및 열람 • 전자자료 활용 수업

	(가)	(나)	(다)
①	모둠학습공간	영상자료공간	인터넷공간
②	모둠학습공간	영상자료공간	안내 · 관리공간
③	문헌자료공간	인터넷공간	영상자료공간
④	문헌자료공간	영상자료공간	인터넷공간
⑤	영상자료공간	모둠학습공간	인터넷공간

정답 ④

해설 (가) 문헌자료공간, (나) 영상자료공간, (다) 인터넷공간

21 다음은 학교도서관 내부공간 분류의 세분화를 정리한 표이다. 다음 중 내부공간 분류와 내용이 옳은 것은?

	구분	내용
①	진입 공간 (출입구 및 안내공간)	단식서가, 복식서가, 경사서가 등 여러 종류의 가구가 위치
②	모둠학습공간	학습과 연계된 교육 및 학습기능이 형성되는 공간
③	서가 및 문헌정보공간	방문 시 공간이미지와 연관되어 새로운 정보 및 게시물을 전시하고 홍보하는 공간
④	정보검색공간	열람공간(브라우징) 2종류가 있음
⑤	열람(브라우징)공간	컴퓨터를 이용하는 특징으로 검색테이블 및 의자가 위치

정답 ②

해설 ②

	구분	내용
①	진입공간 (출입구 및 안내공간)	• 주출입이 이루어지는 곳 • 방문 시 공간이미지와 연관되어 새로운 정보 및 게시물을 전시하고 홍보하는 공간
②	모둠학습공간	• 학습과 연계된 교육 및 학습기능이 형성되는 공간 • 관내 학습지원을 하는 곳 • 학습테이블, 의자, 화이트보드, 프로젝트, 교사테이블 및 의자 등이 위치
③	서가 및 문헌정보공간	• 자료를 보관 · 관리하는 공간 • 단식서가, 복식서가, 경사서가 등 여러 종류의 가구가 위치
④	정보검색공간	• 관내 학습자료 습득 외에 정보를 습득하는 공간 • 컴퓨터를 이용하는 특징으로 검색테이블 및 의자가 위치
⑤	열람(브라우징)공간	• 자유롭게 열람하는 기능을 위한 공간 • 열람공간(브라우징) 2종류가 있음 • 테이블 및 의자 등의 가구가 위치

22 학교교육 핵심부로서의 학교도서관 공간구성과 내용으로 옳지 않은 것은?

① 영상자료공간 – 시청각기기를 이용하여 영상자료 열람
② 모둠학습공간 – 교사와 학생들의 대 · 중 · 소집단 활동
③ 교직원 열람공간 – 정보자료를 출납하고 상담하는 공간

④ 학생도서위원공간 - 학생도서위원의 활동공간

⑤ 브라우징코너 - 안락한 분위기에서 연속간행물이나 신문자료 열람

정답 ③

해설 ③ 교직원 열람공간 - 교재 연구 및 조사공간

도 서 관 공 간 구 성 의 이 해

대학도서관은 대학의 설립과 더불어 성장, 발전하며,
정보자료의 수집, 처리, 제공이라는 본질적 기능을 통하여
구성원들의 교육 · 연구활동을 지원하는 기관이다.
최근 디지털 기술의 발달과 함께 정보산업의 발전이 급속화되면서
대학도서관의 공간은 인쇄매체 중심의 장서 수집 · 보존과 기본적인
학습 · 열람기능에서 세분화되고 전문적인 역할을 수행할 수 있는 공간으로
확대되었다. 이로 인해 대학도서관은 연구시설로서의 기능뿐만 아니라
정보센터, 서비스기관, 복합문화시설로의 역할을 수행하게 되었다.
이에 따라 대학도서관은 새로운 단위의 공간들이 출현하고 공유공간이 확대되었다.

CHAPTER 04

대학도서관 공간구성

1. 대학도서관의 이해
2. 공간관련 규정 및 기준
3. 공간규모계획
4. 대학도서관 공간구성 사례

1 대학도서관의 이해

1.1 대학도서관의 목적

대학도서관은 대학의 설립과 더불어 성장, 발전하며, 정보자료의 수집, 처리, 제공이라는 본질적 기능을 통하여 구성원들의 교육·연구활동을 지원하는 기관이다.

대학도서관을 「고등교육법」에서는 대학 및 다른 법률의 규정에 따라 설립된 대학교육과정 이상의 교육기관에서 교수와 학생, 직원에게 도서관서비스를 제공하는 것을 주된 목적으로 하는 도서관으로 정의하고 있으며, 「대학도서관진흥법」에서는 대학에서 교수, 학생 및 직원에게 도서관서비스를 제공하는 것을 주된 목적으로 하는 도서관으로 정의하고 있다.

한국도서관협회(2010)에서는 그 도서관이 속한 대학의 교육적 목표를 달성하는 데 필요한 도서관 자료를 수집, 정리, 보존하여 학생과 교직원들이 이용할 수 있도록 하는 데 그 목적을 가진 도서관이라고 명시하고 있으며, 대학도서관의 목적은 다음 [표 4-1]과 같이 정의하였다.

표 4-1 한국도서관협회에서 제시한 대학도서관의 목적

대학도서관의 목적
1. 자료 및 공간제공, 다양한 정보봉사를 통하여 대학의 교육적 이념이나 사명인 지식탐구, 연구활동, 인격도야, 사회봉사 등을 최대한 지원
2. 대학의 교육학술 및 연구활동에 유용한 모든 아날로그 자료와 디지털 정보를 체계적으로 개발하고 정리·보존하여 제공함으로써 대학의 학술적 정체성을 확립하고 경쟁력을 높이는 데 기여
3. 구성원의 요구정보와 기대수준을 주기적으로 조사·분석하여 업무에 반영하고 개선함으로써 자료와 시설에 대한 접근·검색 및 이용의 편의성과 효율성을 도모
4. 교수 및 학생의 교육·학습, 지식습득, 연구수행, 사회봉사에 필요한 자료 및 시설을 적시에 신속하게 제공
5. 도서관은 자료와 시설을 지역주민에게 개방하여 그들의 정보입수, 독서활동, 평생학습, 여가생활 등에 기여

출처: 한국도서관협회 (2010). 한국도서관기준 개정 연구

1.2 대학도서관의 기능 및 업무

「도서관법」 제2조에 따르면 대학도서관은 「고등교육법」 제2조에 의해 설립된 대학 및 다른 법률 규정에 따라 설립된 대학교육과정 이상의 교육기관에서 교수와 학생,

직원에게 도서관서비스를 제공하는 기능을 한다고 명시되어 있다.

표 4-2 「도서관법」에 명시된 대학도서관의 기능

대학도서관의 기능
1. 학교교육에 필요한 자료의 수집 · 정리 · 분석 · 보존 · 축적 및 그 이용 2. 효율적 교육과정의 수행을 위한 지원 3. 도서관 이용의 체계적 지도 4. 다른 도서관과의 협력과 도서관 협력망을 통한 자료의 유통 5. 기타 대학도서관으로서의 기능수행에 필요한 업무

대학의 교육 및 연구경쟁력 향상 기여를 목적으로 하는 「대학도서관진흥법」에서는 대학도서관의 업무를 다음 [표 4-3]과 같이 제시하였다.

표 4-3 「대학도서관진흥법」에 명시된 대학도서관의 업무

대학도서관 업무
1. 대학의 교육 및 연구에 필요한 도서관자료의 수집 · 정리 · 보존 및 서비스 제공 2. 교육 및 연구활동에 필요한 지원 3. 학생들의 학습 및 수업활동에 필요한 지원 4. 대학에서 생산한 각종 지식자원의 수집, 디지털화 및 운영 5. 다른 도서관 및 관련 기관과의 상호협력과 서비스 제공 6. 그 밖에 대학도서관의 기능 수행에 필요한 업무

2 공간관련 규정 및 기준

2.1 국내 대학도서관의 시설기준

「고등교육법」 제2조에 따른 「도서관법」 제34조에 의하면 대학 및 다른 법률의 규정에 따라 설립된 대학교육과정 이상의 교육기관에는 대학도서관을 설치하여야 한다고 명시하고 있다.

또한 「대학도서관진흥법 시행령」 제6조(시설 및 도서관자료)에서는 대학도서관의 연면적이 재학생 1인당 1.2m^2 이상이 되도록 시설기준을 정하였지만, 학생수 등을 고려하여 학생 및 교직원의 교수 · 학습에 지장이 없는 범위 내에서 그 기준을 조정할 수 있다고 명시하였다.

현행 「대학설립 · 운영규정」에서는 교사(校舍)시설의 구분에서 대학도서관이 교육기본시설로 지정되어 있으며, 도서관에는 열람실, 정기간행물실, 참고도서열람실, 서고 및 사무실을 두어야 하고 열람실에는 학생정원의 20% 이상을 수용할 수 있는 좌석을 두어야 한다고만 규정되어 있다.

표 4-4 대학도서관 시설 관련 지침

법령	시설 및 자료기준
「도서관법」	「고등교육법」 제2조에 따른 대학 및 다른 법률의 규정에 따라 설립된 대학 교육과정 이상의 교육기관에는 대학도서관 설치
「대학도서관진흥법 시행령」	• 대학도서관의 연면적이 재학생 1인당 1.2m^2 이상이 되도록 시설기준 • 학생수 등을 고려하여 학생 및 교직원의 교수 · 학습에 지장이 없는 범위 내에서 기준조정 가능
「대학설립 · 운영규정」	• 교사시설의 구분에서 대학도서관이 교육기본시설로 지정 • 도서관에는 열람실, 정기간행물실, 참고도서열람실, 서고 및 사무실을 두어야 함 • 열람실에는 학생정원의 20% 이상을 수용할 수 있는 좌석을 두어야 한다고만 규정되어 있음

한국도서관협회(2003)의 한국도서관기준에서는 대학도서관의 시설에 대하여 11가지의 일반원칙과 19가지의 시설기준을 제시하였다.

1) 일반원칙

한국도서관협회에서 제시한 일반원칙에서는 대학도서관의 설계 및 건축, 규모, 접근성, 기능성, 공간구성, 시설 · 장비 등에 대해 제시하고 있다.

① 대학도서관 건물의 신축이나 증 · 개축은 대학당국, 건축전문가, 사서 간의 충분한 협의 후 설계 · 건축되어야 한다.

② 대학도서관 건물의 외형은 대학의 역사성과 예술성, 학술적 정체성과 기능성을 확연하게 나타내는 것이 바람직하다.

③ 대학도서관은 가능한 한 독립된 전용건물로 신축하되, 해당 건물을 최소한 30년간 유지할 수 있어야 한다.

④ 대학도서관 건물의 규모는 현실적 경제성과 미래의 확장성을, 공간과 동선은 규모의 적절성과 기능의 상호작용성과 동선의 최소성을, 가구 및 정보기기는 기능성, 연계성, 가변성, 견고성을, 조경계획은 보존성, 순응성, 환경친화성을 고려하여 결정하여야 한다.

⑤ 대학도서관 건물의 입지는 대학의 아카데믹플랜 또는 마스터플랜, 대지의 입지 조건(부지의 크기, 수직적 및 수평적 증축 가능성), 교통지리적 조건(도로사정, 동선흐름, 접근의 편의성), 자연지리적 조건(방위와 풍향, 지형과 지반, 경사, 토양), 환경조건(인접건물, 소음과 공해, 주차능력, 조경) 등을 종합적으로 검토하여 결정하여야 한다.

⑥ 대학도서관은 교육 및 연구활동의 중심지대에 위치하여야 하며, 가능한 한 사방에서 도보로 5분 이내에 도달할 수 있어야 한다.

⑦ 대학도서관의 공간은 건물의 기능성, 최대의 신축성, 최신 기법의 활용성, 자료와 이용자 동선의 비교차적 흐름, 미래의 확장 가능성, 원격정보의 접근성 등의 기본 요건을 충족시켜야 한다.

⑧ 대학도서관의 자료공간은 이용도가 높은 주제나 유형의 자료일수록 저층에 배치하고, 일부의 특수자료(고서, 시청각자료 등)와 이용빈도가 낮은 자료를 제외하고는 개가제로 운영하여야 한다.

⑨ 대학도서관은 공간별로 적정한 조명, 환기, 방음, 방습, 방화, 냉·난방, 운송, 자료분실방지 등을 위한 각종 시설과 장비를 갖추어야 한다.

⑩ 대학도서관 공간의 동선계획은 업무처리의 효율성과 자료접근의 편의성을 극대화하는 방향으로 수립되어야 한다.

⑪ 대학도서관은 각종 시청각기기뿐만 아니라 컴퓨터를 비롯한 정보기술을 충분히 확보하여 활용하고 그들의 유효수명과 감가상각을 감안하여 3~5년을 주기로 교체하거나 업그레이드하여야 한다.

2) 시설기준

한국도서관협회(2010)에서 제시한 시설기준에서는 대학도서관의 최소면적, 공간요소별 적정면적, 열람석 수, 도서관 시설, 가구, 조명 등에 대해 아래와 같이 제시하고 있으며 자세한 내용은 다음과 같다.

① 대학도서관의 최소 면적기준은 다음과 같으며 산출된 순사용면적(N)과 공유면적(NS)을 합한 면적 이상을 갖추어야 한다.

$N(m^2)=0.60T+0.0107V+9.88S+0.05(0.63T+0.0107V+9.88S)$

$NS(m^2)=0.25N$

* N=순사용면적, T=학부·대학원생 편제정원, V=총장서수, S=전체 직원수, NS=공유면적

전문대학도서관은 다음의 공식에 의하여 산출된 순사용면적(N)과 공유면적(NS)을 합한 면적 이상을 갖추어야 한다.

② 대학도서관 건물의 순사용면적(net space)은 공간의 기능성과 운영의 경제성을 감안하여 최소한 75%가 되어야 한다.

$N(m^2)=0.60T+0.013V+10.73S+0.05(0.60T+0.013V+10.73S)$
$NS(m^2)=0.25N$
*N=순사용면적, T=학생 편제정원, V=총장서수, S=전체 직원수, NS=공유면적

③ 대학도서관의 공간은 자료공간, 이용자공간, 직원공간, 공유공간으로 나누어 계획하되, 공간요소별 적정면적의 배분은 [표 4-5]에 제시된 기준을 참고로 한다.

표 4-5 대학도서관 면적배분기준(시설기준)

공간 요소	배분비율(%)		비고	
	대학	전문대학	대학(%)	전문대학(%)
자료공간	30~35	20~25	•일반열람실 20~22 •자료열람실 20~23	•일반열람실 25~27 •자료열람실 25~28
이용자공간	40~45	50~55		
직원공간	5	5		
공유공간	20	20		

출처: 한국도서관협회 (2010). 한국도서관기준 개정 연구

④ 대학도서관의 자료공간은 개가제 자료실의 경우 서가 1개당 3.92~5.4m², 폐가제 서고는 서가 1개당 3.24~3.63m², 시청각자료 및 전자자료는 보관함 1개당 3.92~5.4m²를 기준으로 배분하는 것이 바람직하다.

⑤ 대학도서관의 순자료공간은 서고의 연면적의 65%를 넘지 않도록 하는 것이 바람직하다.

⑥ 대학도서관의 열람석수는 편제정원을 기준으로 학부학생의 25%(전문대학 포함) 이상, 대학원학생의 30% 이상으로 설정하되, 일반열람실과 자료공간에 각각 50% 내외를 배치하는 것이 바람직하다. 이때 1좌석당 면적은 학부학생 2m² 내외(개가자료실은 2.3m², 일반열람실은 1.76m²), 대학원학생 2.8m²가 적절하며, PC를 갖춘 캐럴(carrel)과 시청각 자료의 시청용 테이블은 1좌석당 3.5m²가 적절하다.

⑦ 대학도서관의 직원 1인당 면적은 업무의 특성과 직급 및 도서관 규모를 감안하여 설정하되, 평균 10m²가 적절하다.

⑧ 대학도서관의 공유공간(이용자 · 자료 · 직원공간을 제외한 복도, 계단, 현관홀, 로비, 엘리베이터, 화장실, 휴게실, 기계실 등 부대시설 공간)은 전체 면적의 20%(이용자 · 자료 · 직원공간을 합한 면적의 25%)를 기준으로 배분하되, 복합형 건물형태로 설치된 분관의 경우는 전체면적의 13%(이용자 · 자료 · 직원공간을 합한 면적의 15%)를 기준으로 배분하는 것이 바람직하다.

⑨ 대학도서관의 정보이용 교육 및 정보검색용 단말기는 이용대상자의 규모, 정보자료의 요구도와 의존도, 정보네트워크의 구축 수준, 시스템의 집중화와 분산화, 데이터베이스의 확보 정도, 검색시간의 제한성, 검색시스템의 편의성, OPAC(Online Public Access Catalog)과 대출시스템의 연계성 등을 고려하여 재학생 100명당 1대 이상을 확보하되 공간별로 분산 · 배치하여야 한다.

⑩ 대학도서관의 서고는 일정한 적재하중(개가제 700kg/m^2, 폐가제 1,000kg/m^2, 밀집서가 또는 자동서고 1,500kg/m^2)을 감당할 수 있도록 설계되어야 한다.

⑪ 대학도서관에는 업무용 가구(책상과 의자, 컴퓨터 테이블, 카운터, 캐비넷), 자료수장용 가구(서가, 잡지가, 신문가, 지도함, 서장, 시청각자료 보관함 및 캐비넷 등), 열람용 가구(테이블과 의자, 캐럴, 신문전시대, 지도열람대, 사전대), 전시 및 게시용 가구(안내판, 게시판 등), 정보검색용 가구(컴퓨터 테이블과 의자), 기타 가구(북트럭, 자료반납함, 사물보관함, 우산꽂이대)가 구비되어야 한다.

⑫ 대학도서관의 가구는 빛 반사율이 30% 정도인 중간명도의 색상(황토색, 진한 베이지색 , 황갈색, 벽돌색 등)을 선택하는 것이 바람직하다.

⑬ 대학도서관의 컴퓨터 워크스테이션(computer workstation)공간은 점유면적의 적절성, 테이블 및 의자의 적당한 규격(너비, 깊이, 높이, 하단의 여유), 의자 높낮이의 조절가능성, 조명의 적절성, 새로운 장비의 수용가능성, 미래의 확장성, 프라이버시의 보장, 접근 및 이동의 편의성 등을 충족시켜야 한다.

⑭ 대학도서관의 컴퓨터 워크스테이션 가구는 VDT 증후군(Visual Display Terminal Syndrome)의 최소화를 위하여 인간공학적으로 배치되어야 한다. 의자와 VDT는 각각의 중심부가 직선상에 놓이도록 배치하고, 눈과 VDT의 거리는 45~66cm 정도를 유지하도록 하여야 하며, VDT의 최상단은 시력과 수평을 유지하거나, 약간 아래에 위치하는 것이 바람직하다. 그리고 VDT 화면은 휘광의 최소화를 위하여 조명등이나 채광창과 직각을 형성하도록 배치하고 화면의 입사조도는 100~500룩스(고령자는 200~500룩스), 주변(키보드, 서류면)의 수평면 조

도는 500~1,000룩스를 유지하여야 하며, 키보드의 높이는 테이블 표면에서 5~6cm 이하를, 키보드의 경사각도는 7~11°를 유지하여야 한다.

⑮ 대학도서관의 자료 및 이용자 공간에는 직접조명을 설치하고, 업무수행 및 컴퓨터 워크스테이션 공간에는 중간조명을 선택하되 테이블 또는 좌석당 부분조명으로 보광하는 방식이, 공유공간에는 간접조명이 바람직하다. 그리고 자료 및 이용자공간 중에서 일반열람실 및 개가제 서고는 300~500룩스, 폐가제 서고는 100~200룩스의 조도를 유지하여야 한다.

⑯ 대학도서관의 모든 시설과 가구는 「장애인 · 노인 · 임산부 등의 편의증진에 관한 법률」에서 규정한 각종 기준에 부합하도록 계획하여 접근성과 편의성을 보장하여야 한다.

⑰ 대학도서관의 사인시스템의 서체와 표기, 픽토그래프, 번호배정, 공간표시는 인간공학적으로 디자인되어야 한다.

⑱ 대학도서관의 모든 공간은 표준 온 · 습도의 범위(온도 20±3℃, 습도 50±10%)를 유지하여야 한다

⑲ 대학도서관의 공간별 소음수준은 자료수장 및 이용자공간 30~35dB, 사무공간 35~40dB, 집회실 및 회의실 35dB 이하, 기타 공간 40dB 내외를 유지하는 것이 바람직하다.

2.2 국외 대학도서관의 시설기준

국외 대학도서관의 시설기준을 살펴보면 다음 [표 4-6]과 같다. 규모결정기준은 공통적으로 학생수, 장서규모, 직원수를 포함하고 있으며, 영국은 여기에 교수 · 학습패턴을, 일본은 연간 증가 책수를 추가로 포함하고 있다. 열람석수는 학생수를 기준으로 하고 있다(신현수, 이상호, 1998).

표 4-6 각국의 대학도서관 시설기준 현황

구분	미국 (미국도서관협회기준)	영국 (영국도서관협회기준)	일본 (일본대학기준협회기준)
규모결정 기준	• 정규학생수 • 장서규모 • 직원수	• 정규학생수 • 장서규모 • 직원수 • 교수학습패턴	• 학생수 • 직원수 • 장서수 • 연간 증가 책수
열람석수	정규학생 5명당 1석	정규학생 4명당 1석	• 학부학생 총수의 20% • 대학원생 총수의 30%

열람면적	2.3~3.2m²	2.2~3m²	• 학생 1.8m² • 연구자 2.5m²
수장공간	• 150,000책–0.0009m²/ 책 • 150,000책–0.0081m²/ 책 • 300,000책–0.0072m²/ 책 • 600,000책–0.0009m²/ 책	1,000권당 • 8.5m²(NATFHE* 기준) • 10m²(영국도서관협회 기준)	• 개가의 경우: 1m²당 150책 • 폐가의 경우: 1m²당 180책
관리공간	• (열람공간+수장공간)×1/8m²	• 작업실 20m² • 관장실 25m² • 부관장실 20m² • 전문직원 각 10m²	

*National Association of Teachers in Further and Higher Education

출처: 신현수, 이상호 (1998). 정보환경조건에 따른 대학도서관의 공간변화추이에 관한 연구

2.3 대학도서관의 공간평가

국내 도서관의 다양한 평가지표 중 공간에 대한 공통적인 지표는 도서관 면적과 좌석수이다. 김기영 등(2014)은 대학도서관평가 표준지표개발에 대한 연구에서 대학도서관의 공간영역에 해당하는 항목을 도서관공간(이용면적)과 좌석수로 구분하였고, 장윤금(2014)은 대학도서관 공간평가방안에 대한 연구를 통해 국내외 대학도서관 공간측정도구를 조사·분석하여 다음 [표 4-7]과 같은 측정도구를 제시하였다.

[표 4-7] 대학도서관 공간평가 측정도구

평가목적 및 대상	평가항목	세부항목
도서관 이용자의 공간구성에 대한 만족도	전체공간	• 전체 공간구성, 층별 공간구성 • 전체적 열람공간구성
	본원적 목적공간	• 대출자료실, 참고자료실
	내·외부 접근성	• 도서관 접근성 • 대출·반납, 서비스 접근
	내부 자재·시설	• 좌석수 • 서가 및 원형책상, 사각책상(그룹용), 소파, 의자 등 기자재, 편의시설, 조명, 컴퓨터, 아울렛, Wireless, 그림, 커텐 등의 인테리어
	학습공간	• 자유열람실, 스터디 룸 • 개인자유학습공간, 그룹학습공간
	학습자 지원공간	• 대학교육 지원공간 • 협업학습 지원공간 • 이용자와 직원의 교류, 지원공간 • 정규수업의 지원공간 • 전문교육 활성화공간

	사회적 공간	• 커뮤니케이션 공간 • 카페 라운지, 인포메이션커먼즈 • 복합문화공간
	필요 공간구성의 목적 및 배치	• 이용자의 공간 필요성 • 이용자의 공간 활용성
도서관 직원의 공간구성에 대한 만족도	본원적 목적공간	• 자료실, 서가공간, 보존서고, 교육실, 관리·업무 공간
	필요 공간구성의 목적 및 배치	–
공간구성의 전략적 적합성	공간구성과 대학의 비전·목표와의 적합성	–
	공간구성과 대학도서관의 비전·목표와의 적합성	• 목적(도서관 본원적 목적, 이용자 만족도, 직원 만족도)의 적합성

출처: 장윤금 (2014). 대학도서관 공간구성 변화 및 평가방안 연구 p.243 표 재편집

3 공간규모계획

3.1 대학도서관 공간의 변화

최근 디지털 기술의 발달과 함께 정보산업의 발전이 급속화되면서 대학도서관의 공간은 인쇄매체 중심의 장서 수집·보존과 기본적인 학습·열람기능에서 세분화되고 전문적인 역할을 수행할 수 있는 공간으로 확대되었다. 이로 인해 대학도서관은 연구시설로서의 기능뿐만 아니라 정보센터, 서비스기관, 복합문화시설로의 역할을 수행하게 되었다. 이에 따라 대학도서관은 새로운 단위의 공간들이 출현하고 공유공간이 확대되었다(민들레, 2008).

표 4-8 대학도서관의 역할확대에 따른 공간구성 변화사례

공간구성	연세대학교 삼성학술정보관	명지대학교 방목학술정보관	성균관대학교 삼성학술정보관
정보공유공간 구성 시설	• U-lounge • Information Commons • 멀티미디어센터 • 멀티미디어교육실	• 멀티미디어자료실 • 전자정보자료실	• 전자정보자료실 • 검색코너 • 멀티미디어자료실
새로운 단위의 공간	• 미디어감상실 • 미디어제작실	• 대학원 열람실 캐럴 • 스터디 라운지	• UCC 스튜디오 • 그룹스터디룸

	• 프레젠테이션룸 • 이용자통합서비스센터 • 과학기술참고자료실 • 세미나룸 • 그룹 스터디룸	• UCC 스튜디오 • 장애인열람실	• 세미나실
공용공간 면적비율	29.27%	30.9%	25.82%

출처: 신다영, 유우상 (2015). 대학도서관의 새로운 기능 및 공간 변화에 관한 예비고찰 재편집

3.2 대학도서관의 공간구성

국내에는 대학도서관 시설기준을 법적으로 명시하고 있지 않다. 「대학설립 · 운영 규정」에는 대학도서관의 의무시설과 열람실 좌석기준에 대한 규정만 나와 있으며, 한국도서관협회의 시설기준에서는 대학도서관의 공간을 자료공간, 이용자공간, 직원공간, 공유공간으로 나누어 계획하되, 공간 요소별 적정면적의 배분을 제시하고 있다.

표 4-9 대학도서관 면적배분기준(공간구성)

공간 요소	배분비율(%)		비고	
	대학	전문대학	대학(%)	전문대학(%)
자료공간	30~35	20~25	• 일반열람실 20~22 • 자료열람실 20~23	• 일반열람실 25~27 • 자료열람실 25~28
이용자공간	40~45	50~55		
직원공간	5	5		
공유공간	20	20		

출처: 한국도서관협회 (2010). 한국도서관기준 개정 연구

대학도서관의 공간요소에 대한 하위요소로는 자료공간, 이용자공간, 직원공간, 공유공간이 있다.

표 4-10 대학도서관의 공간요소와 하위요소

공간요소	하위요소
자료공간	자료실, 일반서고, 보존서고, 참고자료실, 연속간행물실, 학위논문실, 지정도서실, 시청각자료실, 마이크로자료 서고 등
이용자공간	일반열람실, 자료실 이용공간, 정보검색공간 등
직원공간	관장실, 부속실, 직원사무실, 회의실 등
공유공간	출입구, 로비, 통로, 계단, 복도, 휴게실, 흡연실, 화장실, 창고, 주차장, 매점 등

대학도서관의 공간요소 중 이용자공간은 이용자 목적에 따라 자료열람, 개인학습, 멀티미디어 활용, 기타 등으로 분류할 수 있다(장아리, 2014).

표 4-11 이용자의 이용 목적에 따른 기능별 구성요소

이용목적	공간구성요소
자료열람	자료실(주제자료실), 참고자료실, 연속간행물실, 학위논문실, 특수자료실 등
개인학습	열람실(일반열람실), 캐럴
멀티미디어 활용	시청각실, A/V 감상실, 멀티미디어자료실 등
기타	전시실, 휴게실, 라운지, 세미나실, 스터디룸 등

출처: 장아리 (2014). 대학도서관 주제자료실의 공간계획에 관한 연구

3.3 대학도서관의 공간계획

1) 공간별 규모계획

대학도서관의 공간은 크게 자료공간, 이용자공간, 직원공간, 공유공간으로 구분할 수 있다. 대학마다 장서 수와 지리적 환경, 학문적 특성, 이용자의 특성이 다르기 때문에 이를 반영하여 내부를 구성하는 것이 바람직하다.

성근주(1999)는 대학도서관의 공간구성을 이용자공간, 수장공간, 업무공간, 공유공간으로 구분하여 각 공간별 규모계획을 다음 [표 4-12]와 같이 정리하였다.

표 4-12 대학도서관의 공간별 규모계획

공간구성	공간별 규모계획
이용공간 규모계획	• 이용공간의 산출기준은 일반열람실의 경우 이용자별 열람석 비율과 1좌석당 소요면적, 자료이용·정보검색·기타 이용공간을 1인당 소요면적 이용공간을 근거로 산출
수장공간계획	• 자료유형별로 인쇄자료는 열람방식과 서가종류에 따라 소요면적이 산출 • 시청각자료와 CD-ROM자료는 수장용 캐비넷이나 보관함의 소요면적을 기준으로 산출 • 대학도서관의 서고공간계획 시 소요공간에 영향을 미치는 도서의 평균적인 크기와 두께, 배가 및 열람방식, 한계수장률, 서가규격에 대해 예측하고 인지하여 수장공간의 소요면적을 계획해야 함
업무공간계획	• 간접봉사공간은 행정·수서·정리업무를 담당하는 직원공간으로서 이용자공간과 분리되어야 함 • 직접봉사공간은 대출봉사·정보봉사·서고관리·상호대차 등의 업무를 담당하는 공간으로 이용자공간 내에 배치하는 것이 효율적임 • 1인당 소요면적은 직원의 직위와 업무별로 소요면적 산출
공유공간계획	• 공유공간의 산출면적은 이용, 자료, 직원공간을 일정비율로 결정하여 산출

출처: 성근주 (1999). 정보환경변화에 따른 대학도서관의 공간에 관한 연구 재편집

그림 4-1 | 대학도서관의 공간계획을 위한 도면(서울산업대)

멀티미디어실	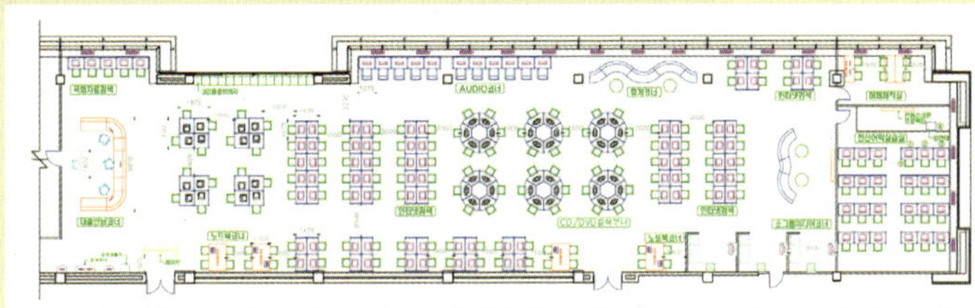
스터디그룹실	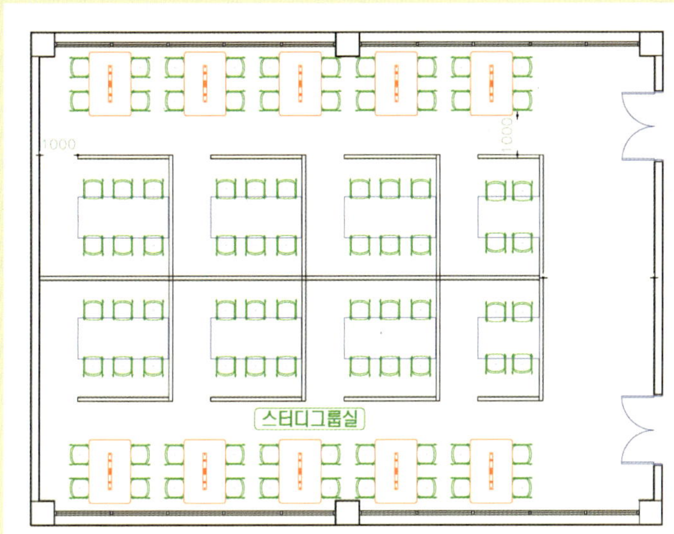
사무실	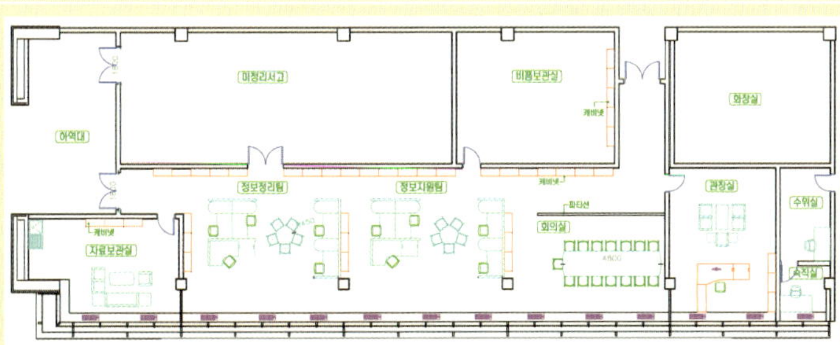
자료열람실	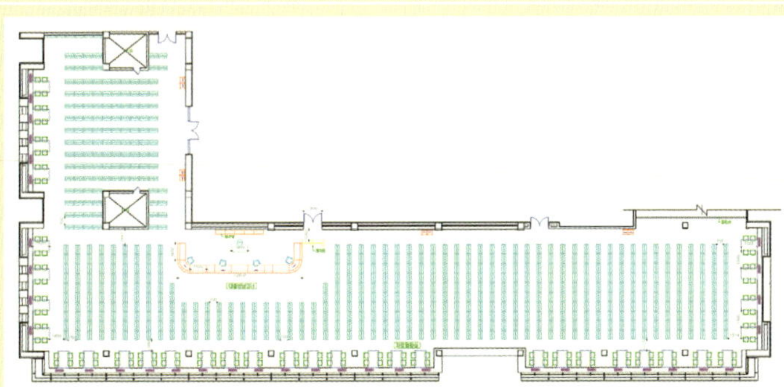

정기간행물실	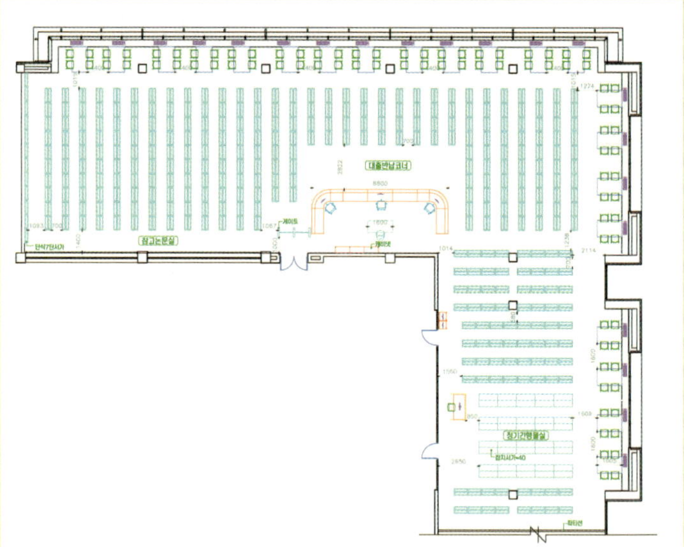

2) 주제자료실별 공간계획

대학도서관의 공간을 주제자료실별로 인문사회분야, 자연과학분야, 예체능분야 등으로 구분하여 계획할 수 있다.

① 인문사회분야 공간계획

인문사회분야는 사회적 환경심리에 영향을 주는 프라이버시와 같은 공간계획 요소를 중요하게 고려해야 한다.

장아리(2014)의 연구에 따르면 인문사회계열 학생들은 공간요소 중요도 평가에서 자료실의 면적이나 개인책상에 대한 프라이버시, 별도의 분리된 열람공간 등 개인의 프라이버시를 중요하게 여기는 것으로 나타났다. 따라서 개방적인 형태의 열람공간을 배치하되, 열람가구는 프라이버시 보호가 용이한 칸막이형 책상이나 2인용 열람석 및 테이블, 바(Bar)형 책상 등 다양한 개인열람가구를 계획하고 개인열람가구의 비율은 늘리되, 다른 이용자와의 간격을 확보하는 것이 좋다. 가구배치 방식은 서가가 중앙에 밀집되는 서가중앙형으로 계획하고 열람공간과 자료공간은 서가와 근접하도록 한다. 인문사회계열 학생들은 실내분위기가 온화하고 은은하며, 점잖고 모던한 분위기를 선호하는 것으로 나타났다. 따라서 인문사회 자료실의 실내분위기는 저채도·고명도의 배색 이미지나 저채도·저명도의 배색 이미지에 부분적으로 악센트컬러를 적용하는 것이 좋다. 인문사회분야의 공간계획을 표로 정리하면 [표 4-13]과 같다.

표 4-13 인문사회분야의 공간계획

구분	공간계획
공간구성	• 다른 기능실들과 연계 • 각 학문분야 자료실 간의 연계
자료공간과 열람공간 배치	• 열람공간과 자료공간 근접 • 자료대출형
가구배치	• 서가중앙형
열람공간 개방	• 개방형 열람공간 • 폐쇄형 열람책상
열람가구	• 개인열람가구
실내분위기	• 온화하고 은은하며 점잖고 모던한 분위기

출처: 장아리 (2014). 대학도서관 주제자료실의 공간계획에 관한 연구

② 자연과학분야 공간계획

자연과학분야 자료실 역시 다른 학문분야의 자료실과 서로 연계하여 공간으로 계획하도록 하고, 다른 주제분야의 자료실보다 자료실 내 열람공간의 면적비율을 높여야 한다.

장아리(2014)의 연구에 따르면, 자연과학계열 이용자들은 개인학습 위주의 일반열람실에 대한 요구가 다른 전공계열 이용자보다 높게 나타났다. 따라서 전공 관련자료를 접할 수 있는 자료실에 학습용 열람가구를 계획하여 서가를 중앙에 밀집하도록 하는 서가중앙형으로 계획하되 자료공간과 열람공간의 접근을 높이도록 한다. 자료실의 분위기 또한 인문사회계열 이용자와 동일하게 온화하고 은은하며, 점잖고 모던한 분위기를 선호하는 것으로 나타났다. 자연과학분야의 공간계획을 정리하면 [표 4-14]와 같다.

표 4-14 자연과학분야의 공간계획

구분	공간계획
공간구성	• 다른 기능실들과 연계 • 주제별 자료실 간의 연계
자료공간과 열람공간 배치	• 열람공간과 자료공간 근접 • 자료열람형
가구배치	• 서가중앙형
열람공간 개방	• 개방형 열람공간 • 폐쇄형 열람책상
열람가구	• 공용열람가구
실내분위기	• 온화하고 은은한, 점잖고 모던한 분위기

출처: 장아리 (2014). 대학도서관 주제자료실의 공간계획에 관한 연구

③ 예체능분야 공간계획

장아리(2014)의 연구에 따르면 예체능계열의 이용자는 개인학습을 위한 목적보다 도서관의 자료를 대출하기 위한 이용, 컴퓨터나 인터넷 사용을 위한 이용과 함께 다양한 목적을 위해 도서관을 이용하는 경우가 많은 것으로 나타났다. 이에 따라 예체능 자료실의 경우 이용자의 특성을 파악하여 다른 주제분야의 자료실과 달리 독립적으로 계획되어야 한다. 예체능계열 자료실의 가구배치의 경우 열람중앙형을 가장 선호하는 것으로 나타났다. 열람중앙형은 열람공간이 서가로 둘러싸인 형태로 집중력과 열람효과가 증대된다는 장점이 있으나 열람공간이 벽 측의 채광창과 거리가 멀어지기 때문에 적절한 인공조명과 함께 높은 채광창을 고려해야 한다. 예체능분야의 공간계획을 정리하면 [표 4-15]와 같다.

표 4-15 예체능분야의 공간계획

구분	공간계획
공간구성	• 다른 기능실들과 연계 • 주제별 자료실 간의 분리
자료공간과 열람공간 배치	• 열람공간과 자료공간 간의 간격 확보 • 자료대출형
가구배치	• 열람중앙형
열람공간 개방	• 폐쇄형 열람공간 • 폐쇄형 열람책상
열람가구	• 공용열람가구, 개인열람가구
실내분위기	• 온화하고 은은한, 밝고 경쾌한 분위기

출처: 장아리 (2014). 대학도서관 주제자료실의 공간계획에 관한 연구

3) 공간특성별 도서관의 공간계획

대학도서관의 공간을 공간특성별로 구성한다면 기능적 특성 · 사회적 특성 · 심미적 특성 · 물리적 특성에 대한 공간계획 등으로 구분하여 계획할 수 있다.

① 기능적 특성에 대한 공간계획

대학도서관의 주제자료실은 디지털 기기의 활용을 위한 멀티미디어실과 개인학습을 위한 일반열람실을 개방적으로 연계하여 계획하도록 한다. 이는 자료열람과 개인학습, 멀티미디어 활용 등이 폐쇄적으로 분리될 경우 기능이 서로 연속선상으로 이루어지지 못했기 때문이다.

예를 들어, 개인학습을 위해 도서관을 찾는 이용자들은 일반열람실에서 대부분의 시간을 활용하게 되고, 인터넷 검색 또는 컴퓨터를 이용하기 위해 도서관을 찾는 이용자들은 멀티미디어실만 이용하는 등 이용자가 이용하고자 하는 목적에 따라 도서관의 공간기능이 한정적으로 제한되기 때문이다. 따라서 멀티미디어실과 개인학습을 위한 일반열람실의 개방적 연계를 통해 수장자료를 보다 적극적으로 활용할 수 있도록 환경을 조성하고, 자료열람 외에 다양한 학습활동이 서로 연속선상에 놓일 수 있도록 계획되는 것이 중요하다.

② 사회적 특성에 대한 공간계획

사회적 특성에 대한 공간계획에는 열람석의 프라이버시와 열람공간의 개방성이 있다.

첫째, 열람실의 프라이버시는 주제자료실을 이용하는 개인 이용자들의 프라이버시가 보호될 수 있는 공간이 확보되어야 한다는 것이다. 그 이유는 먼저 온 한 사람이 앉아있는 6인용 열람책상에 다음으로 다른 사람이 오게 되면 다른 좌석의 여유가 있는 한, 대부분 두 번째로 온 사람은 다른 책상에 앉고, 사람이 앉아있는 책상에는 앉지 않는다는 것이다. 따라서 도서관 이용자의 사회환경적 심리와 수용인원을 고려하여 프라이버시 보호가 가능하도록 가구의 형태와 배치간격을 계획해야만 자료실의 효율성을 높일 수 있다. 이에 따라 프라이버시 보호가 가능한 칸막이 책상 및 파티션형 열람석 등 개인열람가구를 늘려 개인이용자들이 효율적으로 공간을 이용할 수 있도록 한다. 또한 목적에 따라 이용할 수 있는 그룹스토리룸을 계획하거나 가변형 스터디룸을 계획하여 수용인원을 조절하는 것도 좋은 방법이 된다.

그림 4-2 ▌대학도서관 스터디룸 공간구성 3D

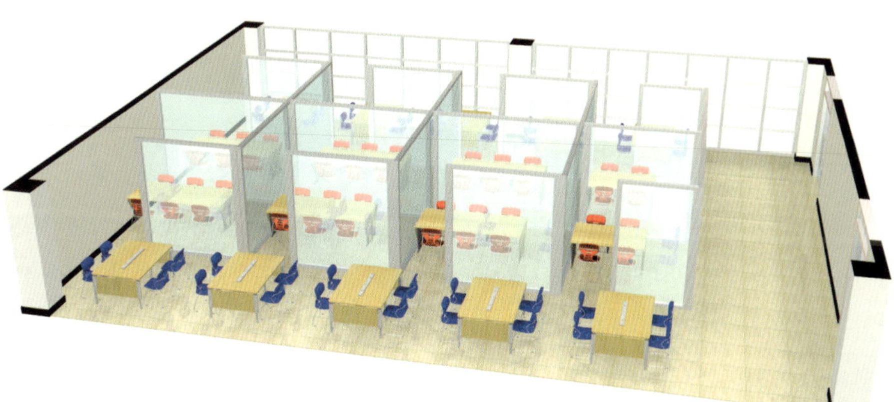

둘째, 열람공간의 개방성은 열람가구의 종류를 다양화하여 주제자료실의 열람공간을 개방적인 형태로 계획하는 것이다. 이용자의 프라이버시를 보호한다는 목적으로 구석진 공간이나 폐쇄적인 공간에 열람석을 배치하기보다는 개방형 공간에 공용열람가구와 함께 높이가 다양한 칸막이형 책상 등 개인열람가구를 배치하는 것이다.

그림 4-3 ▌대학도서관의 개인열람가구 및 공간구성 3D

③ 심미적 특성에 대한 공간계획

대학도서관의 주제자료실의 심미적 감성에 영향을 주는 실내디자인 및 장식요소는 도서관의 초기 계획단계에서부터 함께 고려되어 진행되어야 한다. 실내 디자인 및 장식요소로서 액자, 조각 등의 예술장식품과 자료실의 상징성 표현, 실내조경 등에 이 계획이 모두 포함되어야 하기 때문이다.

주제자료실은 공간의 디자인 차별화를 통해 상징성을 부여하는 것이 효과적이다. 일부 사례에서 나타난 것처럼 서가 또는 벽면의 색채나 마감재를 다르게 하여 차별화시키는 방법을 적용한 자료실이 그렇지 않은 자료실보다 만족도가 높았다. 이에 따라 장식품, 분위기, 가구 및 마감재의 종류, 색채 등을 이용하여 각 주제자료실을 차별성 있게 공간계획하는 것이 필요하다.

그림 4-4 ▌심미적 특성을 고려한 공간계획

서울과학 기술대학교

④ 물리적 특성에 대한 공간계획

대학도서관의 주제자료실의 실내 마감재 및 가구의 색채계획 시 단조로움을 피하기 위해서는 부분적으로 강조하여 계획하는 것이 좋다. 장아리(2014)의 연구결과에 따르면 색을 너무 사용하거나 너무 단조로운 자료실에 비해 전체적으로는 모노톤이지만 부분적으로 고채도의 강조색이 계획된 자료실에 대한 만족도가 높은 것으로 나타났다. 하지만 이러한 강조색의 면적이 넓어질 경우 자료실의 학습환경에 집중력을 떨어뜨리고 방해를 줄 수 있기 때문에 전체 10% 이하의 제한된 면적에 적절하게 계획하는 것이 좋다.

3.4 대학도서관 자료실의 공간계획 프로세스

대학도서관 자료실의 공간계획을 위해서는 대학도서관을 이용하는 이용자의 전공특성과 만족도가 바탕이 되어야 한다.

그림 4-5 | 대학도서관 주제자료실의 전공특성별 공간계획과 개념과 프로세스

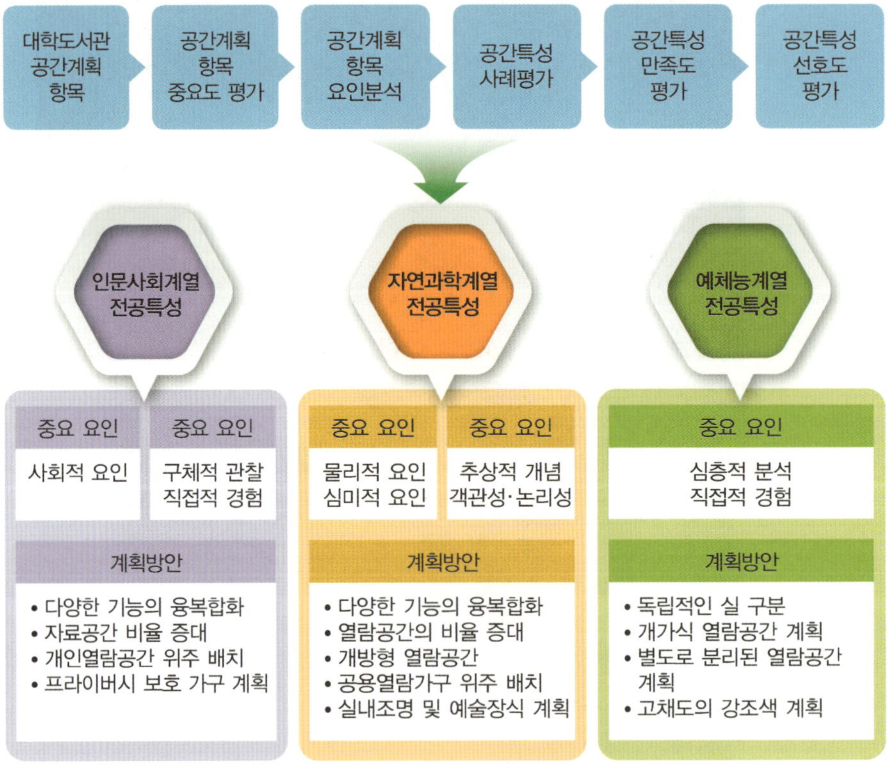

출처: 장아리 (2014). 대학도서관 주제자료실의 공간계획에 관한 연구

이를 통해 전공특성에 따른 중요요인을 파악하고 실제 사례의 이용자 평가를 토대로 만족도와 선호도를 분석하여 공간계획이 이루어져야 한다.

이에 따라 장아리(2014)는 대학도서관 주제자료실의 전공특성별 공간계획과 개념과 프로세스를 다음과 같이 정리하였다.

먼저 대학도서관 공간계획항목을 도출하고, 도출된 공간계획항목의 중요도를 평가한 뒤 공간계획항목 요인을 분석한다. 그리고 공간특성 사례를 평가하고 공간특성 만족도와 선호도를 평가를 거쳐 각 전공특성별 중요요인과 학습요인을 도출하고 각 주제분야별 계획방안을 작성한다. 위의 내용을 정리한 것이 앞의 [그림 4-5]이다.

대학도서관 자료실의 공간구성 및 규모와 각 주제분야 공간계획은 주로 이용하는 이용자의 전공특성 요구에 따라 각 주제자료실별 공통적인 요소와 차별을 두어야 할 요소를 나누어 계획되어야 하며 전체적으로 정리하면 [표 4-16]과 같다.

▌표 4-16▌ 대학도서관 자료실의 공간계획

구분		공간계획
주제 자료실 공통적 계획	실계획	• 주제자료실은 명확히 공간을 구분하지 않고 도서관 내 다른 기능(개인학습 기능, 멀티미디어 디지털자료 활용기능)의 공간과 융복합적으로 연계되도록 배치함 • 대학 재학생의 전공비율에 따라 이용도가 높은 주제자료실을 저층에 배치함 • 마감재 및 색채계획이나 천장고 등의 차별화를 통해 영역성을 줌
	자료공간	• 높은 서가와 함께 낮은 서가를 적절히 배치하여 시야의 차단을 최소화함 • 서가에 별도의 조명을 설치하거나 천장조명의 각도를 고려하여 서가의 조도를 고르게 유지함 • 이동식 밀집배가 등 다양한 방식의 서가를 계획하여 장서 수용량을 최대화함 • 서가 사이의 기둥이 통행에 방해가 되지 않도록 서가 간격을 계획함 • 서가와 창가 또는 서가와 열람공간이 만나는 서가 끝 공간은 서가 길이를 격으로 차이 나도록 배치하여 소규모 열람이 가능한 여유공간을 확보함
	열람공간	• 면적은 실 전체의 15~20% 전후로 계획함 • 열람공간 면적의 35~45% 전후로 개인열람공간을 제공함 • 한 눈에 공간을 인지하도록 개방감 있는 공간으로 계획함 • 개인열람석 계획 시 가구 종류 및 파티션 높이를 다양하게 구성하여 프라이버시 보호 정도에 따라 이용자가 선택 가능하도록 함 • 창에 근접하여 서가를 배치하지 않도록 하여 채광이 잘 되도록 함
	서비스 공간	• 주제자료실 내에 전문사서를 배치하여 서비스를 제공하거나 실과 실이 연계된 공용공간에 전문사서를 배치하여 서비스를 제공함

<table>
<tr><td rowspan="4">자연과학
주제
자료실
차별계획</td><td>실계획</td><td>• 인문사회 주제자료실과 부분적으로 개방감을 주어 연계함
• 일반열람실과 근접하도록 계획함</td></tr>
<tr><td>자료공간</td><td>• 서가가 중앙에 밀집하도록 계획함
• 서가와 서가 사이에 부분적으로 여유공간을 확보하여 그룹형 열람공간을 계획함</td></tr>
<tr><td>열람공간</td><td>• 서가와 근접하도록 계획하여 접근성을 높임
• 열람공간의 면적을 자료공간의 1/3 이상으로 구성하여 다른 자료실에 비해 상대적으로 높은 비율로 계획함
• 개방성 있는 열람공간을 계획함
• 원형테이블 및 공용책상 등 공용열람가구의 비율을 다른 자료실에 비해 상대적으로 늘림
• 개인열람가구 가운데 프라이버시 보호기능의 높은 칸막이 책상 또는 캐럴(carrel)을 배치함</td></tr>
<tr><td>서비스
공간</td><td>• 인문사회 주제자료실과 연계된 공간에 주제전문사서 사무실을 계획하여 서비스를 제공함</td></tr>
<tr><td rowspan="4">인문사회
주제
자료실
차별계획</td><td>실계획</td><td>• 자연과학 주제자료실과 부분적으로 개방감을 주어 연계함
• 일반열람실 및 멀티미디어실과 접근이 용이하도록 개방적으로 계획함</td></tr>
<tr><td>자료공간</td><td>• 서가가 중앙에 밀집하도록 계획함</td></tr>
<tr><td>열람공간</td><td>• 열람공간의 면적을 자료공간의 1/3 이하로 구성함
• 1인용 소파 및 1인용 책상 등 개인열람가구의 비율을 다른 자료실에 비해 상대적으로 높게 계획함</td></tr>
<tr><td>서비스
공간</td><td>• 자연과학 주제자료실과 연계된 공간에 주제전문사서 사무실을 계획하여 서비스를 제공함</td></tr>
<tr><td rowspan="4">예체능
주제
자료실
차별계획</td><td>실계획</td><td>• 자연과학 주제자료실 및 인문사회 주제자료실과 공간을 구분하여 독립적으로 계획함</td></tr>
<tr><td>자료공간</td><td>• 장서의 종류를 고려하여 서가의 단 높이가 충분히 조절 가능하도록 함</td></tr>
<tr><td>열람공간</td><td>• 실의 중앙에 열람공간이 위치하도록 하며 개방성 있게 계획함
• 서가와 분리된 열람공간을 별도로 계획함</td></tr>
<tr><td>서비스
공간</td><td>• 독립적인 예체능 주제자료실 내에 별도의 주제전문사서 공간을 계획함</td></tr>
</table>

출처: 장아리 (2014). 대학도서관 주제자료실의 공간계획에 관한 연구

3.5 대학도서관의 공간활용을 위한 고려요소

대학도서관의 공간을 효율적으로 활용하기 위해서는 정보환경의 변화, 새로운 공간의 출현, 공유공간의 확대 등을 고려해야 한다. 정재영(2012)은 대학도서관 공간의 효율적인 활용을 위해 공간구성을 외형적 요소와 내부적 요소로 구분하였다. 외형적 요소는 효율성, 연계성, 편의성, 개방성을 고려하였으며, 내부적 요소로는 도서관의 목적, 이용자의 요구, 장서의 활용방안, 사서의 역할 및 배치를 고려하였다.

표 4-17 대학도서관 공간활용을 위한 고려요소

구분	구성	세부사항
외형적 요소	효율성	• 공간배치 및 활용은 가변성과 확장성을 기반 • 하나의 공간에서 다양한 목적을 수행하여 공간의 효율성 향상과 공간부족 문제 해결
	연계성	• 공간과 공간을 목적에 따라 연결 • 층내 및 층간의 연계, 디지털자료와 인쇄자료의 연계, 매체별 공간배치가 아닌 목적별 통합을 통한 연계 등 • 정보의 입수부터 열람까지의 처리과정 및 동선에 따른 업무 간 연계, 관계 업무나 서비스 간 인접관계 등 고려
	편의성	• 관리적 편의와 업무적 편의, 서비스적 편의 등 • 이용자들의 정보추구 행위에 대한 고려 • 이용자의 정보 및 서비스 이용을 위한 동선에 대한 고려 • 업무적 편의성에 대한 고려 • 건물의 조명, 서가, 색상 등 건축학적 요소 및 출입방법에 대한 물리적 형태의 편의성 고려
	개방성	• 외부공간과 내부공간의 자연스러운 연결을 통해 이용자의 중압감 해소
내부적 요소	도서관의 목적	• 인력의 확보와 서비스 제공을 위한 교육과 연구의 지원에 집중
	이용자의 요구	• 이용자의 서비스 및 공간에 대한 다양한 요구 수용 • 단, 대학도서관의 목적과 역할에 기초한 본질적인 대학도서관의 정체성 훼손 주의
	장서의 활용방안	• 실물장서를 위한 공간과 가상공간을 사서에 의한 서비스와 연계시켜 제공해 줄 수 있는 방안을 고려
	사서의 역할 및 배치	• 사서의 효과적인 역할 수행을 위한 위치의 결정 • 사서의 서비스 제공을 위한 공간의 확보 및 배치 • 이용자와 사서 간의 커뮤니케이션이 효과적으로 이루어질 수 있어야 하며, 이용자의 동선이 자연스럽게 연계될 수 있도록 배치

출처: 정재영 (2012). 대학도서관 공간활용 방안 연구.

4 대학도서관 공간구성 사례

4.1 국내 대학도서관 공간구성 사례

국내 대학교 공간구성은 크게 정보환경변화에 따른 기능공간, 유비쿼터스 기능공간, 용도별 맞춤 연구학습공간, 복합문화공간으로 구분되고 있다(민들레, 2008).

먼저 정보환경변화에 따른 기능공간은 노트북 사용자를 위한 별도의 노트북 열람실, 멀티미디어자료를 열람하는 별도의 멀티미디어 열람실, 첨단 정보검색실 등으로 구성

되어 있다.

유비쿼터스기능에 따른 공간은 연세대에서 제공하고 있는 원스톱 이용자 통합 서비스로, 이를 통해 문헌복사, 상호대차, 자료 반납 및 예약도서 대출 등의 서비스를 받을 수 있다. 도서관의 기본적인 서비스는 U-라운지의 이용자 통합 서비스센터를 통해 한 곳에서 신속하게 제공받을 수 있어 이용자의 편의성을 도모하고 있다.

용도별 맞춤 연구학습에 따른 공간은 다양한 형태의 커뮤니티 기능실의 추가와 소극장 개념의 시청각실, 타 대학과의 학술교류, 교환학생 및 해외인력들이 자국과 원활히 의사소통할 수 있는 첨단설비를 갖춘 공간, 이용자의 편의를 위한 캐럴 등의 공간을 구성하고 있다.

마지막으로 복합문화를 위한 공간으로는 휴게실에 피아노 배치, 실내정원 및 옥상공원과 같은 휴식공간, 편의시설 등이 있다.

표 4-18 국내 대학도서관의 공간구성 사례

기능요소	대학명	특징
정보환경 변화에 따른 기능공간	연세대 고려대	• 일반열람실의 기본적 기능공간에서 노트북 사용자를 위한 별도의 열람실 제공 • TV, CD, DVD, Video Tape, Audio Tape 등의 자료를 열람하는 멀티미디어 열람실과 웹을 통한 정보검색뿐만 아니라 학생들의 다양한 정보활동을 위한 첨단 정보검색실의 공간 제공 • 연세·삼성학술정보관은 전 구역을 무선 랜 설비를 갖추어 어느 곳에서나 손쉽게 네트워크와 연결하고, RFID 카드 한 장만으로도 학술정보원이 제공
유비쿼터스 기능공간	연세대	• 원스톱 이용자 통합 서비스로 문헌복사, 상호대차, 자료 반납 및 예약도서 대출과 출입증 발급 • 도서관의 기본적인 서비스를 U-라운지의 이용자통합 서비스센터 한 곳에서 모두 신속하게 제공
용도별 맞춤 연구 학습공간	연세대 고려대	• 다양한 형태의 그룹 스터디/세미나룸, 다목적 강당 등의 커뮤니티 기능실 추가 • 고화질의 디지털 시네마 시스템을 구축하여 최고의 영상과 음향을 체험할 수 있는 소극장 개념의 시청각실 제공 • 타 대학과의 학술교류, 교환학생 및 해외인력들이 자국과의 원활한 의사소통을 위한 화상/국제회의실 등의 첨단설비를 갖춘 공간 • 도서관 이용과 연구 편의를 위한 캐럴(개인 연구용 열람석) 등은 이용자 개개인을 위해 최적화된 맞춤 시설을 제공
복합문화 공간	고려대 성균관대 연세대	• 고려대학교 내의 휴게공간에는 그랜드피아노를 두어 자유롭게 연주가 가능 • 성균관대학교의 북 카페에 가면 폭신한 의자에 앉아서 신문이나 잡지를 읽을 수 있으며 네이버 카페에서는 컴퓨터 이용 가능 • 연세대학교의 경우, 자연채광의 실내정원 및 옥상공원과 함께 건물 곳곳에 다양한 휴식공간과 외국인, 장애인, 수유자 등을 배려한 편의시설

출처: 민들레 (2008). 대학도서관 만족도 향상을 위한 공간개선방향에 관한 연구

표 4-19 한국기술교육대학교 공간구성 사례

구분			내용
일반 사항	위치		충청남도 천안시 동남구 병천면 충절로 1600번지
	건물규모		지상 1층~지상 4층
	연 면적		4,203m^2(현재: 9,711m^2)
	주요 공간	1층	다산홀, 제1열람실, 보존서고
		2층	전자정보실, 시청각실, 미디어실, 제2, 3열람실
		3층	대출실, 여유당, 제1~9스터디룸
		4층	참고열람실, 학술정보원장실, 학술정보팀, 소회의실, 정리실, 교내 발간자료실, 세미나실, 개발실, 전산정보팀, 전산관제실, 시스템실
	장서규모	소장자료	301,323권(비도서 포함)
		정기간행물	국내 102, 국외 174종
		신문	10종
		학술DB	국내 7, 국외 14종
		전자책	국내 17,625, 국외 327권
	개관일		1997. 09.(2009.03. 현 다산정보관 개관)
서가 공간			

열람 공간

정기 간행물 서가

신문
서가

로비

휴게 공간

특징	• 1997년 처음으로 개관하였고, 실학사상의 대가인 다산 정약용 선생의 호를 인용하여 도서관의 이름을 다산정보관으로 명명 • 2009년 10월 현 다산정보관으로 이전하여 개관 • 1997년 당시 연면적은 4,203m^{2}이었으나 다산정보관으로 이전 후 현재 연 면적은 9,711m^2 • 3층의 전층이 스터디룸으로 구성되어 있음

출처: 한국산업기술대학교 다산정보관 (2016. 3. 12). http://dasan.kut.ac.kr

표 4-20 성균관대학교 학술정보관 공간구성 사례

구분			내용
일반 사항	위치		서울특별시 종로구 성균관로 25-2 성균관대학교 인문사회과학캠퍼스
	건물규모		지하 1층~지상 7층
	열람실 좌석수		총 2,034석(오픈형 1,736석, 칸막이 284석)
	주요 공간	지하1층	A열람실, B열람실, C열람실, D열람실, 오디토리움, 복사실, Service+ Center, 전자사물함
		1층	E열람실, 컴넷, 디지털홍보관, 글로벌라운지, 팀 프로젝트존(Team Project Zone)
		2층	미디어자료실, A/V 감상실, 프레젠테이션룸, 정보교육실, 시네마룸, 스튜디오, 매체편집실, 포토존, 스터디룸, 힐링존
		3층	일반자료실, 스터디룸, 서비스+센터(Service+Center)
		4층	F열람실, G열람실, 스터디룸
		5층	프리커뮤니티존, 갤러리, 카페 야쿤
		6층	정보통신팀
		7층	자연학술정보팀, 크리에이티브 러닝 룸(Creative Learning Room)
	장서 규모	소장자료	국내서 461,561, 국외서 201,623권(총 663,184권)
		연속간행물(구입)	국내 176, 국외 235종(총 411종)
	개관일		2009. 03.
서가 공간			

구분		사진
열람 공간		
로비		
일반 열람실	개방형	

칸막이형

로비

휴게 공간

디지털 홍보관

출처: 성균관대학교 학술정보관 (2016. 3. 12). http://lib.skku.edu

4.2 국외 대학도서관 공간구성 사례

1) 테일러 디지털도서관(TFDL)

캐나다 캘거리대학교의 테일러 디지털도서관(Taylor Family Digital Library: TFDL)은 2010년에 개관하였다. 규모는 지하 1층에서 지상 6층이며 건축면적은 24,619m^{2}로, 연구, 교육, 학습 등 도서관의 전통적인 기능뿐만 아니라 아트갤러리, 디지털 아카이브, 서비스센터 등을 결합한 지역사회의 공공도서관으로서의 기능을 하고 있다(김홍섭, 2014).

표 4-21 테일러 디지털도서관의 공간구성

공간구성요소		면적(%)	합계
자료열람	일반열람실	20	40
	디지털열람실	14	
	미디어자료실	6	
문화교육	전시	5	21
	교육	12	
	문화	4	
업무관리	업무관리	11	25
	서고	14	
공용	휴게공간	3	14
	로비 및 안내데스크	6	
	편의시설	5	
합계		100	100

출처: 김홍섭 (2014). 디지털 시대 도서관계획에 있어서의 공간 변화의 특성에 대한 연구

테일러 디지털도서관의 공간구성은 먼저 지상 1층부터 3층까지 디지털 열람실을 주로 배치하고 있으며, 서비스공간을 세세하게 배치하여 이용자들의 컴퓨터 사용과 정보활용의 편리성을 도모하였다. 4층부터 6층까지는 일반 아날로그 열람실이 배치되어 있다. 문화교육공간은 대학도서관과 연계되어 디지털기기를 활용하는 교육공간에 배치되어 있으며, 업무공간은 자료열람공간의 뒤쪽으로 배치하여 직원들이 업무를 처리하는 데 효율성을 높이고 이용자들과 직원들 간의 동선을 분리하도록 구성하였다(김홍섭, 2014).

표 4-22 테일러 디지털도서관 층별 공간구성 및 특징

층별	공간구성	특징
지하 1층	• 기계실 • 창고	• 도서관에 필요한 물품보관 • 기계·설비 관리실
1층	• 로비 • 안내데스크 • 디지털열람실 • 세미나실 • 사무실 • 갤러리	• 학생과 지역주민이 사용할 수 있는 문화시설과 열람시설로 구성
2층	• 사무실 • 세미나실 • 디지털교실 • 스터디룸 • 디지털열람실 • 안내데스크	• 디지털 미디어를 활용한 디지털 열람시설과 디지털교실 • 교육시설이 집중된 공간
3층	• 사무실 • 세미나실 • 미디어자료실 • 디지털열람실	• 미디어자료 보관실 • 디지털열람실로 구성
4층	• 사무실 • 서고 • 일반열람실 • 컴퓨터교실 • 서비스센터	• 일반열람실과 지역주민참여가 가능한 서비스센터, 컴퓨터교실 배치
5층	• 사무실 • 서고 • 일반열람실 • 미디어열람실 • 영상실 • 창고	• 디지털열람실과 아날로그열람실로 구분
6층	• 사무실 • 서고 • 일반열람실	• 일반 아날로그도서관과 유사한 일반열람실, 서고, 업무공간으로 구성

출처: 김홍섭 (2014). 디지털 시대 도서관계획에 있어서의 공간 변화의 특성에 대한 연구 재편집

2) 서레이 대학도서관(SUL)

영국 서레이 대학도서관(Surrey University Library: SUL)은 서레이주 길퍼드에서 스태그 힐 캠퍼스로 2011년 새롭게 개관하였다. 규모는 지하 1층에서 지상 5층이며, 건축면적은 4,500m^{2}로 기존의 전통적인 도서관의 역할뿐만 아니라 학습센터로서의 역할을 확장하고 현대적인 언어기능까지 포함하고 있다(김홍섭, 2014).

▌표 4-23▌ 서레이 대학도서관의 공간구성

공간구성요소		면적(%)	합계
자료열람	일반열람실	17	45
	디지털열람실	23	
	미디어자료실	5	
문화교육	교육, 문화	12	12
업무관리	업무관리	10	24
	서고	14	
공용	휴게공간	8	19
	로비 및 안내데스크	6	
	편의시설	5	
합계		100	100

출처: 김홍섭 (2014). 디지털 시대 도서관계획에 있어서의 공간 변화의 특성에 대한 연구

서레이 대학도서관은 디지털 열람실과 아날로그 열람실이 따로 나뉘어 있지 않으며, 학생들이 편리하게 정보를 습득할 수 있도록 서고와 열람실 위주로 배치되어 있다. 문화교육공간은 지역사회의 연결보다는 학생을 위한 프로그램으로 언어 관련 프로그램과 장애학생을 지원하기 위한 프로그램이 운영되고 있으며 주로 컴퓨터를 활용한 교육을 제공할 수 있도록 공간을 구성하였다. 업무공간은 특별히 이용자와 관리자의 동선을 구분하기보다는 효율성을 중시하여 배치되어 있다(김홍섭, 2014).

▌표 4-24▌ 서레이 대학도서관의 층별 공간구성 및 특징

층별	공간구성	특징
1층	• 로비 • 안내데스크 • 디지털열람실 • IT실 • 회의공간 • 그룹열람실	• 디지털 매체활용이 가능한 컴퓨터 중심의 열람실 구성 • 1층의 모든 열람실에서 디지털 매체 활용 가능
2층	• 사무실 • 멀티미디어실 • 언어연구센터 • 멀티미디어서고 • 서고 • 디지털열람실	• 디지털열람실과 아날로그열람실(일반열람실), 서고 • 언어연구센터 배치
3층	• 사무실 • 회의실	• 디지털 매체를 활용할 수 있는 그룹열람실과 개인열람실 • 스태프공간과 문화공간 배치

	• 개인열람실 • 그룹열람실	
4층	• 사무실 • 학습지원센터 • 일반열람실 • 그룹열람실	• 중심부에 서고 배치 • 주변부에 학습지원센터, 열람실 배치
5층	• 사무실 • 그룹열람실 • 디지털교육실 • 일반열람실	• 아날로그도서관과 유사한 일반열람실, 서고, 업무공간 구성

출처 : 김홍섭 (2014). 디지털 시대 도서관계획에 있어서의 공간 변화의 특성에 대한 연구 재편집

한편, 정아리(2014)는 대학도서관 주제자료실의 공간계획에 관한 연구에서 해외 대학도서관의 공간구성에 대한 사례를 조사하였다. 각 도서관의 공간구성 및 배치, 디자인 등을 조사하였으며 자세한 내용은 다음 [표 4-25]와 같다.

표 4-25 해외 대학도서관의 공간구성 사례

대학도서관명	특징
Harvard University 중앙도서관 Widene	• 서고에는 사람의 손이 닿을 만한 높이의 서가가 일정한 간격으로 배치되어 있으며, 그 간격은 한 사람이 들어설 수 있을 정도이기 때문에 서가 사이마다 조명기구를 설치하여 도서를 열람하기 유용하도록 함 • 열람실의 층고는 일반 건물에 비하여 높이 계획되어 있어 개방감이 있으며, 측창과 천창을 통하여 자연채광의 유입을 높이고 있음 • 창가에는 주로 열람하는 도서를 중심으로 단독 서가가 설치 • 편안한 소재의 1인용 가구를 소그룹 형태로 함께 배치 • 도서열람 및 개인 스터디가 가능한 4인용 또는 6인용 책상과 의자를 각기 다른 디자인으로 배치 • 책상 위에는 모두 소규모 스탠드형 램프를 설치 • 장애인을 위한 이용서비스를 위하여 휠체어 접근이 용이한 자료스캔 및 복사실을 해당 열람실 내에 별도로 설치
Harvard University 학부생도서관 Lamon	• 일정 규모의 서가가 함께 배치되어 있어 자료실로 자유롭게 이용 가능 • 넓은 공간의 학습환경을 제공하며 모든 열람석 및 연구공간에서 유무선 네트워크 이용 가능 • 다양한 학습스타일을 수용하기 위하여 기존의 일반적인 형태의 가구뿐만 아니라 칸막이형태와 1인석, 2인석 등을 자유롭게 배치 • 패브릭 소재의 안락함을 주는 1인용 의자는 필요에 따라 발을 뻗을 수 있도록 스툴을 함께 배치하여 사용자에게 휴식공간을 제공
Greenfield Community College	• 도서관 내에는 학생들이 편의시설을 제공하고 그룹 모임을 할 수 있는 다양한 크기의 세미나룸 배치 • 인포데스크 양옆으로 서가가 배치되어 있어 책을 빌리고 반납하기 쉽도록 동선이 계획되어 있음

	• 서가 가까이에는 긴 테이블을 배치하여 그룹미팅이 가능하게 하고 벽쪽으로는 칸막이가 설치된 개인열람용 책상을 배치
University of Amsterdam 중앙도서관	• 자유로운 공간 배치로 상황에 따라 공간을 다양하게 활용 가능 • 부엌 테이블 형식의 가구를 사용함으로써 그룹으로 공부를 할 수 있는 공간을 제공 • 안락한 형태의 가구를 배치하여 신문을 읽거나 가벼운 전화통화를 할 수 있는 공간을 제공 • 1,500~5,000명의 학생들이 불편함 없이 책을 열람하고 공부할 수 있도록 공간을 구성

출처: 장아리 (2014). 대학도서관 주제자료실의 공간계획에 관한 연구 재편집

대학도서관 공간구성 **시험문제**

1 한국도서관협회에서 제시한 대학도서관의 목적으로 옳지 않은 것은?

① 도서관은 자료와 시설을 지역주민에게 개방하여 그들의 정보입수, 독서활동, 평생학습, 여가생활 등에 기여한다.
② 구성원의 요구정보와 기대수준을 주기적으로 조사·분석하여 업무에 반영하고 개선함으로써 자료와 시설에 대한 접근·검색 및 이용의 편의성과 효율성을 도모한다.
③ 학생들에게 독서와 학습의 즐거움 그리고 평생동안 도서관을 이용하는 습관과 태도를 길러준다.
④ 구성원의 요구정보와 기대수준을 주기적으로 조사·분석하여 업무에 반영한다.
⑤ 대학의 교육학술 및 연구활동에 유용한 모든 아날로그 자료와 디지털 정보를 체계적으로 개발하고 관리한다.

정답 ③
해설 ③ 학교도서관 정책선언문이 제시한 학교도서관의 목적이다.

2 「도서관법」에 명시된 대학도서관의 기능으로 옳지 않은 것은?

① 학교교육에 필요한 자료를 수집·정리·분석·보존·축적하며 이용할 수 있도록 서비스를 제공한다.
② 효율적인 교육과정을 수행할 수 있도록 지원한다.
③ 구성원의 요구정보와 기대수준을 주기적으로 조사·분석하여 업무에 반영하고 개선한다.
④ 도서관 이용을 체계적으로 지도한다.
⑤ 다른 도서관과의 협력과 도서관 협력망을 통해 자료를 유통한다.

정답 ③
해설 ③ 한국도서관협회에서 제시한 전문도서관의 목적이다.

3 다음 중 「대학도서관진흥법」에 명시된 대학도서관의 업무에 해당하지 않는 것은?

① 강연회·감상회·전시회·독서회·기타문화활동 및 평생교육을 주최 또는 장려한다.
② 교육 및 연구활동에 필요한 지원을 제공한다.
③ 학생들의 학습 및 수업활동에 필요한 지원을 제공한다.
④ 대학의 교육 및 연구에 필요한 도서관 자료의 수집·정리·보존 및 서비스를 제공한다.
⑤ 다른 도서관 및 관련 기관과의 상호협력과 서비스를 제공한다.

정답 ①

해설 ①「도서관 및 독서진흥법」에서 제시한 공공도서관의 역할에 대한 설명이다.

4 국내 대학도서관의 시설기준에 관한 설명으로 옳은 것은?

① 대학설립 · 운영규정에서는 교사(敎舍)시설의 구분에서 대학도서관의 열람실은 학생정원의 20% 이상을 수용할 수 있는 좌석을 두어야 한다고 규정하고 있다.
② 대학설립 · 운영규정에서는 대학도서관이 교육의무시설로 지정되어 있다.
③「대학도서관진흥법 시행령」에서는 학생수 등을 고려하여 학생 및 교직원의 교수 · 학습에 영향을 끼치는 범위 내에서 기준조작이 가능하다.
④「도서관법」에서는 대학교육법 제2조에 따른 대학 및 다른 법률의 규정에 따라 설립된 고등교육과정 이상의 교육기관에는 대학도서관을 설치한다고 명시한다.
⑤「대학도서관진흥법 시행령」에서는 대학도서관의 연면적이 재학생 1인당 2m 이상이 되도록 해야 한다고 했다.

정답 ①

해설 ② 대학설립 · 운영규정에서는 대학도서관이 교육기본시설로 지정되어 있다.
③「대학도서관진흥법 시행령」에서는 학생수 등을 고려하여 학생 및 교직원의 교수 · 학습에 지장이 없는 범위 내에서 기준조작이 가능하다고 명시하고 있다.
④ 도서관법에서는 고등교육법 제2조에 따른 대학 및 다른 법률의 규정에 따라 설립된 대학교육과정 이상의 교육기관에는 대학도서관을 설치한다고 명시하고 있다.
⑤ 대학도서관진흥법 시행령에서는 대학도서관의 연면적이 재학생 1인당 2㎡ 이상이 되도록 규정하고 있다.

5 대학도서관 시설에 대한 일반원칙의 설명으로 옳지 않은 것은?

① 대학도서관 건물의 신축이나 증 · 개축은 대학당국, 건축전문가, 사서 간의 충분한 협의 후 설계 · 건축되어야 한다.
② 대학도서관 건물의 외형은 대학의 역사성과 예술성, 학술적 정체성과 기능성을 확연하게 나타내는 것이 바람직하다.
③ 대학도서관은 가능한 한 독립된 전용건물로 신축하되, 최소한 30년을 유지할 수 있어야 한다.
④ 대학도서관 건물의 순사용면적(net space)은 공간의 기능성과 운영의 경제성을 감안하여 최소한 75%가 되어야 한다.
⑤ 대학도서관은 교육 및 연구활동의 중심지대에 위치하여야 하며, 가능한 한 사방에서 도보로 5분 이내에 도달할 수 있어야 한다.

정답 ④

해설 한국도서관협회(2003)의 한국도서관기준에서는 대학도서관의 시설에 대하여 11가지의 일반원칙과 19가지의 시설기준을 제시하였다.
④는 시설기준에 대한 설명이다.

6 대학도서관 시설에 대한 시설기준의 설명으로 옳지 않은 것은?

① 대학도서관의 순자료공간은 서고의 연면적의 65%를 넘지 않도록 하는 것이 바람직하다.

② 대학도서관의 열람석수는 편제정원을 기준으로 학부학생의 25%(전문대학 포함) 이상, 대학원학생의 30% 이상으로 설정하되, 일반열람실과 자료공간에 각각 50% 내외를 배치하는 것이 바람직하다.

③ 대학도서관의 직원 1인당 면적은 업무의 특성과 직급 및 도서관 규모를 감안하여 설정하되, 평균 $10m^2$가 적절하다.

④ 대학도서관의 서고는 일정한 적재하중(개가제 $700kg/m^2$, 폐가제 $1,000kg/m^2$, 밀집서가 또는 자동서고 $1,500kg/m^2$)을 감당할 수 있도록 설계되어야 한다.

⑤ 대학도서관의 공간은 건물의 기능성, 최대의 신축성, 최신 기법의 활용성, 자료와 이용자 동선의 비교차적 흐름, 미래의 확장 가능성, 원격정보의 접근성 등의 기본 요건을 충족시켜야 한다.

정답 ⑤

해설 한국도서관협회(2003)의 한국도서관기준에서는 대학도서관의 시설에 대하여 11가지의 일반원칙과 19가지의 시설기준을 제시했다.
⑤는 일반원칙에 대한 설명이다.

7 다음 중 대학도서관의 공간요소와 그 하위요소에 대한 설명으로 옳지 않은 것은?

① 자료공간: 자료실, 일반서고, 보존서고, 참고자료실, 연속간행물실, 학위논문실, 지정도서실, 시청각자료실, 마이크로 자료서고 등

② 이용자공간: 일반열람실, 자료실 이용공간, 정보검색공간 등

③ 직원공간: 관장실, 부속실, 직원사무실, 회의실 등

④ 공유공간: 시청각실, A/V 감상실, 멀티미디어자료실 등

⑤ 공유공간: 출입구, 로비, 통로, 계단, 복도, 휴게실, 흡연실, 화장실, 창고, 주차장, 매점 등

정답 ④

해설 ④ 대학도서관의 공간요소 중 시청각실, A/V 감상실, 멀티미디어자료실 등은 이용자공간을 이용자 목적에 따라 구분한 것으로 멀티미디어 활용의 구성요소이다.

8 다음 〈보기〉는 대학도서관의 공간별 규모계획에 대한 설명이다. 〈보기〉에 대한 설명으로 옳은 것은?

> **보기**
> 대학도서관의 공간은 크게 이용자공간, 수장공간, 업무공간 등으로 구분할 수 있다. 대학마다 장서의 수와 지리적 환경, 학문적 특성, 이용자의 특성이 다르기 때문에 이를 반영하여 내부를 구성하는 것이 바람직하다. 그 중 이 공간의 산출기준은 일반열람실의 경우 이용자별 열람석 비율과 1좌석당 소요면적, 자료이용 · 정보검색 · 기타 이용공간을 1인당 소요면적 이용공간을 근거로 산출한다.

① 수장공간계획
② 이용공간규모계획
③ 공유공간계획
④ 업무공간계획
⑤ 주제자료실별 공간계획

정답 ②

해설 ① 수장공간계획은 자료유형별로 인쇄자료는 열람방식과 서가종류에 따라 소요면적이 산출된다.
③ 공유공간계획은 이용, 자료, 직원공간을 일정비율로 결정하여 면적을 산출한다.
④ 업무공간계획은 간접봉사공간에 있어서는 행정 · 수서 · 정리업무를 담당하는 직원공간으로서 이용자공간과 분리되어야 하며 직접봉사공간은 대출봉사 · 정보봉사 · 서고관리 · 상호대차 등의 업무를 담당하는 공간으로 이용자공간 내에 배치하는 것이 효율적이다.
⑤ 대학도서관의 공간을 주제자료실별로 계획할 때 인문사회분야, 자연과학분야, 예체능분야 등으로 구분하여 계획하는 방법이다.

9 다음은 주제자료실별 공간계획 중 어느 분야에 대한 설명인가?

> **보기**
> 대학도서관의 공간을 주제자료실별로 계획한다면 인문사회분야, 자연과학분야, 예체능분야 등으로 구분할 수 있다. 그 중 이 분야는 사회적 환경심리에 영향을 주는 프라이버시와 같은 공간계획요소를 중요하게 고려해야 한다. 장아리(2014)의 연구에 따르면 학생들은 공간요소 중요도 평가에서 자료실의 면적이나 개인책상에 대한 프라이버시, 별도의 분리된 열람공간 등 개인의 프라이버시를 중요하게 여기는 것으로 나타났다. 또한 실내분위기가 온화하고 은은하며, 점잖고 모던한 분위기를 선호하는 것으로 나타났다.

① 인문분야
② 사회분야
③ 자연과학분야
④ 인문사회분야
⑤ 예체능분야

정답 ④

해설 ①, ② 대학도서관의 공간을 주제자료실별로 계획한다면 인문사회분야, 자연과학분야, 예체능분야 등으로 구분할 수 있다.
③ 장아리(2014)의 연구에 따르면 자연과학계열의 이용자들은 개인학습 위주의 일반열람실에 대한 요구가 높게 나타났다.

⑤ 장아리(2014)의 연구에 따르면 예체능계열의 이용자들은 개인학습을 위한 목적보다 도서관자료를 대출하기 위한 이용, 컴퓨터나 인터넷 사용을 위한 이용과 함께 다양한 목적을 위해 도서관을 이용하는 경우가 많은 것으로 나타났다.

10 다음은 각 주제자료실별 공간계획의 일부를 나타낸 표이다. 빈칸에 해당하는 내용으로 옳지 않은 것은?

구분	인문사회분야	자연과학분야	예체능분야
가구배치	(가)	(나)	(다)
열람가구	개인열람가구	(라)	(마)

① (가) 서가중앙형 ② (나) 서가중앙형
③ (다) 열람중앙형 ④ (라) 공용열람기구
⑤ (마) 개인열람기구

정답 ⑤

해설 ⑤ 예체능분야의 열람가구는 공용열람가구, 개인열람가구 둘 다이다. 개인열람가구만 인문사회분야의 열람가구이다.

11 다음은 각 주제자료실별 공간계획을 나타낸 표이다. 바르게 짝지어진 것 것은?

구분	(가)	(나)	(다)
공간구성	• 다른 기능실들과 연계 • 주제별 자료실 간의 연계	• 다른 기능실들과 연계 • 주제별 자료실 간의 연계	• 다른 기능실들과 연계 • 각 학문분야 자료실 간의 연계
자료공간과 열람공간 배치	• 열람공간과 자료공간 근접 • 자료열람형	• 열람공간과 자료공간 간의 간격 확보 • 자료대출형	• 열람공간과 자료공간 근접 • 자료대출형
열람공간 개방	• 개방형 열람공간 • 폐쇄형 열람책상	• 폐쇄형 열람공간 • 폐쇄형 열람책상	• 개방형 열람공간 • 폐쇄형 열람책상
실내분위기	• 온화하고 은은한, 점잖고 모던한 분위기	• 온화하고 은은한, 밝고 경쾌한 분위기	• 온화하고 은은한, 점잖고 모던한 분위기

	(가)	(나)	(다)
①	인문사회분야	자연과학분야	예체능분야
②	인문사회분야	예체능분야	자연과학분야
③	자연과학분야	예체능분야	인문사회분야
④	자연과학분야	인문사회분야	예체능분야
⑤	예체능분야	인문사회분야	자연과학분야

정답 ③

해설 대학도서관의 공간은 주제자료실별로 인문사회분야, 자연과학분야, 예체능분야 등으로 구분하여 계획할 수 있다. 각 계열별로 학생들의 성향이 다르기 때문에 이를 파악하여 적절히 구상할 필요가 있다.

12 대학도서관의 공간을 공간특성별로 구성할 경우 다음 〈보기〉는 무엇에 관한 설명인가?

> **보기**
> 대학도서관의 주제자료실은 디지털 기기활용을 위한 멀티미디어실과 개인학습을 위한 일반열람실을 개방적으로 연계하여 계획하도록 한다.

① 기능적 특성에 대한 공간계획
② 사회적 특성에 대한 공간계획
③ 심미적 특성에 대한 공간계획
④ 물리적 특성에 대한 공간계획
⑤ 주제자료실별 공간계획

정답 ①

해설 ② 사회적 특성에 대한 공간계획에는 열람석의 프라이버시와 열람공간의 개방성이 있다. 따라서 도서관 이용자의 사회환경적 심리와 수용인원을 고려하여 프라이버시 보호가 가능하도록 가구의 형태와 배치간격을 계획해야만 자료실의 효율성을 높일 수 있다.
③ 심미적 특성에 대한 공간계획은 대학도서관의 주제자료실의 심미적 감성에 영향을 주는 실내디자인 및 장식요소와 관련된 내용이다.
④ 물리적 특성에 대한 공간계획은 대학도서관의 주제자료실의 실내 마감재 및 가구의 색채계획과 관련된 내용이다.
⑤ 주제자료실별 공간계획은 인문사회분야, 자연과학분야, 예체능분야로 나뉜다.

13 대학도서관의 공간을 공간특성별로 구성한다면 다음 〈보기〉는 무엇에 관한 설명인가?

> **보기**
> 도서관의 이용자의 사회환경적 심리와 수용인원을 고려하여 프라이버시 보호가 가능하도록 가구의 형태와 배치간격을 계획해야만 자료실의 효율성을 높일 수 있다.

① 기능적 특성에 대한 공간계획
② 사회적 특성에 대한 공간계획
③ 심미적 특성에 대한 공간계획
④ 물리적 특성에 대한 공간계획
⑤ 주제자료실별 공간계획

정답 ②

해설 ① 기능적 특성에 대한 공간계획은 멀티미디어실과 개인학습을 위한 일반열람실의 개방적 연계를 통해 수장자료를 보다 적극적으로 활용할 수 있도록 환경을 조성하고 자료열람 외에 다양한 학습활동이 서로 연속선상에 놓일 수 있도록 계획되는 것이 중요하다.
③ 심미적 특성에 대한 공간계획은 대학도서관의 주제자료실의 심미적 감성에 영향을

주는 실내디자인 및 장식요소와 관련된 내용이다.
④ 물리적 특성에 대한 공간계획은 대학도서관의 주제자료실의 실내 마감재 및 가구의 색채계획과 관련된 내용이다.
⑤ 주제자료실별 공간계획은 인문사회분야, 자연과학분야, 예체능분야로 나뉜다.

14 다음은 장아리(2014)가 정리한 대학도서관 자료실의 공간계획 프로세스이다. 각 빈칸에 들어갈 내용으로 옳지 않은 것은?

대학도서관 공간계획항목 ▷ (가) ▷ (나) ▷ (다) ▷ (라) ▷ (마)

① (가) 공간특성별 공간계획
② (나) 공간계획항목 요인분석
③ (다) 공간특성 사례평가
④ (라) 공간특성 만족도 평가
⑤ (마) 공간특성 선호도 평가

정답 ①

해설 ① (가)는 공간계획항목 중요도 평가이다. 대학도서관 자료실의 공간계획을 위해서는 대학도서관을 이용하는 이용자의 전공특성과 만족도가 바탕이 되어야 하며, 이를 통해 전공특성에 따른 중요요인을 파악하고 실제 사례의 이용자 평가를 토대로 만족도와 선호도를 분석하여 공간계획이 이루어져야 한다.

15 대학도서관 공간활용을 위한 고려요소는 크게 내부적 요소와 외형적 요소로 나눌 수 있다. 다음 〈보기〉를 알맞게 구분한 것은?

보기
가. 공간배치 및 활용은 가변성과 확장성을 기반
나. 실물장서를 위한 공간과 가상공간을 사서에 의한 서비스와 연계시켜 제공해 줄 수 있는 방안 고려
다. 관리적 편의와 업무적 편의, 서비스적 편의 등
라. 이용자의 서비스 및 공간에 대한 다양한 요구 수용
마. 인력의 확보와 서비스 제공을 위한 교육과 연구의 지원에 집중
바. 외부공간과 내부공간의 자연스러운 연결을 통해 이용자의 중압감 해소
사. 공간과 공간을 목적에 따라 연결
아. 사서의 효과적인 역할 수행을 위한 위치의 결정

	내부적 요소	외형적 요소
①	가, 다, 라, 바	나, 마, 사, 아
②	가, 라, 마	나, 다, 사
③	나, 바, 아	가, 다, 사
④	나, 라, 마, 바, 아	가, 다, 사
⑤	나, 다, 사	가, 사, 아

정답 ④

해설 대학도서관의 공간을 효율적으로 활용하기 위해서는 정보환경의 변화, 새로운 공간의 출현, 공유공간의 확대 등을 고려해야 한다. 정재영(2012)은 대학도서관 공간의 효율적인 활용을 위해 공간구성을 외형적 요소와 내부적 요소로 구분하였다. 외형적 요소는 효율성, 연계성, 편의성, 개방성을 고려하였으며, 내부적 요소로는 도서관의 목적, 이용자의 요구, 장서의 활용방안, 사서의 역할 및 배치를 고려하였다.

16 다음 〈보기〉는 대학도서관의 공간구성 사례에 대한 설명이다. 빈칸에 들어갈 것으로 옳지 않은 것은?

> **보기**
> 국내 대학교 공간구성은 크게 정보환경변화에 따른 기능공간, (가), (나), (다)으로 구분되고 있다(민들레, 2008). 먼저 정보환경변화에 따른 기능공간은 노트북 사용자를 위한 별도의 노트북 열람실, 멀티미디어자료를 열람하는 별도의 멀티미디어 열람실, 첨단 정보검색실 등으로 구성되어 있다. (라)에 따른 공간은 연세대에서 제공하고 있는 (마)로, 이를 통해 문헌복사, 상호대차, 자료 반납 및 예약도서 대출 등의 서비스를 받을 수 있다.

① (가) 유비쿼터스 기능공간
② (나) 용도별 맞춤 연구학습공간
③ (다) 복합문화공간
④ (라) 유비쿼터스 기능공간
⑤ (마) U-라운지

정답 ⑤

해설 ⑤ U-라운지는 도서관의 기본적인 서비스로, 이용자 통합 서비스센터를 통해 한 곳에서 신속하게 제공받을 수 있어 이용자의 편의성을 도모하고 있다.

17 대학도서관에 대한 설명으로 옳지 않은 것은?

① 교사(校舍)시설의 구분에서 대학도서관이 교육기본시설로 지정되어 있다.
② 도서관에는 열람실, 정기간행물실, 참고도서열람실, 서고 및 사무실을 두어야 한다.
③ 대학교육과정 이상의 교육기관에는 대학도서관을 설치하여야 한다.
④ 대학도서관의 연면적은 재학생 1인당 $1.2m^2$ 이상이 되도록 시설을 기준한다.
⑤ 열람실에는 학생정원의 40% 이상을 수용할 수 있는 좌석을 두어야 한다.

정답 ⑤

해설 ⑤ 열람실에는 학생정원의 20% 이상을 수용할 수 있는 좌석을 두어야 한다.

18 대학도서관 시설에 대한 11가지 일반원칙에 대한 설명으로 옳지 않은 것은?

① 대학도서관 건물의 외형은 대학의 역사성과 예술성, 학술적 정체성과 기능성을 확연하게 나타내는 것이 바람직하다.

② 대학도서관은 가능한 한 독립된 전용건물로 신축하되, 최소한 30년을 유지할 수 있어야 한다.
③ 대학도서관은 교육 및 연구활동의 중심지대에 위치하여야 한다.
④ 대학도서관은 가능한 한 사방에서 도보로 30분 이내에 도달할 수 있어야 한다.
⑤ 대학도서관 건물의 입지는 대학의 아카데믹플랜 또는 마스터플랜, 대지의 입지조건, 교통지리적 조건, 자연지리적 조건, 환경조건 등을 종합적으로 검토하여 결정하여야 한다.

정답 ④

해설 ④ 대학도서관은 가능한 한 사방에서 도보로 5분 이내에 도달할 수 있어야 한다.

19 대학도서관 시설기준에 대한 설명으로 옳지 않은 것은?

① 대학도서관의 최소 면적기준은 산출된 순사용면적(N)과 공유면적(NS)을 합한 면적 이상을 갖추어야 한다.
② 대학도서관 건물의 순사용면적(net space)은 공간의 기능성과 운영의 경제성을 감안하여 최소한 45%가 되어야 한다.
③ 대학도서관의 순자료공간은 서고의 연면적의 65%를 넘지 않도록 하는 것이 바람직하다.
④ 대학도서관의 열람석수는 편제정원을 기준으로 학부학생의 25%(전문대학 포함) 이상, 대학원학생의 30% 이상으로 설정한다.
⑤ 일반열람실과 자료공간에 각각 50% 내외를 배치하는 것이 바람직하다.

정답 ②

해설 ② 대학도서관 건물의 순사용면적은 공간의 기능성과 운영의 경제성을 감안하여 최소한 75%가 되어야 한다.

20 다음 〈보기〉에 해당하는 대학도서관 시설기준을 갖춘 나라로 옳은 것은?

보기
가. 규모결정기준 - 정규학생수, 장서규모, 직원수, 교수학습패턴
나. 열람석수 - 정규학생 4명당 1석
다. 열람면적 - 2.2~3㎡
라. 관리공간 - 작업실 20㎡, 관장실 25㎡, 부관장실 20㎡, 전문직원 각 10㎡

① 영국 ② 미국
③ 일본 ④ 한국
⑤ 대만

정답 ①

해설 〈보기〉의 내용은 영국도서관협회의 대학도서관 시설기준이다.

21 다음 〈보기〉는 대학도서관의 공간별 규모계획에 대한 설명이다. 수장공간계획에 대한 설명으로 바르게 짝지어진 것은?

> **보기**
> 가. 자료유형별로 인쇄자료는 열람방식과 서가종류에 따라 소요면적이 산출
> 나. 시청각자료와 CD-ROM자료는 수장용 캐비넷이나 보관함의 소요면적 기준으로 산출
> 다. 간접봉사공간은 행정 · 수서 · 정리업무를 담당하는 직원공간으로서 이용자공간과 분리되어야 함
> 라. 1인당 소요면적은 직원의 직위와 업무별로 소요면적 산출

① 가, 나, 다, 라　　② 나, 다
③ 가, 나　　④ 가, 다, 라
⑤ 가, 나, 다

정답 ③
해설 가, 나는 수장공간계획에 대한 설명이다.
다, 라는 업무공간계획에 대한 설명이다.

22 다음 〈보기〉에 해당하는 분야의 공간계획으로 옳은 것은?

> **보기**
> 가. 가구배치 – 열람중앙형
> 나. 자료공간과 열람공간 배치 – 열람공간과 자료공간 간의 간격 확보, 자료대출형
> 다. 열람가구 – 공용열람가구, 개인열람가구
> 라. 열람공간 개방 – 폐쇄형 열람공간, 폐쇄형 열람책상

① 예체능분야　　② 인문사회분야
③ 자연과학분야　　④ 이공계분야
⑤ 종교학분야

정답 ①
해설 보기의 내용은 예체능분야의 이용자의 특성을 파악한 공간계획이다.

23 대학도서관의 기능적 특성을 고려한 공간계획으로 옳은 것은?

① 이용자의 프라이버시 보호를 위해 개방형 공간의 공용열람가구와 함께 높이가 다양한 칸막이형 책상 등 개인열람가구를 배치한다.
② 열람실의 프라이버시는 주제자료실을 이용하는 개인 이용자들의 프라이버시가 보호될 수 있는 공간이 확보되어야 한다.
③ 열람가구의 종류를 다양화하여 주제자료실의 열람공간을 개방적인 형태로 계획한다.
④ 주제자료실은 디지털 기기활용을 위한 멀티미디어실과 개인학습을 위한 일반열람실을 개방적으로 연계하여 계획하도록 한다.

⑤ 자료열람과 개인학습, 멀티미디어 활용 등이 폐쇄적으로 분리될 수 있도록 계획하는 것이 중요하다.

정답 ④

해설 ① 사회적 특성에 대한 공간계획이다.
② 사회적 특성에 대한 공간계획이다.
③ 사회적 특성에 대한 공간계획이다.
⑤ 대학도서관의 주제자료실은 디지털 기기활용을 위한 멀티미디어실과 개인학습을 위한 일반열람실을 개방적으로 연계하여 계획하도록 한다. 자료열람과 개인학습, 멀티미디어 활용 등이 폐쇄적으로 분리될 경우 기능이 서로 연속선상으로 이루어지지 못했기 때문이다.

24 다음 대학도서관 자료실 공간계획 순서로 옳은 것은?

보기
가. 공간계획항목 요인분석
나. 대학도서관 공간계획항목 도출
다. 공간특성 선호도 평가
라. 공간특성 만족도 평가
마. 공간계획항목 중요도 평가
바. 공간특성 사례평가

① 가 – 나 – 다 – 라 – 마 – 바
② 나 – 가 – 다 – 바 – 라 – 마
③ 나 – 마 – 가 – 바 – 라 – 다
④ 가 – 나 – 바 – 마 – 다 – 라
⑤ 라 – 마 – 바 – 가 – 다 – 나

정답 ③

해설 대학도서관 공간계획항목을 도출하고, 도출된 공간계획항목의 중요도를 평가한 뒤 공간계획항목 요인을 분석한다. 그리고 공간특성 사례를 평가하고 공간특성 만족도와 선호도를 평가를 거쳐 각 전공특성별 중요요인과 학습요인을 도출하고 각 주제분야별 계획방안을 작성한다.

25 다음 〈보기〉는 대학도서관의 공간구성의 특징이다. 〈보기〉에 해당하는 공간의 기능요소로 옳은 것은?

보기
• 일반열람실의 기본적 기능공간에서 노트북 사용자를 위한 별도의 열람실 제공
• TV, CD, DVD, Video Tape, Audio Tape 등의 자료를 열람하는 멀티미디어 열람실과 웹을 통한 정보검색뿐만 아니라 학생들의 다양한 정보활동을 위한 첨단 정보검색실의 공간 제공
• 연세 · 삼성학술정보관은 전 구역을 무선 랜 설비를 갖추어 어느 곳에서나 손쉽게 네트워크와 연결하고, RFID 카드 한 장만으로도 학술정보원이 제공

① 정보환경변화에 따른 기능공간
② 유비쿼터스 기능공간
③ 용도별 맞춤 연구 학습공간
④ 복합문화공간
⑤ 사서를 위한 사무/워크스테이션 공간

정답 ①

해설 ⑤는 국립중앙도서관의 직원 및 워크스테이션의 유형에 따른 필요공간에 대한 설명이다.

도서관 공간구성의 이해

전문도서관은 전문적인 학술 및 연구활동에 필요한 자료의 수집 · 정리 · 보존 및 이용서비스 제공, 학술 및 연구활동에 필요한 자료의 신속하고 효율적인 지원, 다른 도서관과의 자료공유를 비롯한 다양한 협력활동 및 기타 전문도서관으로서의 기능에 필요한 업무 등을 수행한다. 전문도서관의 시설은 이용자의 정보서비스 만족도에 크게 기여하고 있는 요소 중의 하나이지만 국내 전문도서관의 규모와 범위가 다양하여 기준 설정에 어려움이 있다.

CHAPTER

05

전문도서관 공간구성

1. 전문도서관의 이해
2. 공간관련 규정 및 기준

1 전문도서관의 이해

1.1 전문도서관의 목적

「도서관법」과 「도서관및독서진흥법」에 따르면 전문도서관은 설립 기관 · 단체의 소속 직원 또는 공중에게 특정 분야에 관한 전문적인 도서관서비스를 제공하는 것을 주된 목적으로 하는 도서관을 말한다.

한국도서관협회(2010)에서는 전문도서관의 목적을 3가지로 정의하였다. 첫째, 전문도서관은 모체기관 또는 설립단체의 구성원뿐만 아니라 일반대중에게도 소장자료와 정보봉사를 적극적으로 제공하고, 둘째, 당해기관이나 법인의 현재 및 미래의 정보요구를 충족시키기 위하여 각종 정보자료를 수집 · 분석 · 가공 · 처리하여 제공하며, 마지막으로 신착정보를 비평기사, 초록, 목차 등의 형식으로 분석 · 가공하여 구성원 또는 대중에게 적시에 제공하는 것을 목적으로 한다.

표 5-1 한국도서관협회에서 제시한 전문도서관의 목적

전문도서관의 목적
1. 모체기관 또는 설립단체의 구성원뿐만 아니라 일반대중에게도 소장자료와 정보봉사를 적극적으로 제공 2. 당해기관이나 법인의 현재 및 미래의 정보요구를 충족시키기 위하여 각종 정보자료를 수집, 분석, 가공, 처리하여 제공 3. 구성원의 요구정보와 기대수준을 주기적으로 조사 · 분석하여 업무에 반영하고 개선함으로써 자료와 시설에 대한 접근 · 검색 및 이용의 편의성과 효율성을 도모

출처: 한국도서관협회 (2010). 한국도서관기준 개정 연구

1.2 전문도서관의 업무

전문도서관은 전문적인 학술 및 연구활동에 필요한 자료의 수집 · 정리 · 보존 및 이용서비스 제공, 학술 및 연구활동에 필요한 자료의 신속하고 효율적인 지원, 다른 도서관과의 자료공유를 비롯한 다양한 협력활동 및 기타 전문도서관으로서의 기능수행에 필요한 업무 등을 수행한다. 전문도서관의 업무를 「도서관법」 제41조에서는 다음 [표 5-2]와 같이 명시하고 있다.

▌표 5-2▌「도서관법」 제41조의 전문도서관 업무

전문도서관 업무
1. 전문적인 학술 및 연구활동에 필요한 도서관자료의 수집·정리·보존 및 이용서비스 제공
2. 학술 및 연구활동에 대한 신속하고 효율적인 지원
3. 다른 도서관과의 도서관 자료공유를 비롯한 다양한 협력활동
4. 그 밖에 전문도서관으로서의 기능수행에 필요한 업무

2 공간관련 규정 및 기준

2.1 국내 전문도서관의 시설기준

전문도서관의 시설은 이용자의 정보서비스 만족도에 크게 기여하고 있는 요소 중의 하나이다. 그러나 국내 전문도서관의 규모와 범위가 다양하여 기준 설정에 어려움이 있다.

「도서관및독서진흥법 시행령」과 「도서관법 시행령」에서는 전문도서관이 갖추어야 할 시설 및 자료기준을 [표 5-3]과 같이 제시하고 있다. 그러나 제시된 법령은 공중의 이용을 주된 목적으로 하는 전문도서관의 경우에만 해당되며, 대부분의 전문도서관은 공중의 이용을 주된 목적으로 하지 않는다. 이러한 점에서 전문도서관은 최소한의 법적인 기준이 없을 뿐만 아니라 열람석, 정보화기기 등 기타 정보서비스 시설에 대한 기준도 제시되어 있지 않다(김홍렬, 2012).

▌표 5-3▌ 국내의 전문도서관 시설기준 현황

	「도서관및독서진흥법시행령」	「도서관법시행령」
시설 및 자료기준	열람실 면적이 165m^2, 전문분야 자료가 3천 권(시청각자료인 경우에는 점) 이상이어야 한다.*	열람실 면적이 165m^2, 전문분야 자료가 3천 권(시청각자료인 경우에는 점) 이상이어야 한다.*

*공중의 이용을 주된 목적으로 하는 경우에 해당

한국도서관협회(2010)에서는 전문도서관의 시설을 일반원칙 9개와 시설기준 17개로 제시하였다.

1) 일반원칙

한국도서관협회에서 제시한 일반원칙에서는 전문도서관 건물의 기능성, 공간계획 요소, 공간규모, 공간별 시설 · 장비, 공간의 동선 등을 다음과 같이 제시하고 있다.

① 전문도서관의 건물은 기능성을 중시하는 방향으로 설계되어야 하며, 경험이 풍부한 전문사서가 반드시 설계과정에 참여하여야 한다.

② 도서관은 원칙적으로 독립적인 공간으로 운영되어야 하며, 정보서비스에 필요한 공간은 도서관의 요구를 고려하여 적절한 서비스활동이 원활하게 이루어질 수 있도록 충분하여야 한다.

③ 전문도서관의 공간은 최소한 20년을 유지할 수 있도록 계획하여야 하며, 이용자의 인지 및 접근이 용이한 건물의 중심부 또는 당해기관(또는 법인) 내 동선의 중앙에 위치하여야 한다.

④ 전문도서관의 공간규모는 당해기관 또는 법인의 연구 · 조사 · 개발용으로 배정된 전체 공간의 20%를 넘어야 한다.

⑤ 전문도서관은 자료의 안전성과 이용자의 편의성을 도모하기 위하여 밝고 넓은 공간과 깨끗하고 조용한 환경을 유지하여야 한다.

⑥ 전문도서관의 공간은 당해기관 또는 법인 내의 휴식처로서의 역할도 수행할 수 있도록 각종 설비를 갖추어야 한다.

⑦ 전문도서관은 공간별로 적정한 조명, 환기, 방음, 방습, 방화, 냉 · 난방, 운송, 자료분실방지 등을 위한 각종 시설과 장비를 갖추어야 한다.

⑧ 전문도서관 공간의 동선계획은 업무처리의 효율성과 자료접근의 편의성을 극대화하는 방향으로 수립되어야 한다.

⑨ 전문도서관은 각종 시청각기기뿐만 아니라 컴퓨터를 비롯한 정보기술을 충분히 확보 · 활용하여야 하며, 그들의 유효수명과 감가상각을 감안하여 3~5년을 주기로 교체하거나 업그레이드하여야 한다.

2) 시설기준

한국도서관협회에서 제시한 시설기준에서는 전문도서관의 건물 면적, 공간별 적정 면적, 열람석기준, 직원 1인당 면적, 공유공간의 면적비율 등을 제시하고 있다.

① 전문도서관 건물의 순사용면적은 공간의 기능성과 운영의 경제성을 감안하여 최소한 75%가 되어야 한다.

② 전문도서관의 공간은 자료공간, 이용자공간, 직원공간, 공유공간으로 나누어

계획하되, 공간요소별 적정면적의 배분은 [표 5-4]에 제시된 기준을 참고로 한다.

▌표 5-4▌ 전문도서관 면적배분기준

공간 요소	배분비율(%)	
	복합건물	독립건물
자료공간	57	50
이용자공간	20	20
직원공간	10	10
공유공간	13	20

③ 전문도서관의 자료공간은 개가제의 경우 서가 1개당 3.92~5.4m^2, 폐가제는 서가 1개당 3.24~3.63m^2, 시청각자료 및 전자자료의 보관함은 1개당 3.92~5.4m^{2}를 기준으로 배분하는 것이 바람직하다.

④ 전문도서관의 순자료공간은 서고의 연면적의 65%를 넘지 않도록 하는 것이 바람직하다.

⑤ 전문도서관의 열람석기준은 봉사대상 인원의 10% 이상으로 설정하되, 1좌석당 면적은 2.8m^{2}가 적당하며, PC를 갖춘 캐럴(carrel)과 시청각자료의 시청용 테이블은 1좌석당 3.5m^{2}가 적절하다.

⑥ 전문도서관의 직원 1인당 면적은 업무의 특성과 직급 및 도서관의 규모를 감안하여 설정하되, 평균 10m^{2}가 적절하다.

⑦ 전문도서관의 공유공간(이용자 · 자료 · 직원공간을 제외한 복도, 계단, 현관홀, 로비, 엘리베이터, 화장실, 휴게실, 기계실 등 부대시설공간)은 독립건물의 경우에는 전체면적의 20%(이용자 · 자료 · 직원공간을 합한 면적의 25%)를, 복합건물의 경우에는 전체 면적의 13%(이용자 · 자료 · 직원공간을 합한 면적의 15%)를 기준으로 배분하는 것이 바람직하다.

⑧ 전문도서관의 자료공간은 일정한 적재하중(개가제 700kg/m^2, 폐가제 1,000kg/m^2)을 감당할 수 있도록 설계되어야 한다.

⑨ 전문도서관의 가구는 비반사율이 30% 정도인 중간명도의 색상(황토색, 진한 베이지색, 황갈색, 벽돌색 등)을 선택하는 것이 바람직하다.

⑩ 전문도서관의 컴퓨터 워크스테이션(computer workstation)공간은 점유면적의 적절성, 테이블 및 의자의 적당한 규격(너비, 깊이, 높이, 하단의 여유), 의자 높

낮이의 조절가능성, 조명의 적절성, 새로운 장비의 수용가능성, 미래의 확장성, 프라이버시의 보장성, 접근 및 이동의 편의성 등을 충족시켜야 한다.

⑪ 전문도서관의 컴퓨터 워크스테이션 가구는 인간공학적으로 배치되어야 한다. 의자와 VDT(Visual Display Terminal)는 각각의 중심부가 직선상에 놓이도록 배치하고, 눈과 VDT의 거리는 45~66cm 정도를 유지하며, VDT화면은 휘광의 최소화를 위하여 조명등이나 채광창과 직각을 형성하도록 배치하고, 화면의 입사조도는 100~500룩스(고령자는 200~500룩스), 주변(키보드, 서류면)의 수평면 조도는 500~1,000룩스를 유지하여야 한다. 그리고 키보드의 높이는 테이블 표면에서 5cm~6cm 이하, 키보드의 경사각도는 7°~11°를 유지하여야 한다.

⑫ 전문도서관의 자료 및 이용자공간에는 직접조명을 설치하고, 업무수행 및 컴퓨터 워크스테이션 공간에는 중간조명을 선택하되 테이블 또는 좌석당 부분조명으로 보광하는 방식이, 공유공간에는 간접조명이 바람직하다. 그리고 자료 및 이용자공간 중에서 개가제 서고는 300~500룩스, 폐가제 서고는 100~200룩스의 조도를 유지하여야 한다.

⑬ 전문도서관의 사인시스템의 서체와 표기, 픽토그래프, 번호배정, 공간표시는 인간공학적으로 디자인되어야 한다.

⑭ 전문도서관의 모든 공간은 표준 온·습도의 범위(온도 20±3℃, 습도 50±10%)를 유지하여야 한다.

⑮ 전문도서관의 공간별 소음 수준은 자료수장 및 이용자공간 30~35dB, 사무공간 35~40dB, 회의실 35dB 이하, 기타 공간 40dB 내외를 유지하는 것이 바람직하다.

⑯ 도서관은 이용자에게 정보서비스 만족도의 증진과 고품질의 정보서비스를 제공하기 위하여 컴퓨터, 프린터, 복사기, 팩스, 스캐너, VTR, 빔 프로젝터, 마이크로필름 리더 등의 정보화 기기를 갖추어야 한다.

⑰ 도서관은 유비쿼터스 시대의 장서관리 및 정보서비스를 실현하기 위하여 RFID 설비 투자에 노력하고, 관내 무선인터넷 시설을 갖추어야 한다.

2.2 국외 전문도서관의 시설기준

1) 호주

1993년에 호주도서관협회(Australian Library and Information Association)는 경영, 직원, 재정, 자원, 서비스, 시설 등 6가지의 영역으로 구분하여 호주 전문도서관기준을 제정하였다. 그 중 시설영역에서는 위치와 접근계획, 바닥하중, 공간요구, 환경요소 등을 기준으로 제시하고 있다. 자세한 내용은 [표 5-5]와 같다.

표 5-5 호주 전문도서관 시설기준

영역	항목	주요 내용
시설	위치와 접근계획	• 도서관장은 도서관시설의 계획과 유지에 책임이 있음 • 도서관의 위치는 모든 직원과 이용자에게 편리한 접근성을 제공해야 함
	바닥하중	• 바닥하중은 호주규정을 따라야 함 • 서가의 배치와 하중을 고려하여 건물구조의 허용량을 정해야 함
	공간요구	• 허용공간은 도서관의 요구를 고려하고, 호주기준을 따라야 함 • 공간의 할당은 직원공간, 서가 및 보존공간, 서비스 및 이용자 활용공간으로 나뉘어짐
	환경요소	• 도서관환경요소는 음향, 조명, 전력, 기타요인 등을 고려해야 함

출처: 김홍렬 (2012). 전문도서관기준의 동향과 개정 방향 연구

2) 일본

일본전문도서관협의회는 전문도서관에 대한 규정으로 2009년 「사립도서관 설치 및 운영기준」을 제시하였다. 이 규정에서는 운영일반, 경영, 서비스 평가, 자료수집 제공, 참고봉사, 도서관 및 관련기관과의 연계 · 협력, 홍보 및 정보공개, 직원, 시설 · 설비 등 총 10개의 영역으로 구성되어 있다. 그 중 시설 · 설비 영역에서는 도서관서비스 제공에 필요할 시설 · 설비 확보에 대한 내용이 포함되어 있다.

전문도서관 공간구성 시험문제

1 전문도서관의 목적으로 옳지 않은 것은?

① 설립 기관 · 단체의 소속 직원 또는 공중에게 특정 분야에 관한 전문적인 도서관 서비스를 제공하는 것을 주된 목적으로 하는 도서관을 말한다.

② 전문도서관은 모체기관 또는 설립단체의 구성원뿐만 아니라 일반대중에게도 소장자료를 적극적으로 제공하여야 한다.

③ 소장자료와 달리 전문도서관의 정보봉사는 모체기관 또는 설립단체의 구성원에게만 제공된다.

④ 당해기관이나 법인의 현재 및 미래의 정보요구를 충족시키기 위하여 각종 정보자료를 수집 · 분석 · 가공 · 처리하여 제공한다.

⑤ 신착정보를 비평기사, 초록, 목차 등의 형식으로 분석 · 가공하여 구성원 또는 대중에게 적시에 제공한다.

정답 ③

해설 ③ 전문도서관은 모체기관 또는 설립단체의 구성원뿐만 아니라 일반대중에게도 소장자료와 정보봉사를 적극적으로 제공한다.

2 다음은 한국도서관협회에서 제시한 국내 전문도서관 시설의 일반원칙에 대한 설명으로 옳은 것은?

① 전문도서관의 건물은 기능성을 중시하는 방향으로 설계되어야 하며, 경험이 풍부한 전문사서가 반드시 설계과정에 참여하여야 한다.

② 전문도서관의 공간은 최소한 30년을 유지할 수 있도록 계획하여야 한다.

③ 전문도서관의 공간규모는 당해기관 또는 법인의 연구 · 조사 · 개발용으로 배정된 전체 공간의 25%를 넘어야 한다.

④ 전문도서관은 각종 시청각기기뿐만 아니라 컴퓨터를 비롯한 정보기술을 충분히 확보 · 활용하여야 하며, 그들의 유효수명과 감가상각을 감안하여 5~7년을 주기로 교체하거나 업그레이드하여야 한다.

⑤ 전문도서관의 공간은 이용자의 안전성과 이용자의 편의성을 도모하기 위하여 건물 또는 당해기관 내 1층에 위치하여야 한다.

정답 ①

해설 ② 전문도서관의 공간은 최소한 20년을 유지할 수 있도록 계획하여야 한다.

③ 전문도서관의 공간규모는 당해기관 또는 법인의 연구・조사・개발용으로 배정된 전체 공간의 20%를 넘어야 한다.

④ 전문도서관은 각종 시청각기기뿐만 아니라 컴퓨터를 비롯한 정보기술을 충분히 확보・활용하여야 하며, 그들의 유효수명과 감가상각을 감안하여 3~5년을 주기로 교체하거나 업그레이드하여야 한다.

⑤ 전문도서관은 이용자의 인지 및 접근이 용이한 건물의 중심부 또는 당해기관(또는 법인) 내 동선의 중앙에 위치하여야 한다.

3 다음은 한국도서관협회에서 제시한 국내 전문도서관 시설로 옳은 것은?

① 전문도서관 건물의 순사용면적은 공간의 기능성과 운영의 경제성을 감안하여 최소한 80%가 되어야 한다.

② 전문도서관의 자료공간은 개가제의 경우 서가 1개당 3.92~4.4m^2, 폐가제는 서가 1개당 4.24~4.63m^2로 배분하는 것이 바람직하다.

③ 전문도서관의 순자료공간은 서고의 연면적의 60%를 넘지 않도록 하는 것이 바람직하다.

④ 전문도서관의 열람석 기준은 봉사대상 인원의 10% 이상으로 설정하되, 1좌석당 면적은 3.2m^2가 적당하다.

⑤ 전문도서관의 직원 1인당 면적은 업무의 특성과 직급 및 도서관의 규모를 감안하여 설정하되, 평균 10m^2가 적절하다.

정답 ⑤

해설 ① 전문도서관 건물의 순사용면적은 공간의 기능성과 운영의 경제성을 감안하여 최소한 75%가 되어야 한다.

② 전문도서관의 자료공간은 개가제의 경우 서가 1개당 3.92㎡~5.4㎡, 폐가제는 서가 1개당 3.24㎡~3.63㎡로 배분하는 것이 바람직하다.

③ 전문도서관의 순자료공간은 서고의 연면적의 65%를 넘지 않도록 하는 것이 바람직하다.

④ 전문도서관의 열람석 기준은 봉사대상 인원의 10% 이상으로 설정하되, 1좌석당 면적은 2.8㎡가 적당하다.

4 호주 전문도서관의 시설기준에 대한 설명으로 옳지 않은 것은?

① 도서관장은 도서관시설의 계획과 유지에 책임이 있다.

② 도서관의 위치는 모든 직원과 이용자에게 편리한 접근성을 제공해야 한다.

③ 서가의 배치와 하중을 고려하여 건물구조의 허용량을 정해야 한다.

④ 공간의 할당은 직원공간, 서가 및 보존공간으로만 나뉘어져야 한다.

⑤ 도서관환경요소는 음향, 조명, 전력, 기타요인 등을 고려해야 한다.

정답 ④

해설 ④ 공간의 할당은 직원공간, 서가 및 보존공간, 서비스 및 이용자 활용공간으로 나뉘어져야 한다.

5 다음은 국외 전문도서관의 시설기준에 대한 설명이다. 〈보기〉와 같은 시설기준에 해당하는 국가로 옳은 것은?

> **보기**
>
> 전문도서관에 대한 규정으로 2009년 「사립도서관 설치 및 운영기준」을 제시하였다. 이 규정에서는 운영일반, 경영, 서비스 평가, 자료수집 제공, 참고봉사, 도서관 및 관련 기관과의 연계 · 협력, 홍보 및 정보공개, 직원, 시설 · 설비 등 총 10개의 영역으로 구성되어 있다. 그 중 시설 · 설비 영역에서는 도서관서비스 제공에 필요할 시설 · 설비 확보에 대한 내용이 포함되어 있다.

① 미국

② 일본

③ 대만

④ 중국

⑤ 영국

정답 ②

해설 ② 일본전문도서관협의회는 전문도서관에 대한 규정으로 2009년 「사립도서관 설치 및 운영기준」을 제시하였다.

6 전문도서관의 시설기준에 대한 설명으로 옳지 않은 것은?

① 전문도서관의 건물은 기능성을 중시하는 방향으로 설계되어야 한다.

② 전문도서관은 이용자의 인지 및 접근이 용이한 건물의 중심부 또는 당해기관(또는 법인) 내 동선의 중앙에 위치하여야 한다.

③ 전문도서관의 공간규모는 당해기관 또는 법인의 연구 · 조사 · 개발용으로 배정된 전체 공간의 10%를 넘어야 한다.

④ 전문도서관의 순자료공간은 서고의 연면적의 65%를 넘지 않도록 하는 것이 바람직하다.

⑤ 전문도서관의 직원 1인당 면적은 업무의 특성과 직급 및 도서관의 규모를 감안하여 설정하되, 평균 $10m^2$가 적절하다.

정답 ③

해설 ③ 전문도서관의 공간규모는 당해기관 또는 법인의 연구·조사·개발용으로 배정된 전체 공간의 20%를 넘어야 한다.

도 서 관   공 간 구 성 의   이 해

어린이도서관은 어린이의 전인적 성장을 지향하고, 전통적인 책읽기의 기능에서 나아가 다양한 활동을 통해 어린이들의 발달을 도와야 한다. 어린이도서관은 누구나 손쉽게 이용할 수 있고 어린이에게 봉사한다는 점에서 공공도서관의 성격을 가지면서, 특정 이용자층에 한해 제공한다는 점에서 전문도서관의 성격도 함께 가지고 있다.
어린이도서관의 주 이용층은 어린이와 유아이다. 유아의 경우 동행자를 위한 공간과 동행자와 함께 하는 공간이 필요하다. 따라서 어린이와 유아, 동행자의 이용행태를 모두 만족시키기 위해서는 좀 더 세분화된 여러 가지의 소요공간이 필요하다.
또한 어린이도서관의 공간계획은 어린이들의 발달특성과 물리적 환경과의 조건을 고려하여 계획되어야 한다.

CHAPTER 06

어린이도서관 공간구성

1. 어린이도서관의 이해
2. 공간관련 규정 및 기준
3. 공간규모계획
4. 어린이도서관 공간구성의 환경구성 조건
5. 어린이도서관 공간구성 사례

1 어린이도서관의 이해

1.1 어린이도서관의 목적

어린이도서관은 「도서관법」 제2조(정의)에서 어린이에게 도서관서비스를 제공하는 것을 목적으로 하는 도서관이라 정의하고 있다.

문헌정보학용어사전에서는 어린이도서관을 "13세 미만의 이용자, 즉 영아부터 초등학생까지를 주 이용자로 한 도서관"으로 정의하고 있으며, 어린이를 위한 자료를 주로 수집 · 이용하며, 어린이를 위한 문화프로그램을 제공한다고 설명하고 있다.

Harrod 용어사전에서는 어린이도서관을 "어린이의 배타적 사용을 위해 마련된 부서로 주로 대출, 참고자료, 정기간행물을 포함하고 있다"고 정의하였다.

IFLA에서는 어린이도서관의 대상을 영 · 유아, 학령 전 어린이(유치원생), 13세까지의 학생, 특별한 요구가 있는 단체, 부모 및 그 외의 가족, 보호자, 어린이, 책이나 미디어에 대한 관련된 일에 종사하는 그 밖의 어른으로 두었다.

어린이도서관의 목적은 다음 [표 6-1]과 같다.

표 6-1 IFLA에서 제시한 어린이도서관 서비스의 목적

IFLA의 어린이도서관 서비스 목적
1. 다음사항에 대해 어린이 한사람 한사람의 권리를 촉진시킬 것 2. 어린이들이 모든 자원과 미디어에 자유롭게 접근할 수 있도록 제공할 것 3. 어린이, 부모 및 보호자를 위한 다양한 활동을 마련할 것 4. 가족들이 지역사회 속으로 쉽게 들어갈 수 있도록 할 것 5. 어린이들에게 힘을 주고 그들의 자유와 안전을 옹호할 것 6. 어린이들이 자신감 있고 유능한 사람이 되도록 격려할 것 7. 평화로운 세상이 되도록 노력할 것

출처 : IFLA (2003). Guidelines for children's Libraries Services

1.2 어린이도서관의 역할

IFLA(1991)은 '어린이도서관지침'을 통해 어린이의 전인적 성장을 지향하고, 전통적인 책읽기의 기능에서 나아가 다양한 활동을 통해 어린이들의 발달을 도와야 한다고 강조한다. IFLA의 어린이도서관지침의 내용은 다음 [표 6-2]와 같다.

표 6-2 IFLA 어린이도서관지침

IFLA 어린이도서관지침에서 제시한 어린이도서관의 역할
1. 어린이가 자발적이고 실제적인 어른이 될 수 있는 문화적 자극을 제공해야 한다. 2. 어린이에게 인류역사에 기초한 운문, 그림, 소리 및 전자자료 형태의 문화유산에서 자신의 이익을 얻을 기회를 제공한다. 또한 어린이가 자신의 새로운 문화를 창조하도록 자극해야 한다. 3. 어린이가 자극적, 창조적 인격으로 성장할 수 있도록 격려하는 자료를 제공해야 한다. 4. 인류의 보통 기억으로 활용하는 자료와 미래 어린이 세계에서 사용할 자료를 보존해야 한다. 5. 어린이의 문화선호의식의 발생과 휴식 및 활동에 영향을 미치기 때문에 부모와 함께 봉사한다. 6. 어린이도서관은 적절한 상황이 설정되면 국가의 전체적 도서관제도에 부분으로 수용되어야 한다. 7. 물리적 공간을 편안하게 하고 현재 환경과 문화를 고려하여 어린이 개인 능력을 개발하고, 다른 활동을 격려하면서 독서하는 즐거운 장소가 되어야 한다. 8. 부모와 교육자에게 자문하면서 현 교육 프로그램을 완전하게 이행하도록 그 역할을 함께 관리한다.

IFLA는 '어린이 도서관봉사를 위한 가이드라인'에서 어린이도서관을 어린이가 단순히 독서를 통해 지식만을 습득하는 것이 아니라 어린이들이 처음 접하는 공공기관으로서 사회성을 기르고, 가정과 기타 유아시설에서 접할 수 없는 풍부한 자료를 경험하고 익힐 수 있는 장소라고 소개하고 있다.

따라서 어린이도서관은 어린이들에게 독서공간과 놀이공간을 함께 제공함으로써 독서의 지속성을 높이고 어린이들이 자연스럽게 독서습관을 기를 수 있도록 기여하는 시설이라 할 수 있다(박수미, 이재훈, 2005).

표 6-3 IFLA(2003)에서 제시한 어린이 도서관봉사를 위한 가이드라인

IFLA에서 제시한 어린이 도서관봉사를 위한 가이드라인
1. 광범위한 도서관자료와 도서관활동을 마련함으로써, 공공도서관은 어린이들에게 독서의 즐거움과 지식을 발견하는 기쁨 그리고 상상력으로 만들어내는 작품을 체험할 수 있는 기회를 제공한다. 2. 어린이와 그들의 부모에게 어떻게 하면 가장 효과적으로 도서관을 이용할 수 있는지, 그리고 인쇄매체와 전자매체를 이용하는 기술을 어떻게 개발할 수 있는지를 가르쳐 주어야 한다. 3. 공공도서관은 어린이를 위하여 독서학습과정을 지원하고 어린이책이나 다른 매체를 장려하는 특별한 책임을 가진다. 4. 도서관은 스토리텔링이나 도서관만이 할 수 있는 서비스와 자원에 관련된 활동과 같은 어린이들을 위한 특별한 행사를 제공하여야만 한다. 5. 어린이들에게 어릴 때부터의 도서관 이용을 권장하도록 한다(어린이들이 미래의 도서관 이용자로 남기를 더 좋아하게 만들 것이기 때문이다). 6. 다언어 국가에서는 어린이들을 위한 책이나 시청각자료들을 그들의 모국어로 접근할 수 있도록 해야 한다.

출처 : IFLA (2003). Guidelines for children's Libraries Services

또한 IFLA는 2007년에 '영유아를 위한 도서관서비스 가이드라인'을 발표하였으며, 영유아에 대한 도서관서비스를 제공하여 어린이의 성장과 발달에 어린이도서관이 지원해야 한다고 강조했다.

▌표 6-4▌ IFLA 영유아를 위한 도서관서비스 가이드라인

영유아를 위한 도서관서비스 가이드라인에서 제시한 어린이도서관의 역할
1. 도서관은 모든 영유아들과 그들의 부모 및 기타 가족 구성원, 보육서비스 제공자 등 관련 성인들을 위한 장난감과 책, 멀티미디어, 기타 자원이 갖추어진 환경 조성의 필요성을 인식하고 이를 실현하도록 한다. 2. 인쇄 매체가 풍부한 환경을 조성하여 독서와 책에 대한 애정이 생기도록 돕는다. 3. 어릴 때부터 멀티미디어와 기술 활용 능력을 계발하도록 돕는다. 4. 사회의 다양한 문화를 접할 수 있는 자료를 제공한다. 5. 영유아의 언어발달을 돕는다. 6. 특히 소수 언어/민족 집단의 영유아들이 언어 능력과 2개 국어 사용 능력을 발달시키도록 돕는다. 7. 특히 소수 언어/민족 집단과 관련하여 영유아의 언어 및 읽기 능력의 발달에서 독서와 소리 내어 읽기가 갖는 중요성을 부모 등 영유아와 관련된 성인들이 인식하도록 돕는다. 8. 어린이의 발달과 사전 독서 능력을 증진시키기 위하여 부모와 보호자들이 어린이에게 책을 읽어주도록 교육한다. 9. 부모와 보호자들이 공공도서관에 있는, 자녀의 연령에 적합한 자료와 자원을 이용하도록 교육한다. 10. 어린이들과 그 부모들이 다른 가족과 문화를 접할 수 있도록 '이야기'를 소개한다. 11. 도서관을 방문하는 습관을 형성하여 평생 문해력이 성공적으로 이루어지도록 한다. 12. 현재뿐만 아니라 미래에도 영유아와 함께 생활하고, 양육하고, 교육시킬 사람들을 지원한다. 13. 영유아와 보호자들이 모여서 정보를 공유하고 상호작용할 수 있는 공간을 제공한다. 14. 영유아와 그 가족들에게 따뜻하고, 친근하며, 안전한 공간을 제공한다.

출처: IFLA (2007). Babies and Toddlers Service Guideline

1.3 어린이도서관의 성격 및 유형

어린이도서관은 누구나 손쉽게 이용할 수 있고 어린이에게 봉사한다는 점에서 공공도서관의 성격을 가지며, 특정 이용자층에 한해 정보서비스 등을 제공한다는 점에서 전문도서관의 성격도 함께 가지고 있다.

국내에는 다양한 유형의 어린이도서관이 운영되고 있다. 그러나 현재 「도서관법」이나 기타 법률에서는 어린이도서관의 유형이 정확하게 구분되어 있지 않다.

국내 어린이도서관 중 현재 어린이도서관이라고 불리는 곳은 어린이만을 대상으로 도서관서비스를 제공하는 어린이전문도서관과 공공도서관의 어린이열람실이다.

2 공간관련 규정 및 지침

일반적으로 어린이도서관의 공간관련 규정 및 지침은 따로 규정되어 있지 않으며 공공도서관의 규정을 따르고 있다.

양옥승(2003)은 어린이 열람실의 독서환경 구성을 위한 일반적 지침으로 열람실의 모양, 음향, 벽의 색 및 재질, 바닥재료, 난방과 환기, 열람실의 조명, 가구선정 등에 대한 내용을 제시하고 있다. 자세한 내용은 다음 [표 6-5]와 같다.

표 6-5 어린이 열람실 독서환경 구성을 위한 지침

영역		주요 내용
열람실 모양		• 정사각형보다는 직사각형이 어린이들의 활동에 적절 • 'L'자 형의 열람실은 어린이들을 한눈에 지켜 볼 수 있다는 장점이 있음
소리		• 어린이들은 만족스러운 수준에서 소리가 들릴 때 의사소통이 원활함 • 열람실의 소음원인을 줄이기 위해서는 커튼과 카펫을 사용
벽의 색깔 및 재질		• 노란색이나 담색계통의 밝은 색을 선택하여 방 안이 밝아 보일 수 있도록 함 • 가능하면 어린이들의 손이 닿는 높이까지는 더러움을 쉽게 닦을 수 있는 재질을 선택하는 것이 좋음
바닥재료		• 리놀륨, 고무나 플라스틱 타일, 카펫 등은 위생적이고 청소하기 쉬우며, 하드웨어를 설치하기에 적합하고, 어린이들이 앉아서 놀기에 편안하며, 소음을 줄일 수 있음
난방과 환기		• 적당한 난방과 환기는 매우 중요함 • 어린이들이 체감하는 온도를 알기 위해서 온도 조절기나 온도계를 어린이들 눈높이에 설치하는 것이 좋음 • 어린이들은 성인보다 더 활동적이어서 성인과는 다르게 온도를 느낀다는 것을 인지하고 어린이열람실의 난방과 환기에 신경 써야 함.
조명		• 어린이들의 안정과 안락감, 그리고 그들의 감성과 놀이에 영향을 미침 • 가능하면 다양한 종류의 조명(자연광, 가정 같은 분위기를 위한 백열광, 어린이의 건강, 활동수준, 학업성취에 긍정적인 효과를 갖는 full-spectrum 조명 등)을 선택
가구	의자	• 어린이들이 큰 소음을 내지 않고 스스로 다룰 수 있을 만큼 가벼운 의자를 선택 • 가능하면 팔걸이가 없는 종류가 적당함
	테이블	• 4~6명의 어린이들이 함께 사용할 수 있는 테이블이 집단활동을 하기에도 좋음 • 특별활동시간을 위하여 직사각형의 테이블을 사용함 • 단독으로 또는 조합해서 사용하도록 고안된 작은 테이블은 어린이열람실에서 다용도로 쓰임 • 테이블의 표면은 물로 씻을 수 있는 멜라민 제품이 좋음
	선반	• 어린이들이 독립적으로 자료를 보고, 만지고, 선택할 수 있도록 낮고 개방적이어야 함 • 닫아 둘 필요가 있는 선반에는 미닫이문을 설치하는 것이 좋음

출처: 양옥승 (2003). 유아교육개론

3 공간규모계획

3.1 어린이도서관의 일반적 공간구성

어린이도서관의 주 이용계층은 어린이와 유아이다. 유아의 경우 동행자를 위한 공간과 동행자와 함께 하는 공간이 필요하다. 따라서 어린이와 유아, 동행자의 이용행태를 모두 만족시키기 위해서는 좀 더 세분화된 여러 가지의 소요공간이 필요하다.

어린이도서관의 일반적 공간구성은 크게 열람실영역, 사서 및 직원영역, 기타영역으로 구분할 수 있다. 열람실영역은 자료열람공간, 특별활동공간, 사서 및 직원영역은 직원공간, 관리공간, 기타영역은 서비스공간 및 기계실 등으로 세분화할 수 있으며, 자세한 내용은 다음 [표 6-6]과 같다(대진대학교, 1999).

표 6-6 어린이도서관의 공간영역별 구성요소

공간	공간구성	실별 구성
열람실영역	자료열람공간	열람실
		유아열람실
		이야기실
		디지털자료실
	특별활동공간	다목적 홀/강당
		전시공간
		문화교실
		회의실
		동아리실
사서 및 직원영역	직원공간	사무실
		자원봉사자실
	관리공간	서고
		창고
		탕비실
기타영역	서비스공간	놀이방
		수면실
		수유실
		화장실
		세면대
		휴게실

		사물함
		로비
		계단실
		엘리베이터
	기계실	전산기기실
		기계전기실

출처: 대진대학교 (1999). 문헌정보학연구

3.2 어린이도서관의 공간구성체계

1) 어린이도서관의 위치 및 공간형태

어린이도서관은 안전상의 이유로 도서관 전체건물 중 1개의 열람실로 이루어져 있거나, 어린이전문도서관의 경우 저층구조로 1, 2층에 위치해 있는 경우가 많다.

전세란(2008)은 어린이열람실과 유아열람실의 공간형태를 이용자의 이용행태에 따라 출입구를 같이 사용하면서 파티션이나 서가에 의해 일부 기능을 어린이열람실과 분리하여 유아열람실을 운영하는 통합형과, 두 실의 출입구가 분리되어 각각의 열람실로 구분되어 운영되는 분리형으로 구성되기도 한다고 하였다.

2) 어린이도서관의 공간구성

어린이도서관의 공간구성은 크게 동선중심, 서가공간, 특별활동실로 구성할 수 있다.

① 동선중심의 공간구성체계

도서관에 진입하여 로비공간을 지나 열람실로 들어가는 체계로 주출입구 주변에 검색실과 사물함 · 수납장을 배치하고 로비에 인접한 곳에 위생공간이 위치해 있으며, 위생공간은 이용자의 편의에 따라 열람실 내부에 설치하는 경우도 있다.

② 서가공간 중심의 공간구성체계

서가공간은 대부분 열람실 내에 위치하고 있으며, 특별관리가 필요한 자료의 경우 보존서고 등을 따로 설치하여 관리한다. 열람실은 내부벽을 설치하거나 간이벽, 가구를 활용하여 실을 분리해서 공간을 사용하기도 한다.

③ 특별활동공간 중심의 공간구성체계

특별활동공간은 주로 문화프로그램 운영을 위한 장소로 이용된다. 특별활동공간의 위치는 열람실 내에 있거나, 독립실로 구분되어 있거나, 단독건물로 이루어져 있는 경우가 있다. 이용자 측면에서 볼 때 특별활동공간은 다용도로 많이 사용되고 있는 공간이기 때문에 동선적인 면에서는 열람실이나 로비 가까이에 위치하는 것이 유리하지만, 문화프로그램 등으로 인한 소음 발생 및 혼잡을 방지하기 위해서는 단독건물로 위치하여 있는 것이 공간구성에 있어서 유리하다(박수미, 이재훈, 2005).

3.3 어린이도서관의 공간구성 요소

한국도서관협회의 도서관편람에서는 어린이도서관의 공간구성을 자료공간(수장공간), 이용자공간(이용공간), 직원공간(업무공간), 기타공간(공유공간)으로 구분하고 있다.

박지민(2002)은 어린이도서관의 공간계획을 위한 요소를 공간의 가변성, 공간의 안정성, 공간의 쾌적성, 공간의 융통성, 공간의 심미성, 휴먼 스케일 등 7가지로 정리하였고, 그 내용은 [그림 6-1]과 같다.

그림 6-1 어린이도서관 공간구성을 위한 요소

출처: 박지민 (2002). 어린이도서관의 실내공간계획에 관한 연구 : 유아대상 어린이도서관의 공간구성과 가구배치를 중심으로 재편집

어린이도서관연구소(2004)는 어린이도서관의 공간요소를 종합자료 및 열람공간, 관리공간, 특화기능을 위한 공간, 기타시설, 엔트런스 홀(entrance hall), 계단실로 구분하였다.

어린이도서관의 공간구성의 특징은 출입구에서부터 한눈에 내부공간을 파악할 수 있어야 한다는 것이다. 또한 어린이가 주 이용자계층이기 때문에, 발달연령에 따라 공간구성은 세분화되고 영역화되어야 한다.

실제로 어린이도서관의 대부분은 이용자중심으로 공간이 구성되어 있다는 것을 알 수 있는데 그 중에서도 열람실과 전시실, 다목적실 등 공용으로 사용되는 공간의 경우를 제외하면 영유아실, 이야기실, 수면실 등이 어린이도서관을 차지하고 있다. 또한 대부분이 개방된 공간으로 이루어져 있다.

어린이도서관의 특별활동을 위한 공간은 프로그램에 따라 다양한 공간구성을 필요로 한다. 특별활동 내용에 따른 활동내용과 소요공간은 다음과 같다(박지민, 2002).

표 6-7 어린이도서관의 특별활동에 따른 활동내용과 소요공간

도서관의 특별활동	조건	특성
듣고 보는 활동	• 독서교실 • 스토리텔링 • 동화 그림극 • 인형극 공연 • 영화상영	• 이야기실 • 시청각실, 무대
말로 표현하는 활동	• 동화 구연 • 동요 부르기 • 동시 낭송 • 엄마와 함께 영어 배우기	• 독립된 공간
보는 활동	• 각종 전시회	• 전시실, 홀의 일부분
만들고 표현하는 활동	• 동화그림 그리기 • 색종이접기 • 종이모형 만들기	• 독립된 공간
놀이를 통한 활동	• 블록 쌓기, 피코게임	• 독립된 공간

출처: 박지민 (2002). 어린이 도서관의 실내공간계획에 관한 연구 : 유아대상 어린이도서관의 공간구성과 가구배치를 중심으로

3.4 어린이도서관의 공간계획

국내의 어린이도서관 공간구성 유형은 도서관의 기본적인 기능을 갖추고 열람과 서가의 공간형태가 하나로 통합된 공간구성, 도서관의 기본적인 기능을 갖추고 열람

과 서가공간의 형태가 완전히 분리된 공간, 도서관의 기본적인 기능 외에 놀이기능을 추가한 공간으로 구분할 수 있다(박지민, 2002).

박지민(2002)은 어린이도서관 공간의 유형을 도서실+특별활동+전시기능의 통합형과 도서실+특별활동+전시기능의 분리형, 도서실+특별활동+전시+놀이기능의 통합형 등으로 나누어 공간구성계획을 제시하고 있다.

1) 도서실+특별활동+전시기능의 통합형 어린이도서관

도서실+특별활동+전시기능의 통합형은 열람과 서가의 공간형태가 하나로 통합된 어린이도서관의 경우이다. 좁은 공간을 기능별로 나누어 구획하기보다는 한 공간에서 여러 가지 기능을 할 수 있도록 하여 효율적으로 이용할 수 있다. 이러한 공간구성의 유형은 열람과 서가공간이 전체면적을 차지하기 때문에 주된 공간에서 부수적인 공간으로 접근이 용이하도록 구성해야 한다.

예를 들어, 로비에서 열람과 서가공간은 바로 연결되는 개방형으로, 특별활동공간과 카운터, 검색공간, 위생시설의 동선은 최대한 줄여 열람과 서가를 위한 공간을 최대한 활용하는 것이다. 또한 어린이의 특성을 고려하여 자유로운 독서형태를 위해 서가와 열람실공간을 하나로 통합하고 공간을 융통성 있게 구성해야 하며, 공간 내에 특별활동공간은 소음원이 될 수 있기 때문에 분리하여 구성한다. 또한 가구의 모듈화는 이동형 가구배치를 통해 다양하게 공간을 구성할 수 있도록 하고, 유아의 동선을 유도하도록 한다.

표 6-8 도서실+특별활동+전시기능의 통합형 공간계획

구분	공간계획
공간의 융통성	• 다양한 독서행태 유도 • 다양한 가구 배치 • 분리된 특별활동공간을 융통성 있게 활용 • 개방형 공간
공간의 가변성	• 가구의 모듈화 • 이동형 가구배치에 의한 다양한 공간구성 • 유아의 동선 유도하여 움직임을 강조
변화 있는 공간	• 비정형적인 공간구성 • 자아존중감, 프라이버시, 편안함을 강조한 공간 • 창의력・상상력 제공

출처 : 박지민 (2002). 어린이도서관의 실내공간계획에 관한 연구 : 유아대상 어린이도서관의 공간구성과 가구배치를 중심으로

소음원으로 인해 분리된 특별공간은 특별활동이 이루어지지 않을 경우 열람공간으로 개방하여 어린이들에게 자유로운 독서행태를 유도하고, 서가와 열람공간을 제외한 다른 부분은 양쪽 옆으로 구성하여 서가와 열람공간에서 각 공간으로 동선을 최소화하여 주공간의 면적을 최대화한다. 마지막으로 다양한 가구배치를 통해 비정형화된 공간구성을 유도하는 것이 좋다.

2) 도서실 + 특별활동 + 전시기능의 분리형 어린이도서관

도서실+특별활동+전시기능의 분리형은 열람과 서가공간의 형태가 완전히 분리된 유형의 어린이도서관이다. 이러한 유형은 두 가지 방법으로 나누어 공간계획을 제안할 수 있다.

① 각 영역의 기능성을 강조한 도서관

도서관의 기본적인 기능(열람, 특별활동, 전시기능)의 각 영역을 명확하게 구분하여 서로의 기능에 방해되지 않도록 폐쇄적인 공간을 구성하는 것이다. 이에 따라 각 공간에 맞는 고정형 가구를 배치하여 차별화를 두도록 한다.

도서실+특별활동+전시기능의 분리형은 물리적인 환경조건에서 통제, 질서, 프라이버시를 강조하여 어린이들에게 정형화된 공간을 제공할 수 있지만 각 영역이 별개의 공간이 아니기 때문에 서로의 연계성을 두어 동선을 계획해야 한다. 각 영역의 기능성을 강조한 도서관의 공간계획과 가구배치는 다음과 같다(박지민, 2002).

- 각 공간의 기능성을 강조하여 영역을 구분하고, 각 영역마다 고정형 가구를 배치하여 차별화를 둔다.
- 각 기능별로 구분을 지었지만, 기능별로 분리된 공간을 효율적으로 연결하기 위해 다른 공간으로 접근이 용이하도록 동선계획을 해야 한다.
- 어린이들의 다양한 독서행태를 고려하여 소파형태와 책상을 배치하고 독서를 하는 자세에 상관없이 편안하게 볼 수 있도록 안전성 있는 마감재를 선택한다.
- 이동동선에 따라 공간을 구성하여 각 기능별 공간의 특성을 차별화하고 물리적인 공간환경(통제, 질서, 프라이버시)를 고려하여 계획한다

② 특별활동과 전시의 기능을 강조한 도서관

어린이도서관에서는 어린이의 무한한 상상력과 창의력을 길러주기 위해 다양한 프로그램을 병행하여 경험할 수 있도록 제공해야 한다. 따라서 특별활동과 전시의 기능을 강조한 유형은 한정된 공간에서 여러 가지 활동과 전시를 하는 데 겪는 공간적 한

계를 개선하여 특별활동과 전시를 위주로 공간을 구성해야 한다.

특별활동과 전시기능을 강조한 도서관은 열람, 서가, 특별활동, 전시의 공간을 하나로 구성하여 개방된 공간, 즉 하나의 원으로 공간을 구성한다. 이러한 공간구성은 이동이 가능한 가구를 이용하여 다양한 공간구성을 통해 프로그램의 다양성(소극장, 스토리텔링룸, 만들기 등)을 높일 수 있다는 장점이 있다. 그리고 전시영역은 복도가 되는 통로 부분에 이동이 가능한 파티션을 설치하여 전시성격에 따라 전시공간을 계획하도록 한다.

3) 도서실 + 특별활동 + 전시 + 놀이기능의 통합형 어린이도서관

도서실+특별활동+전시+놀이기능의 통합형은 도서관의 기본적인 기능 외에 놀이의 기능을 추가하여 열람과 서가공간이 통합되어 운영되고 있는 어린이도서관이다. 도서관의 기본적인 기능(열람, 특별활동, 전시기능)에 놀이공간을 추가한 공간구성의 요소로는 로비, 검색공간, 카운터, 개방형 열람 · 서가공간, 폐쇄형 열람 · 서가공간, 특별활동공간, 놀이공간, 사물함 · 신발장, 위생시설이 있다.

도서관의 기본적인 기능 외에 놀이의 기능을 추가한 유형의 공간구성과 가구배치는 다음과 같다.

첫째, 개방적인 공간과 폐쇄적인 공간을 병행한다. 예를 들어 로비에서는 폐쇄적인 느낌이 들도록 천장까지 높은 벽면을 구성하고, 검색공간과 카운터를 통과해 열람 · 서가공간에 들어서면 개방적인 공간이 펼쳐져 공간의 끝에서는 다시 폐쇄공간으로 주제별 독서공간을 마련하여 개별공간을 형성하는 것이다. 개방과 폐쇄적인 공간의 반복은 공간의 다양성과 변화를 가져다준다.

둘째, 어린이의 신체적인 움직임을 유도하여 어떤 공간에서든 독서가 가능하도록 놀이와 병행하여 독서가 이루어질 수 있도록 다양한 공간을 계획한다. 이는 집중력이 짧고, 활동성이 강한 어린이의 특성을 고려하여 계획하는 것이 중요하다. 그러나 공간을 지나치게 놀이중심으로 계획하게 될 경우, 도서관의 주기능을 상실할 수 있기 때문에 적절한 분배가 필요하다.

셋째, 어린이의 다양한 인체치수를 고려하여 책상과 의자를 계획해야 한다.

3.5 어린이도서관의 공간계획 시 고려해야 할 사항

어린이들에게 어린이도서관은 사회에 진출하기 전 가장 먼저 경험하게 되는 사회교육의 기관으로 어린이들의 커뮤니티시설인 동시에 레크리에이션 시설이다. 어린이들에게 독서는 놀이의 연장으로 어린이들에게 흥미를 주기 위해서는 각종 특별활동과 다양한 경험을 할 수 있는 프로그램이 제공되어야 한다. 이에 따라 어린이도서관의 공간계획은 어린이들의 발달특성과 물리적 환경과의 조건을 고려하여 계획되어야 한다.

어린이도서관의 공간계획을 위한 고려사항은 다음과 같다.

첫째, 어린이도서관을 이용하는 어린이의 신체적, 인지적, 사회적, 언어적 발달을 촉진할 수 있도록 어린이의 발달특성을 고려하여 계획한다.

둘째, 어린이행태에 영향을 미치는 물리적 환경의 조건으로 이동성, 안락성, 자아존중감, 통제, 부드러움, 도전, 프라이버시, 질서, 안전, 건강, 융통성과 유아의 인체적인 치수를 고려하여 어린이도서관의 공간구성과 가구배치가 이루어져야 한다.

셋째, 어린이도서관을 독서공간과 각종 특별활동, 전시공간이 함께 공유되는 복합적인 공간으로 인지하고 어린이가 독서를 습관화하고, 책에 쉽게 다가갈 수 있도록 공간을 구성해야 한다.

넷째, 어린이들을 대상으로 하는 공간에서는 놀이를 겸하여 어린이도서관의 특징을 살린 공간계획을 진행하도록 한다.

4 어린이도서관 공간구성의 환경구성 조건

4.1 어린이도서관의 이용환경 및 특성

어린이도서관연구소(2004)에서는 어린이가 이용하는 환경의 구성 원칙을 다음과 같이 정리하였다.

표 6-9 어린이도서관 이용환경의 구성 원칙

어린이도서관의 환경구성 원칙
첫째, 위치는 되도록 1층이 좋고, 활동하기에 충분한 실내·실외공간이 확보되어야 한다. 출입문은 2개 이상이 좋으며, 실내·실외로의 출입이 쉬워야 한다. 둘째, 아동의 성장·발달에 입각하여 환경을 구성한다. 셋째, 적질의 자극적인, 풍부한 환경을 구성한다. 넷째, 건강과 안전을 최대한 보장하며, 창의적이고 융통성 있는 환경을 구성한다.

출처: 어린이도서관연구소 (2004). 어린이도서관길잡이

그린만(Greenman, 1998), 올즈(Olds, 1989), 웨인스타인(Weinstein, 1987)은 아동 발달학적 관점에서 공간디자인의 물리적 환경의 조건과 특성을 안전(Security), 편안함(Comfort), 융통성(Flexibility), 움직임(Movement), 자아존중감(Self-Esteem), 통제(Control), 부드러움(Softness), 도전(Challenge), 프라이버시(Privacy), 질서(Order), 건강(Health)이라고 언급하였다.

▎표 6-10▎ 어린이 특성에 따른 물리적 환경조건

유아 발달 특성	신장	
	조건	특성
신체발달	움직임(Movement)	• 신체적 기술 연마를 통한 사고능력의 발달 • 세상에 대한 정보제공 • 신체와 사물에 대한 조절능력
	건강(Health)	• 유아의 수에 따른 적절한 공간의 밀도 • 친환경적 건축자재와 마감재 사용
운동발달	도전(Challenge)	• 환경과의 능동적, 자발적 상호작용을 통한 신체 단련 • 신체적 움직임과 실수를 통한 조심성과 안전성 학습
	안전(Security)	• 물리적 시설의 안전 • 도전적인 환경과의 적절한 수준에서의 절충
	통제(Control)	• 유아의 행동과 주변상황을 관찰할 수 있는 공간구성 • 적절한 유아의 활동제한과 폐쇄공간
정서 · 인지 발달	편안함(Comfort)	• 쾌적하고 안락한 환경 조성 • 휴식과 재충전의 기회 제공 • 공공장소에서의 친숙함, 신뢰감 제공
	자아존중감 (Self-Esteem)	• 개인적 욕구 충족 및 활동의 용이성 • 시설물, 가구 및 공간이동에 대한 스스로의 조절능력 제공 • 가구, 설비물의 유아스케일
	프라이버시(Privacy)	• 자극에서 분리된 사적인 공간 • 시각적, 청각적 분리를 통한 물리적인 경계
사회성발달	질서(Order)	• 규칙적이며 질서 있는 시간과 공간계획 • 복합성을 고려한 적절한 자극의 환경
	융통성(Flexibility)	• 사회적 상호작용을 위한 공간구성 • 변형, 조작 가능한 물리적인 환경
언어발달	편안함(Comfort)	• 주의력, 기억력, 성취의 발달 • 성인과 함께하는 공간구성

출처: 박지민 (2002). 어린이도서관의 실내공간계획에 관한 연구 : 유아대상 어린이도서관의 공간구성과 가구배치를 중심으로

4.2 어린이도서관의 물리적 환경요소

어린이도서관은 어린이의 특징을 고려하여 안전과 위생, 그리고 어린이의 성향을 파악하여 물리적 공간구성에 참고하는 것이 중요하다. 강미희(2011)와 강윤호(2004)는 어린이도서관의 환경요소로 바닥, 벽, 천정, 색채, 소음, 채광, 온도 등을 중심으로 고찰하여 다음과 같이 정리하였다.

1) 바닥

어린이도서관을 주로 이용하는 영유아와 어린이들의 활동은 주로 도서관 바닥에서 이루어지며 영유아들은 거의 눕거나 앉아서 도서관에서 시간을 보낸다. 따라서 어린이와 영유아의 특성을 고려하였을 때 바닥에 대해 다음과 같은 사항을 고려하여야 한다.

- 위생에 대한 인식이 미분화된 영유아의 특성 고려
- 차가운 느낌보다는 따뜻한 느낌으로 선택
- 안전사고를 예방할 수 있는 미끄럽지 않고 탄력성 있는 바닥재 사용
- 가구와 시설의 잦은 이동에 견딜 수 있는 내구성이 강한 소재 사용
- 관리 및 유지가 용이한 바닥재 사용

2) 벽

벽은 방음처리와 더불어 도서관 전체의 이미지를 보여주는 공간이다. 페인트나 벽지의 마감재질, 전체 배색에 따라 공간의 이미지가 달라진다. 또한 어린이들의 낙서, 오염을 고려하여 청소가 용이해야 한다.

- 고정형 벽을 최소화하고 필요 시 공간변화가 가능한 가변형 벽 설치
- 전시, 게시판 등의 소통이 가능한 배색 처리
- 안정감 있는 색채와 왕성한 활동을 이끌어낼 수 있는 색채 사용
- 소음을 흡수하는 재질 사용

그림 6-2 ▎안정감 있는 색채와 왕성한 활동을 이끌어내는 벽

3) 천장

어린이도서관에서의 천장은 채광 및 조명효과에 가장 큰 영향을 미치는 부분이다. 도서관의 천장은 실내를 구성하는 요소이자 음향조절, 공기의 대류, 빛에 대한 반사면으로서의 기능을 가진다(윤복자, 1984).

어린이도서관 천장에서 고려해야 할 부분은 아늑함을 느낄 수 있는 정서적 측면을 고려하는 것이다. 이를 위해서는 자연채광을 받아들일 수 있는 개구부(開口部)를 설치해야 하며, 천정의 높이를 고려하여 환류기능, 소음 흡수기능의 기능적 측면을 고려해야 한다. 또한 어린이도서관의 모빌과 같은 인공구조물을 설치할 경우를 대비하여 배색으로 마감처리를 해야 한다.

4) 색채

색채는 공간의 분위기와 이미지를 결정하는 중요한 요소로서, 공간을 이용하는 인간에게 커다란 영향을 미치는 부분이다. 따라서 공간요소들의 색채구성은 어린이도서관에서 중요한 의미를 가지며, 정확하고 신중하게 분석되고 계획되어야 한다.

어린이도서관에서 색채구성 시 다음과 같은 사항을 고려해야 한다.

첫째, 안정감 있고 편안한 느낌으로 배색처리를 해야 한다.

둘째, 원재료의 자연색을 유지하도록 하고, 실내 분위기를 밝게 하는 색을 사용해

야 한다.

셋째, 동색계의 농담(濃淡)과 유사색의 명암이 조화를 이루도록 해야 한다.

넷째, 면적이 넓은 곳은 채도가 낮은 색을 사용하고 면적이 좁은 곳은 채도가 높은 색을 사용한다.

다섯째, 바닥과 벽은 서로 다른 색으로 사용해야 하며 같은 색을 사용할 경우에는 명도의 차이를 두어야 한다.

공공도서관에서 사용하는 색채의 배분은 주조색 70%, 보조색 20%, 강조색 10%(12~13)이다(강미희, 2011; 강윤호, 2005).

그림 6-3 ▌어린이도서관의 밝은 색채 사용

5) 소음

도서관에서의 소음은 외부소음과 내부소음으로 나누어진다. 외부소음은 특정 공간 밖에서 발생한 소음이 내부공간에 전도되는 것을 말하며, 내부소음은 물리적인 잡음, 각종 기기에서 나는 기계음, 도서관을 이용하는 열람자와 관리자의 대화, 보행, 도서 운반 등으로 발생하는 소리를 말한다.

일반적으로 도서관 공간별 소음기준치는 전체적으로 35dB을 유지하되 자료수장 및 이용공간은 30~35dB, 사무공간은 35~45dB, 집회실 및 회의실은 35dB 이하, 기타 공간은 40dB 내외가 적정수준이다(한국도서관협회, 2009).

이를 위한 어린이도서관의 소음관리에서 고려사항은 다음과 같이 정리할 수 있다.

첫째, 외부소음을 방지할 수 있도록 배치한다.

둘째, 내부소음을 흡수할 수 있는 흡음재와 방음재를 사용하여 소음을 통제한다.

셋째, 시끄러운 영역과 조용한 영역을 적절하게 분리하고 이중 출입문과 창문의 접촉부분은 완충재로 마감하여 진동과 충격을 최소화시키도록 한다.

넷째, 벽체의 차음력을 높이고 개구부의 틈새를 막아 외부소음을 방어하고, 각종 정보기기는 저소음형으로 선택하여 소음을 줄일 수 있도록 하며, 이용공간과 일정한 거리를 유지하도록 한다(문화체육관광부, 2010).

6) 채광

자연채광이 공간별로 적절하게 확보가 될 경우 이용자의 심리적 안정과 에너지 활용, 건물의 미학적 측면에서 긍정적인 영향을 준다. 따라서 이러한 자연채광의 효과를 극대화하기 위한 고려사항은 다음과 같다(강미희, 2011; 강윤호, 2005).

첫째, 자연채광을 효율적으로 이용할 수 있도록 평면설계 및 창의 배치계획을 수립한다.

둘째, 반투명 혹은 투명도가 낮은 내부 칸막이를 이용하여 수직창, 광선반, 클리어스토리(고창), 모니터 창 및 건물형태의 이용을 통해 주광의 집성을 극대화한다.

셋째, 거울(반사경)과 광섬유 등을 이용하여 지하 내부에 태양광을 유입시킬 수 있도록 태양광 채광시스템을 계획한다.

넷째, 하절기 햇빛의 영향을 최소화하기 위해 남쪽과 동쪽, 서쪽 면에 차양시설을 설치하고, 고성능 창시스템을 사용한다.

다섯째, 태양광 발전기를 설치한다.

그러나 자연채광은 시간에 따라 조도에 차이가 있기 때문에 인공조명이 반드시 필요하다.

일반적으로 도서관에서 주로 사용하는 조명의 배치는 직접조명, 중간조명, 간접조명이다. 직접조명은 주로 로비와 통로 같은 공유공간에 설치하고, 중간조명은 천장반사율이 50% 이하가 되도록 사무실 또는 일반서고에 설치한다. 도서관 조명환경은 이용자의 시력에 영향을 미치므로 도서관에서 환경적으로 고려해야 할 요소이다. 조명에 대한 고려사항은 다음과 같다(문화체육관광부, 2010).

첫째, 도서관의 조명은 시설 및 유지비를 절감하는 경제적인 조명을 선택해야 하며, 미적 우수성보다는 조명의 기능성을 중시해야 한다.

둘째, 고광도의 저질 조명보다는 저광도의 양질 조명으로 해야 하며, 조도는 공간별로 다르게 설정해야 한다.

셋째, 시계 내의 조도는 균일해야 한다.

넷째, 조명의 광색은 주광(晝光)색에 가까울수록 좋다.

그림 6-4 ▌어린이도서관의 인공조명

도서관편람에서는 도서관 각 영역별 적정수준을 다음과 같이 제시하였는데, 이용공간(개가서고) 300~500룩스, 사무공간 500~700룩스, 폐가서고 및 공유공간 100~200룩스이다. 그러나 공공도서관운영매뉴얼(2010)에서는 입구 및 전시공간을 500~700룩스, 통로 등의 순환 동선을 150~350룩스, 서가영역을 350~700룩스, 열람석과 디지털 열람석을 400~700룩스, 귀중도서 · 고보존서고를 100~350룩스, 일반보존서고는 350~550룩스, 세미나실은 400~700룩스, 화장실은 100~150룩스로 권장하고 있다.

7) 온도

어린이도서관에서 온도는 열효율 관리차원보다는 이용자들이 느끼는 쾌적함과 각각의 활동에 미치는 영향이 중요하다. 일반적으로 쾌적한 환경을 위한 적정온도는 15~28.5℃(표준온도 22℃), 습도는 45~60%(표준습도 55%), 서고 내의 온도는 15℃

전후이며, 습도는 60% 이하가 적당하다(강윤호, 2005). 공간요소별 온도와 습도조건을 살펴보면 다음과 같다.

표 6-11 공간요소별 온·습도 조건

공간요소	동절기		하절기	
	전구온도(℃)	상대습도(%)	전구온도(℃)	상대습도(%)
열람실, 사무실, 집회실, 일반서고	22	40	26	40
보존서고	21.1~23.3	40~50	21.1~23.3	40~50
보존서고(중요자료)	21.1~22.2	45	21.1~22.2	45
컴퓨터실, 각종 정보자료 보관	20~24	50~60	24~26	50~60

출처: 강윤호 (2005). 공공도서관 어린이열람실 공간계획에 따른 가구배치에 관한 연구

4.3 어린이도서관의 물리적 공간구성 시 고려사항

어린이도서관은 활동량이 많은 어린이의 특징을 고려하여 안전에 대해 신중하게 구성되어야 한다. 어린이를 위한 물리적 공간구성에 대한 고려사항으로 Catron과 Allen(1999)은 다음과 같이 언급하였다.

첫째, 어린이의 연령과 발달 수준이다. NAEYC(the National Association for Education of Young Children)에서는 취학 전 어린이 한 명당 최소 약 1평(3.3058m^2)의 공간을 추천하며, 다른 연구에서 전문가들 역시 대략 1~1.5평(3.3~5.0m^2)이 필요하다고 제안하였다. 이는 지나치게 좁은 공간으로 인해 어린이들의 자료탐색의 기회를 제한하고, 혼잡이 유발될 수 있으며, 단체활동의 진행이 어려울 수 있기 때문이다.

둘째, 어린이를 적절하게 관찰, 감독할 수 있는 공간을 구성해야 한다. 열람공간이 너무 클 경우 어린이에게 안정상의 문제가 발생할 수 있기 때문이다.

셋째, 열람실공간은 가능한 한 개방적이어야 한다. 이는 성장하는 어린이들의 요구에 부합하여 어린이들이 지적, 사회적, 신체적으로 성장할 수 있도록 공간의 구성도 변화해야 한다는 것이다.

넷째, 어린이들의 이동이 용이할 수 있도록 번잡스러움을 최소화하여 공간이 원활하게 소통할 수 있도록 구성되어야 한다. 단, 집중력이 요구되고 보호되어야 할 영역의 어린이들이 방해받지 않도록 유의하여 구성되어야 한다.

다섯째, 어린이들의 개인 소지품을 보관할 자신만의 장소를 갖도록 해야 한다.

여섯째, 어린이의 건강과 안전을 최우선적으로 고려해야 한다.

일곱째, 열람실의 조명 · 난방 · 환기, 화장실의 설비, 일반적인 위생상태 등을 세심하게 점검해야 한다.

4.4 어린이도서관의 가구 및 설비

어린이도서관에서 서가, 책상, 의자 등은 필수 가구로서 성인과 달리 지속적인 성장을 하는 어린이들에게 어린이도서관 가구와 설비는 매우 중요한 요소다. 어린이도서관의 가구는 안전성을 포함하여 신체척도와 밀접한 관련이 있다.

1) 서가

도서관편람에서 아동용 서가의 적당한 크기는 2련 4단(120cm)으로 권장하고 있다. 1련의 폭 90cm, 기둥두께 1cm, 1단 높이 30cm, 선반두께 3cm, 선반깊이 22.5cm를 기준으로 할 때 어린이 서가는 최고 123cm(30cm×4)+(1.5cm×2)를 넘지 않아야 하고 소재는 목재가 적당하다(강미희, 2011).

그러나 공동도서관운영매뉴얼(2010)에서는 어린이자료실의 서가높이와 크기를 연령별로 구분하지 않고 포괄적으로 제시하고 있으며, 직선형은 서가 3단 양면 3련의 2,770×495×1,135, 곡선형은 3단 단면 1련으로 1,000×400×1,155, 박스형은 1,600×800×700으로 권장한다.

그림 6-5 ▌어린이도서관의 서가 1

▌표 6-12▌ 연령별 어린이서가 높이 (단위: cm)

구분	나이 및 학년	손끝 닿는 평균높이	손 닿는 선반높이	평균눈높이
미취학	3세	1,176		895
	4세	1,224	4단(947)	937
	5세	1,331	4단(947)	941
	6세	1,442	4단(947)	1,002
취학	초등학교 1~2학년	1,200~1,400	4단(947)	1,029
	초등학교 3~4학년	1,300~1,500	5단(1250)	1,130
	초등학교 5~6학년	1,400~1,600	5단(1250)	1,121

출처: 강미희 (2011). 어린이도서관 공간평가요소 개발연구

2) 책상

어린이도서관의 책상은 어린이가 도서관에서 장시간 이용하는 가구이다. 그러므로 신체적 부담을 줄이고 인간공학적 측면을 고려하여 배치하는 것이 중요하다.

도서관편람(2009)에서는 책상에 대한 규격(D×W)을 1인당 최소 50×90cm, 4인용 책상(D×W×H)은 100×180×70cm, 6인용은 100×270×70cm를 권장한다. 한편, 공동도서관 운영매뉴얼(2010)에서는 좌식테이블 1,200×560×300cm, 높은 테이블 1,000×560×640cm, 어린이 오픈열람대 4인용 1,425×1,100×700cm, 6인용 2,100×1,100×700cm로 제시하고 있다. 의자의 경우 열람대 의자는 465×440×382cm, PC검색대 의자는 465×440×382cm, 안내데스크 의자는 630×560×410cm, 직선형 소파(3인)는

>>> 그림 6-6 ▌ 어린이도서관의 책상과 의자 1

1,500×630×400cm, 곡선형 소파는 2,100×650×400cm, 스툴형 소파는 700×700×350cm로 권장하였다. 그러나 어린이도서관은 어린이가 주 이용자 계층이지만, 어린이만 도서관을 이용하는 것은 아니다. 또한 위에 나타난 기준들은 어린이의 신체척도에 한해서만 기준을 정한 것이기 때문에 어린이도서관의 책상과 의자는 다음과 같은 사항을 고려해야 한다.

첫째, 물리적인 크기와 높이이다. 어린이도서관은 영유아에서부터 초등학교 고학년까지 신체의 격차가 매우 심하기 때문에 다양한 크기와 높이의 책상과 의자를 선택해야 한다.

둘째, 어린이의 특성을 고려한 디자인이 필요하다. 획일적인 디자인보다는 다양한 형태와 컬러의 가구가 배치가 필요하다.

셋째, 어린이의 안전성을 고려한 책상과 의자를 선택해야 한다. 어린이는 계속적으로 성장하고 있으며, 균형적인 부분에서 안정감이 부족하고, 활동력이 왕성하기 때문에 더욱더 안전성이 고려된 가구의 선택이 중요하다.

넷째, 어린이와 동반하는 성인을 위한 가구도 함께 배치되어야 한다(강미희, 2011).

다음은 한국표준협회(2001)에서 제시하는 학생용 책상과 의자의 표준규격이다. 평균신장 90cm의 경우에는 책상은 책상 높이, 의자는 좌판의 높이만을 규정하고 있다. 국가기술표준원에서 제시한 학생용 책상과 의자의 표준규격은 다음 [표 6-13]과 [표 6-14]와 같다.

표 6-13 국가기술표준원에서 제시한 학생용 책상표준규격 (단위: cm)

종류		신장			
		90	105	120	135
책상 높이		40	46	52	58
다리의 최소 높이		–	35	41	47
무릎의 최소 높이		–	35	35	40
정강이의 최소 높이		–	25	25	30
책상상판의 최소 나비		–		45, 50	
책상상판의 길이	1인용	–		65, 70	
	2인용	–		120, 130	
무릎의 최소 길이		–		50 이상	
무릎의 최소 나비		–	30	30	30
정강이의 최소 나비		–	40	40	40

출처: 국가기술표준원 (2001). KS G(학생용 책상 및 의자)의 주요 개정내용

표 6-14 국가기술표준원에서 제시한 학생용 의자표준규격 (단위: cm, °)

종류		신장			
		90	105	120	135
좌판높이		22	105	120	135
좌판의 유효 나비		–	26	30	34
좌판의 최소길이		–	25	27	29
β에 대한 기준점		–	16	17	19
등받이 하단까지의 최고 높이		–	12	13	14
등받이 상단까지의 높이	최소	–	21	25	28
	최대	–	25	28	31
등받이의 최소 길이		–	25	25	25
좌판 선단부의 반경		–	30~50		
등받이의 최소 반경		–	300		
좌판의 각도		–	0~4°		
등받이의 기울기		–	95~106°		

출처: 국가기술표준원 (2001). KS G(학생용 책상 및 의자)의 주요 개정내용

3) 위생시설

어린이도서관은 위생이 중요하다. 독서를 하고 나서 손을 씻거나, 어린이자료실 내에 화장실을 두어 건강과 위생관리에 유의해야 한다. 어린이들의 특성을 고려하여 위생시설은 가까이에 배치하는 것이 좋으며, 열람실 안에 갖추는 것이 좋다. 어린이들의 신체치수를 고려하여 어린이용 세면대, 양변기, 보조난간을 설치하고, 안전을 확인할 수 있도록 잠금기능을 안과 밖에 모두 설치하는 것이 좋다. 또한 유아의 경우 부모의 도움이 필요하기 때문에 부모가 같이 이용할 수 있도록 고려하여 화장실의 공간을 넓게 하는 것이 중요하다(박지민, 2002).

4) 사물함 · 신발장

어린이도서관의 사물함은 어린이들의 자립심을 키워주는 데 좋은 영향을 준다. 사물함과 신발장의 경우 역시 어린이의 신장을 고려하여 어린이가 사물함의 내부를 확인할 수 있도록 높이를 고려하여 배치한다. 신발장의 낮은 부분은 키가 작은 어린이가 이용하도록 하고, 높은 부분은 부모가 이용하도록 권장한다(박지민, 2002).

그림 6-7 ▌ 어린이도서관의 사물함

그림 6-8 ▌ 어린이도서관의 출입문

5) 출입문

출입문은 어린이의 안전에 중요한 부분이다. 출입문은 힘이 약한 어린이들이 열기에는 힘이 들기 때문에 크고 작은 사고들이 많이 일어난다. 이를 위해 안전상의 문제와 시각적인 문제를 보완하여 출입문 설치를 계획해야 하며, 출입문 손잡이의 위치는 어린이가 잡을 수 있는 위치에 설치하고, 어린이들이 문틈 사이에 손이 끼지 않도록 고무패킹을 하거나 약간의 문틈을 주는 것이 좋다(박지민, 2002).

5 어린이도서관 공간구성 사례

5.1 서울노원어린이도서관

서울노원어린이도서관은 2003년에 개관하였다. 건물 규모는 지하 1층~지상 3층이며 면적은 2,850m^{2}이다.

주요 공간은 유아열람실, 아동열람실, 디지털자료실, 독서교실, 전산실, 휴게실, 자료보관실, 문화교실, 강당, 하늘공원 등의 공간으로 구성되어 있다. 1층에는 유아열람실, 2층에는 아동열람실이 위치하고 있으며, 지하 1층에 잉글리쉬북클럽, 어린이문학교실, 체험학습프로그램 등과 같은 문화프로그램을 운영할 수 있는 공간이 별도로 구성되어 있다.

표 6-15 서울노원어린이도서관의 공간구성 사례

구분		내용
일반사항	위치	서울특별시 노원구 한글비석로 346(중계동)
	건물규모	지하 1층~지상 3층
	부지면적	2,850m^2
	연면적	1,274m^2
	주요 공간	유아열람실, 아동열람실, 디지털자료실, 독서교실, 전산실, 휴게실, 자료보관실, 문화교실, 강당, 하늘공원 등
	장서규모	84,483권
	개관년월일	2003.02.20.

특징	• 1층에 유아열람실이 있고, 2층에 아동열람실이 위치해 있음 • 유아열람실은 좌식구조로 바닥은 온돌로 되어 있음 • 유아열람실 내부는 원형 벽을 이용해 공간을 분리 • 유아열람실의 상부에만 창이 있어 외부인의 내부 관람이 어렵고, 자연광의 유입이 적어 공간이 어두움 • 유아열람실의 특징은 서고와 열람공간이 분리되어 구성되어 있음 • 아동열람실과 유아열람실은 각기 다른 층에 분리되어 배치 • 도서관 진입 시 홀을 지나 여러 공간으로 진입할 수 있도록 공간이 배치되어 있음 • 지하 1층에 잉글리쉬북클럽, 어린이문학교실, 체험학습프로그램과 같은 문화프로그램 공간구성 • 지하 1층에 자료보관실과 기계실이 위치해 있음 • 지상 2층에 디지털자료실, 독서교실, 전산실이 위치함 • 지상 3층에 독서문화프로그램 진행 및 영화상영을 할 수 있는 강당 위치 • 지상 3층에 사무공간이 위치해 있으며 공원을 조성하여 이용자의 휴게공간을 설치함

출처: 노원구어린이도서관 홈페이지 (2016.02.19). http://www.nowonilib.kr ; 신경희 (2008). 어린이도서관의 열람공간 이용행태에 관한 연구 재편집

5.2 순천기적의도서관

순천기적의도서관은 2003년에 개관하였으며 건물규모는 별관, 지상 1~2층, 면적은 총 4,204m^2이다.

공간구성은 본관은 1층 복층구조이며, 별관은 2층으로 구성되어 있다. 본관의 남측 입면이 유리창으로 설계되어 있어 열람실 내부에 자연광이 들어와 열람실 내부의 시야가 밝으며, 열람실 내부 중앙의 서가영역 주변으로 책과 소파가 배치되어 짧은 동선으로 이용이 용이함 등의 특징을 가지고 있다.

표 6-16 순천기적의도서관 공간구성 사례

구분		내용
일반사항	위치	전라남도 순천시 해룡면 기적의도서관길 60
	건물규모	별관, 지상 1층, 지상 2층
	부지면적	4,204m^2
	연면적	1,824m^2(본관 1,304m^2, 별관 509m^2)
	좌석수	380석
	주차공간	24대(일반용 17개, 장애자용 4개, 임산부용 1개, 대형버스용 2개)
	장서규모	80,345권
	개관년월일	2003.11.10.

<table>
<tr>
<td>시설
배치도</td>
<td>
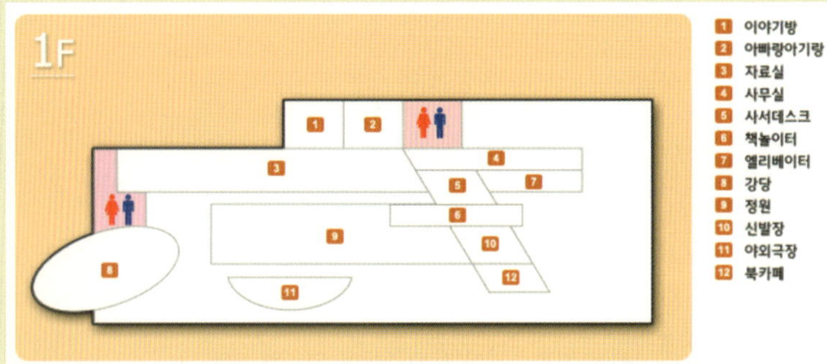

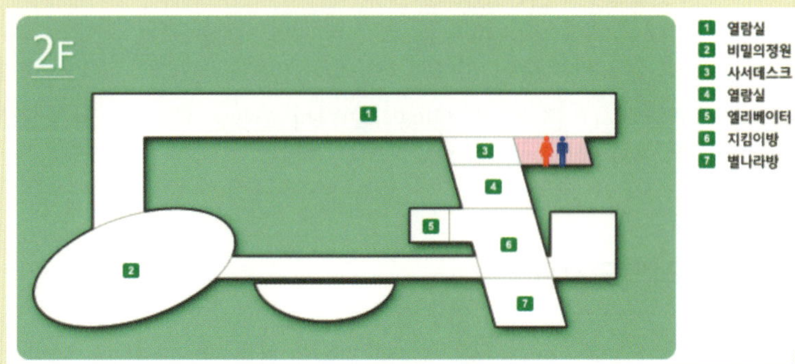

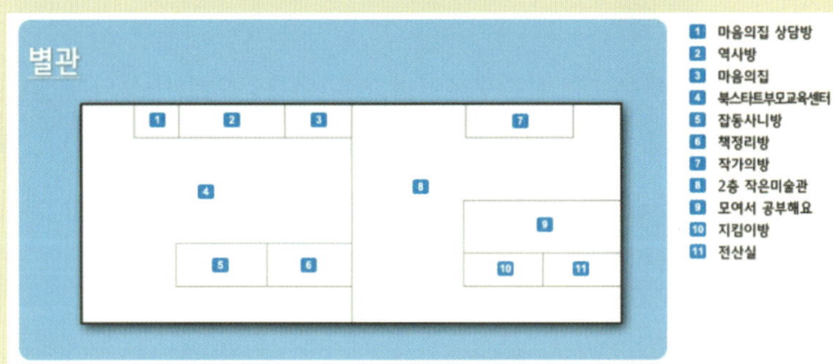

</td>
</tr>
<tr>
<td>특징</td>
<td>• 주차공간이 확보되어 있음
• 본관은 1층 복층구조이며, 별관은 2층으로 구성되어 있음
• 본관의 남측 입면이 유리창으로 설계되어 있어 열람실 내부에 자연광이 들어와 열람실 내부의 시야가 밝음
• 열람실 내부 중앙의 서가영역 주변으로 책과 소파가 배치되어 짧은 동선으로 이용자의 이용이 용이함
• 바닥의 레벨차를 두어 마루를 조성함
• 설립 이후 별관을 증축하였음
• 서고를 중심으로 통로, 열람공간이 구성되어 있음</td>
</tr>
</table>

출처: 순천기적의도서관 (2016. 2. 19). http://www.scml.or.kr; 신경희 (2008). 어린이도서관의 열람공간 이용행태에 관한 연구 재편집

5.3 금산기적의도서관

금산기적의도서관은 2005년에 개관하였으며 건물규모는 지하 1층~지상 2층, 면적은 1,717m^{2}이다.

주요 공간은 책나라, 이야기방, 아가들방, 지킴이방, 디지털자료방, 도움방 등으로 구성되어 있다. 또한 서고의 분산배치를 통해 주변으로 열람공간과 통로공간을 설치하여 아동의 독서를 유도하고, 자연광으로 인해 열람실 내부가 밝고 넓어보이는 등의 특징을 가지고 있다.

표 6-17 금산기적의도서관 공간구성 사례

구분		내용
일반사항	위치	충청남도 금산군 금산읍 비단로 296-13
	건물규모	지하 1층~지상 1층
	부지면적	1,717m^2
	연면적	528.52m^2
	건물구조	철근콘크리트 구조, 철골구조
	주요 공간	책나라, 이야기방, 아가들방, 지킴이방, 디지털자료방, 도움방, 화장실, 기계실
	개관일	2005.05.05.
특징		• 남측 입면에 유리창을 두어 열람실 내부로 자연광이 유입되도록 계획함 • 자연광으로 인해 열람실 내부가 밝고 넓어 보임 • 서고를 분산배치하여 주변으로 열람공간과 통로공간을 설치하여 아동의 독서유도 • 바닥은 마루로 되어 있음

출처: 금산기적의도서관 홈페이지 (2016. 2. 19). http://library.geumsan.go.kr; 신경희 (2008). 어린이도서관의 열람공간 이용행태에 관한 연구 재편집

5.4 서울시립어린이도서관

서울시립어린이도서관은 1979년 '세계 어린이 해'를 기념하여 설립된 우리나라 최초의 어린이도서관이다.

주요 공간은 자료열람실, 어린이자료실, 디지털자료실, 간행물실, 시청각실, 일반열람실, 문화교실 등으로 구성되어 있다. 서울시립어린이도서관은 본관 1층에 북카페를 설치하여 휴게공간 별관에는 프로그램 운영(체험동화마을)을 위한 별도의 공간을 마

련하고, 사직공원 내에 위치하여 종로도서관과 인접하여 도서관 연계성 확장가능 등의 특징을 가지고 있다.

표 6-18 서울시립어린이도서관 공간구성 사례

구분		내용
일반사항	위치	서울시 종로구 사직로 9길 7(사직동)
	건물규모	본관 지상 1층~지상 3층, 별관 지상 2층
	부지면적	6,611.5m^2
	건축면적	3,796.63m^2
	좌석수	1,050
	주요 공간	자료열람실, 어린이자료실, 디지털자료실, 간행물실, 시청각실, 일반열람실, 문화교실, 기타실
	장서규모	276,299권(어린이 268,066/ 일반 8,233)
	개관일	1979.02.17.
사진		 어린이자료실  유아열람실  시청각실
특징		• 1979년 '세계 어린이 해'를 기념한 우리나라 최초의 어린이도서관 • 유아열람실은 본관 3층에 위치 • 본관 3층에 독서상담교실 설치, 신간도서 안내, 어린이도서 추천 및 독서교육 상담 • 본관 3층에 시청각실 위치 • 어린이열람실은 본관(자료관) 1층과 2층에 위치 • 본관 1층에 북카페를 설치하여 휴게공간 마련 • 별관에 프로그램 공간 운영(체험동화마을) • 사직공원 내에 위치하여 종로도서관과 인접하여 도서관 연계성 확장가능

출처: 서울시립어린이도서관 (2016. 2. 19). http://childlib.sen.go.kr; 박수미 (2005). 유형비교를 통한 어린이도서관 공간구성에 관한 연구 재편집

그림 6-9 ▎어린이도서관의 열람공간

시흥시 중앙도서관 (어린이 자료실)	
고양시 아람누리 도서관	

시흥시 중앙도서관 (어린이 자료실)	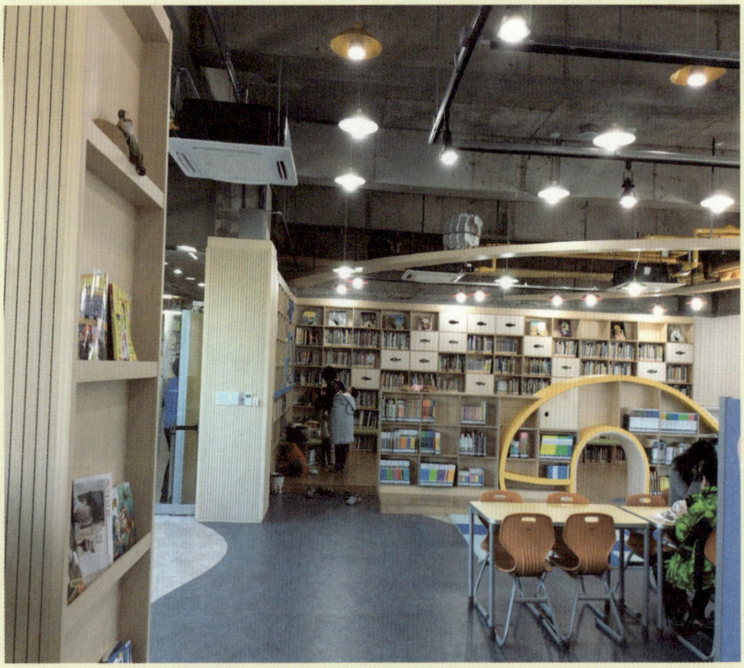
부천한울빛 도서관	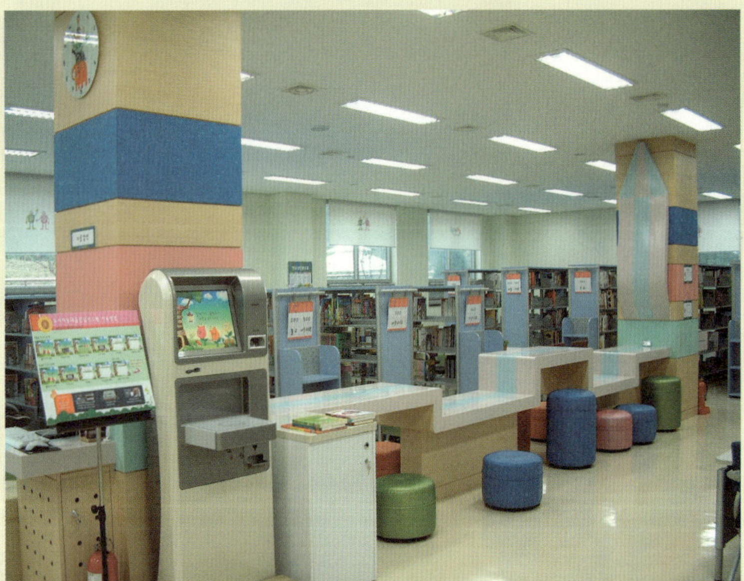

시흥대야 어린이 도서관	
부천꿈여울 도서관 (어린이 자료실)	

그림 6-10 ▌ 어린이도서관의 서가 2

부천시 책마루 도서관	
고양시 아람누리 도서관 (어린이실)	

고양시 화정 어린이 도서관	 〈어린이실〉  〈유아실〉

시흥시
중앙
도서관
어린이실

부천 한울빛 도서관

부천꿈여울도서관

시흥대야어린이도서관

그림 6-11 어린이도서관의 책상과 의자 2

고양시 아람누리 도서관 (어린이실)	
고양시 아람누리 도서관 (유아실)	
고양시 화정 어린이 도서관 (유아실)	

부천 한울빛 도서관 (어린이 열람실)	
시흥대야 어린이 도서관	

그림 6-12 ▌어린이도서관의 교육 · 집회공간

주엽 어린이 도서관	
고양시 행신 어린이 도서관	

그림 6-13 ‖ 어린이도서관의 특별활동공간

부천 한울빛 도서관	
부천 꿈여울 도서관	

그림 6-14 ▌어린이도서관의 안내데스크

고양시 화정 어린이 도서관

시흥시 능곡 도서관 (어린이 자료실)

그림 6-15 | 어린이도서관의 정보검색대

고양시 행신 어린이 도서관	
고양시 화정 어린이 도서관	

시흥시 중앙 도서관 (어린이 자료실)

그림 6-16 ▌공공도서관의 내부 휴게공간 및 편의시설

고양시 화정 어린이 도서관

어린이도서관 공간구성 **시험문제**

1 다음 〈보기〉에서 설명하는 것에 해당하는 것은?

> 보기
> • 어린이들이 모든 자원과 미디어에 자유롭게 접근할 수 있도록 제공할 것
> • 어린이, 부모 및 보호자를 위한 다양할 활동을 마련할 것
> • 가족들이 지역사회 속으로 쉽게 들어갈 수 있도록 할 것
> • 어린이들에게 힘을 주고 그들의 자유와 안전을 옹호할 것

① IFLA 어린이도서관 서비스 목적
② 공공도서관 봉사 IFLA/유네스코 공공도서관 개발을 위한 가이드라인
③ IFLA 어린이도서관지침에서 제시한 어린이도서관의 역할
④ 영유아를 위한 도서관서비스 가이드라인에서 제시한 어린이도서관의 역할
⑤ UNESCO와 IFLA의 공공도서관 공동선언

정답 ①
해설 ① 〈보기〉의 내용은 IFLA 어린이도서관 서비스 목적이다.

2 다음 중 어린이도서관의 성격으로 옳지 않은 것은?

① 어린이도서관은 누구나 손쉽게 이용할 수 있다.
② 어린이에게 봉사한다는 점에서 공공도서관의 성격을 가진다.
③ 특정 이용자층에 한해 제공한다는 점에서 전문도서관의 성격도 함께 가지고 있다.
④ 현재 「도서관법」이나 기타 법률에서는 어린이도서관의 유형이 정확하게 구분되어 있다.
⑤ 현재 어린이도서관이라고 불리는 곳은 어린이만을 대상으로 도서관서비스를 제공하는 어린이전문도서관과 공공도서관의 어린이열람실이 있다.

정답 ④
해설 ④ 현재 「도서관법」이나 기타 법률에서는 어린이도서관의 유형이 정확하게 구분되어 있지 았다. 국내 어린이도서관 중 현재 어린이도서관이라고 불리는 곳은 어린이만을 대상으로 도서관서비스를 제공하는 어린이전문도서관과 공공도서관의 어린이열람실이 있다.

3 다음은 어린이도서관의 어린이열람실 독서환경 구분을 위한 지침이다. 〈보기〉가 설명하는 영역으로 옳은 것은?

> 보기
> 어린이들의 안정과 안락감, 그리고 그들의 감성과 놀이에 영향을 미침

① 조명
② 벽의 색깔 및 재질
③ 소리
④ 열람실 모양
⑤ 바닥재료

정답 ①

해설 ① 어린이도서관의 어린이열람실 독서환경 구분을 위한 지침 중 조명영역에 관한 설명이다.
② 벽의 색깔 및 재질 : 노란색이나 담색계통의 밝은 색을 선택하여 방안이 밝아 보일 수 있도록 함, 가능하면 어린이들의 손이 닿는 높이까지는 더러움을 쉽게 닦을 수 있는 재질을 선택하는 것이 좋다.
③ 소리 : 어린이들은 만족스러운 수준에서 소리가 들릴 때 의사소통이 원활함, 열람실의 소음원인을 줄이기 위해서는 커튼과 카펫을 사용한다.
④ 열람실 모양 : 정사각형보다는 직사각형이 어린이들의 활동에 적절, 'L'자 형의 열람실은 어린이들을 한눈에 지켜 볼 수 있다는 장점이 있다.
⑤ 바닥재료 : 리놀륨, 고무나 플라스틱 타일, 카펫 등은 위생적이고 청소하기 쉬우며, 하드웨어를 설치하기에 적합하고, 어린이들이 앉아서 놀기에 편안하며, 소음을 줄일 수 있다.

4 어린이도서관의 일반적 공간구성에 대한 설명으로 옳지 않은 것은?

① 어린이도서관의 주 이용계층은 어린이와 유아이다. 유아의 경우 동행자를 위한 공간과 동행자와 함께하는 공간도 필요하다.
② 어린이도서관의 일반적 공간구성은 크게 열람실영역, 사서 및 직원영역, 기타영역으로 구분할 수 있다.
③ 열람실영역은 서비스공간 및 멀티미디어공간으로 세분화할 수 있다.
④ 사서 및 직원영역은 직원공간 및 관리공간으로 세분화할 수 있다.
⑤ 기타영역은 서비스공간, 기계실 등으로 세분화할 수 있다.

정답 ③

해설 ③ 어린이도서관의 일반적 공간구성에서 열람실영역을 세분화하면 자료열람공간, 특별활동공간으로 구분한다. 서비스공간 및 기계실 등으로 세분화한 것은 기타영역이다.

5 어린이도서관의 위치 및 공간형태에 대한 설명으로 옳지 않은 것은?

① 어린이도서관은 안전상의 이유로 도서관 전체건물 중 1개의 열람실로 이루어져 있다.
② 어린이전문도서관의 경우 저층구조로 1, 2층에 위치해 있는 경우가 많다.
③ 유아열람실의 공간형태는 출입구를 같이 사용하면서 파티션이나 서가에 의해 일부 기능을 어린이열람실과 통합하여 운영하는 통합형과 두 실의 출입구가 분리되어 구분되어 있는 분리형으로 구성된다.
④ 어린이도서관의 공간구성은 크게 동선중심, 서가공간, 특별활동공간 등으로 구성할 수 있다.
⑤ 특별활동공간은 주로 문화프로그램의 목적으로 이용된다.

정답 ③

해설 ③ 전세란(2008)은 유아열람실의 공간형태를 이용자의 이용행태에 따라 출입구를 같이 사용하면서 파티션이나 서가에 의해 일부 기능을 어린이열람실과 분리하여 운영하는 통합형과 두 실의 출입구가 분리되어 각각의 열람실로 구분되어 있는 분리형으로 구성된다고 말했다.

6 〈보기〉에서 설명하는 내용으로 옳지 않은 것은?

> **보기**
> 어린이도서관의 공간구성은 크게 동선중심, 서가공간, 특별활동실로 구성할 수 있다.

① 동선중심의 공간구성 체계는 도서관에 진입하여 로비공간을 지나 열람실로 들어가는 체계로 주출입구 주변에 검색실과 사물함·수납장을 배치하고 로비에 인접한 곳에 위생공간이 위치해 있다.
② 서가공간은 대부분 열람실 내에 위치하여 있으며, 특별관리가 필요한 자료의 경우 보존서고 등을 따로 설치하여 관리한다.
③ 열람실은 내부벽을 설치하거나 간이벽, 가구를 활용하여 실을 분리해서 공간을 사용하기도 한다.
④ 특별활동공간의 위치는 열람실 내에 있거나, 독립실로 구분되어 있거나, 단독건물로 이루어져 있는 경우가 있다.
⑤ 직원 측면에서 볼 때 특별활동공간은 다용도로 많이 사용되고 있는 공간이기 때문에 주로 열람실이나 로비 가까이에 위치한다.

정답 ⑤

해설 ⑤ 이용자 측면에서 볼 때 특별활동실은 다용도로 사용되고 있는 공간이기 때문에 동적인 면에서는 열람실이나 로비 가까이에 위치하는 것이 유리하지만, 문화프로그램 등으로 인한 소음 발생 및 혼잡을 방지하기 위해서는 단독건물로 위치하여 있는 것이 공간구성에 유리하다.

7 다음 중 어린이도서관의 공간구성의 특징으로 옳지 않은 것은?

① 출입구에서부터 한눈에 내부공간을 파악할 수 있다.
② 어린이가 주 이용자계층이지만, 발달연령에 따라 공간구성은 세분화되고 영역화되어야 한다.
③ 실제로 어린이도서관의 대부분은 이용자중심으로 공간이 구성되어 있다.
④ 열람실과 전시실, 다목적실 등 공용으로 사용되는 공간의 경우를 제외하면 영유아실, 이야기실, 수면실 등이 어린이도서관을 차지하고 있다.
⑤ 어린이도서관의 특별활동을 위한 공간은 프로그램에 상관없이 일괄적인 공간구성을 한다.

정답 ⑤

해설 ⑤ 어린이도서관의 특별활동을 위한 공간은 프로그램에 따라 다양한 공간구성을 필요로 한다.

8 다음 괄호 안에 들어갈 것으로 적절하지 않은 것은?

도서관의 특별활동	조건	특성
듣고 보는 활동	• 독서교실 • 스토리텔링 • 동화 그림극 • 인형극 공연 • 영화상영	이야기실 (가)
말로 표현하는 활동	• 동화 구연 • 동요 부르기 • 동시 낭송 • 엄마와 함께 영어 배우기	(나)
보는 활동	• 각종 전시회	(다)
만들고 표현하는 활동	• 동화그림 그리기 • 색종이접기 • 종이모형 만들기	(라)
놀이를 통한 활동	• 블록 쌓기, 피코게임	독립된 공간

① (가) 시청각실
② (가) 무대
③ (나) 전시실
④ (다) 전시실
⑤ (라) 독립된 공간

정답 ③

해설 ③ 말로 표현하는 활동은 독립된 공간에서 하는 것이 적절하다.

9 독서실+특별활동+전시기능의 통합형 공간계획에 대한 설명으로 옳지 않은 것은?

① 열람과 서가의 공간형태가 하나로 통합된 어린이도서관의 경우이다.
② 좁은 공간을 기능별로 나누어 구획하기보다는 한 공간에서 여러 가지 기능을 할 수 있도록 하여 효율적으로 이용할 수 있다.
③ 이러한 유형은 열람과 서가공간이 전체면적을 차지하기 때문에 부수적인 공간에서 주된 공간으로 접근이 용이하도록 구성해야 한다.
④ 예를 들어, 로비에서 열람과 서가공간은 바로 연결되는 개방형으로, 특별활동공간과 카운터, 검색공간, 위생시설의 동선은 최대한 줄여 열람과 서가를 위한 공간을 최대한 활용하는 것이다.
⑤ 어린이의 특성을 고려하여 자유로운 독서형태를 위해 서가와 열람실공간을 하나로 통합하고 공간을 융통성 있게 구성해야 한다.

정답 ③

해설 ③ 도서실+특별활동+전시기능의 통합형 공간계획과 같은 유형은 열람과 서가공간이 전체면적을 차지하기 때문에 주된 공간에서 부수적인 공간으로 접근이 용이하도록 구성해야 한다.

10 도서실+특별활동+전시기능의 분리형 어린이도서관에 대한 설명으로 옳은 것은?

① 도서실+특별활동+전시기능의 분리형은 도서관의 기본적인 기능 외에 놀이의 기능을 추가한 유형의 공간구성이다.
② 이러한 유형은 열람과 서가공간이 전체면적을 차지하기 때문에 부수적인 공간에서 주된 공간으로 접근이 용이하도록 구성해야 한다.
③ 이러한 유형은 각 영역의 기능성을 강조하는 것으로서 도서관의 기본적인 기능의 각 영역을 명확하게 구분하여 서로의 기능에 방해되지 않도록 개방적인 공간을 구성하는 것이다.
④ 도서실+특별활동+전시기능의 분리형은 물리적인 환경조건에서 통제, 질서, 프라이버시를 강조하여 어린이들에게 정형화된 공간을 제공할 수 있지만 각 영역이 별개의 공간이 아니기 때문에 서로의 연계성을 두어 동선을 계획해야 한다.
⑤ 어린이의 특성을 고려하여 자유로운 독서형태를 위해 서가와 열람실공간을 하나로 통합하고 공간을 융통성 있게 구성해야 한다.

정답 ④

해설 ① 도서실+특별활동+전시+놀이기능의 통합형 어린이도서관에 관한 설명이다.
② 도서실+특별활동+전시기능의 통합형 어린이도서관에 관한 설명이다.
③ 이러한 유형은 각 영역의 기능성을 강조하는 것과 특별활동 및 전시의 기능을 강조한 것으로 나눌 수 있다. 도서관의 기본적인 기능의 각 영역을 명확하게 구분하여 서로의 기능에 방해되지 않도록 폐쇄적인 공간을 구성하는 것이다.
⑤ 도서실+특별활동+전시기능의 통합형 어린이도서관에 대한 설명이다.

11 도서실+특별활동+전시기능의 분리형 어린이도서관에서 특별활동과 전시의 기능을 강조한 도서관에 대한 설명으로 옳지 않은 것은?

① 한정된 공간에서 여러 가지 활동과 전시를 하는 데 겪는 공간적 한계를 개선하여 놀이기능을 위주로 공간을 구성해야 한다.
② 어린이의 무한한 상상력과 창의력을 길러주기 위해 다양한 프로그램을 병행하여 경험할 수 있도록 제공한다는 어린이도서관의 목적을 수행하는 것이다.
③ 특별활동과 전시기능을 강조한 도서관은 열람, 서가, 특별활동, 전시의 공간을 하나로 구성한다.
④ 개방된 공간, 즉 하나의 원으로 공간을 구성하는 것이다.
⑤ 이러한 공간구성은 이동이 가능한 가구를 이용하여 다양한 공간구성을 통해 프로그램의 다양성을 높일 수 있다.

정답 ①

해설 ① 한정된 공간에서 여러 가지 활동과 전시를 하는 데 겪는 공간적 한계를 개선하여 특별활동과 전시를 위주로 공간을 구성해야 한다.

12 도서실+특별활동+전시+놀이기능의 통합형 어린이도서관에서 도서관의 기본적인 기능 외에 놀이의 기능을 추가한 유형의 공간구성과 가구배치에 대한 설명으로 옳지 않은 것은?

① 개방적인 공간과 폐쇄적인 공간을 병행한다.
② 예를 들어 로비에서는 폐쇄적인 느낌이 들도록 천장까지 높은 벽면을 구성하고, 검색공간과 카운터를 통과해 열람·서가공간에 들어서면 개방적인 공간이 펼쳐져 공간의 끝에서 다시 폐쇄공간으로 주제별 독서공간을 마련하는 것이다.
③ 개방과 폐쇄적인 공간의 반복은 공간의 일체성을 가져다준다.
④ 집중력이 짧고, 활동성이 강한 어린이의 특성을 고려하여 어린이의 신체적인 움직임을 유도하며 어떤 공간에서든 독서가 가능하도록, 놀이와 병행하여 독서가 이루어질 수 있도록 다양한 공간을 계획한다.
⑤ 어린이의 다양한 인체치수를 고려하여 책상과 의자를 계획해야 한다.

정답 ③
해설 ③ 개방과 폐쇄적인 공간의 반복은 공간의 다양성과 변화를 가져다준다.

13 〈보기〉에서 설명하는 것으로 옳은 것은?

보기
첫째, 위치는 되도록 1층이 좋고, 활동하기에 충분한 실내·실외공간이 확보되어야 한다. 출입문은 2개 이상이 좋으며, 실내·실외로의 출입이 쉬워야 한다.
둘째, 아동의 성장·발달에 입각하여 환경을 구성해야 한다.
셋째, 적절의 자극적인 풍부한 환경을 구성해야 한다.
넷째, 건강과 안전을 최대한 보장하며, 창의적이고 융통성 있는 환경을 구성한다.

① 어린이 특성에 따른 물리적 환경조건
② 어린이도서관의 물리적 환경요소
③ 어린이도서관 이용환경의 구성 원칙
④ 각 영역의 기능성을 강조한 도서관
⑤ 어린이도서관의 공간계획

정답 ③
해설 ① 그린만(Greenman, 1998), 웨인스타인(Weinstein, 1987)이 아동발달학적 관점에서 공간디자인의 물리적 환경의 조건과 특성에 대해 언급한 것이다.
② 어린이도서관의 물리적 환경요소는 어린이의 특징을 고려하여 안전과 위생, 그리고 어린이 성향을 파악하여 물리적 공간구성에 참고하는 것이 중요하다.
④ 각 영역의 기능성을 강조한 도서관은 도서실+특별활동+전시기능의 분리형 어린이도서관의 유형 중 하나이다.
⑤ 어린이도서관의 공간계획은 국내의 어린이도서관 공간구성 유형에 따라 네 가지로 나눌 수 있다.

14 다음은 그린만(Greenman, 1998), 웨인스타인(Weinstein, 1987)이 아동발달학적 관점에서 공간디자인의 물리적 환경의 조건과 특성을 정리한 표이다. 유아발달특성으로 옳지 않은 것은?

유아발달특성	신장	
	조건	특성
① 신체발달	움직임 (Movement)	• 신체적 기술 연마를 통한 사고능력의 발달 • 세상에 대한 정보제공 • 신체와 사물에 대한 조절능력
	건강 (Health)	• 유아의 수에 따른 적절한 공간의 밀도 • 친환경적 건축자재와 마감재 사용
② 운동발달	도전 (Challenge)	• 환경과의 능동적, 자발적 상호작용을 통한 신체 단련 • 신체적 움직임과 실수를 통한 조심성과 안전성 학습
	안전 (Security)	• 물리적 시설의 안전 • 도전적인 환경과의 적절한 수준에서의 절충
	통제 (Control)	• 유아의 행동과 주변상황을 관찰할 수 있는 공간구성 • 적절한 유아의 활동제한과 폐쇄공간
③ 정서·인지 발달	편안함 (Comfort)	• 쾌적하고 안락한 환경 조성 • 휴식과 재충전의 기회 제공 • 공공장소에서의 친숙함, 신뢰감 제공
	자아존중감 (Self-Esteem)	• 개인적 욕구 충족 및 활동의 용이성 • 시설물, 가구 및 공간이동에 대한 스스로의 조절능력 제공 • 가구, 설비물의 유아스케일
	프라이버시 (Privacy)	• 자극에서 분리된 사적인 공간 • 시각적, 청각적 분리를 통한 물리적인 경계
④ 언어발달	질서 (Order)	• 규칙적이며 질서 있는 시간과 공간계획 • 복합성을 고려한 적절한 자극의 환경
	융통성 (Flexibility)	• 사회적 상호작용을 위한 공간구성 • 변형, 조작 가능한 물리적인 환경
⑤ 언어발달	편안함 (Comfort)	• 주의력, 기억력, 성취의 발달 • 성인과 함께하는 공간구성

정답 ④

해설 ④는 사회성발달에 관한 설명이다.

15 〈보기〉에서 설명하는 어린이도서관의 물리적 환경요소는 무엇인가?

보기

• 위생에 대한 인식이 미분화된 영유아의 특성 고려
• 차가운 느낌보다는 따뜻한 느낌으로 선택
• 안전사고를 예방할 수 있는 미끄럽지 않고 탄력성 있는 바닥재 사용
• 가구와 시설의 잦은 이동에 견딜 수 있는 내구성이 강한 소재 사용
• 관리 및 유지가 용이한 바닥재 사용

① 벽　② 천장　③ 바닥
④ 색채　⑤ 소음

정답 ③

해설 ① 방음처리와 더불어 도서관 전체의 이미지를 보여주는 공간이다.
② 채광 및 조명효과에 가장 큰 영향을 미치는 부분이다.
④ 공간의 분위기와 이미지를 결정하는 중요한 요소로서, 공간을 이용하는 인간에게 커다란 영향을 미치는 부분이다.
⑤ 도서관에서의 소음은 외부소음과 내부소음으로 나누어진다.

16 어린이도서관의 물리적 환경요소인 소음에 관한 설명으로 옳지 않은 것은?

① 외부소음과 내부소음으로 나누어진다.
② 외부소음은 물리적인 잡음, 각종 기기에서 나는 기계음, 도서관을 이용하는 열람자와 관리자의 대화, 보행, 도서운반 등으로 발생하는 소리를 말한다.
③ 일반적으로 도서관 공간별 소음 기준치는 전체적으로 35dB을 유지한다.
④ 자료수장 및 이용공간은 30~35dB, 사무공간은 35~45dB이 적정하다.
⑤ 집회실 및 회의실은 35dB 이하, 기타공간은 40dB 내외가 적정기준이다.

정답 ②

해설 ② 외부소음은 특정공간 밖에서 발생한 소음이 내부공간에 전도되는 것을 말하며, 내부소음은 각종 기기에서 나는 기계음, 도서관을 이용하는 열람자와 관리자의 대화, 보행, 도서운반 등으로 발생하는 소리를 말한다.

17 어린이도서관의 소음관리에 대한 고려사항으로 옳지 않은 것은?

① 외부소음을 방지할 수 있도록 배치한다.
② 내부소음을 흡수할 수 있는 흡음재와 방음재를 사용하여 소음을 통제한다.
③ 시끄러운 영역과 조용한 영역을 적절하게 분리한다.
④ 이중 출입문과 창문의 접촉부분은 완충재로 마감하여 진동과 충격을 최소화시키도록 한다.
⑤ 벽체의 차음력을 높이고 개구부의 틈새를 막아 외부소음을 방어하고, 각종 정보기기는 저주파형으로 선택하여 소음을 줄일 수 있도록 한다.

정답 ⑤

해설 ⑤ 벽체의 차음력을 높이고 개구부의 틈새를 막아 외부소음을 방어하고, 각종 정보기기는 저소음형으로 선택하여 소음을 줄일 수 있도록 한다.

18 어린이열람실 영역별 독서환경 구성에 대한 설명으로 옳지 않은 것은?

① 열람실 모양 – 정사각형보다는 직사각형이 어린이들의 활동에 적절하다.
② 벽의 색깔 및 재질 – 노란색이나 담색계통의 밝은 색을 선택하여 방안이 밝아 보일 수 있도록 한다.
③ 바닥재료 – 리놀륨, 고무나 플라스틱 타일, 카펫 등은 어린이들이 앉아서 놀기에 편안하지만 청소하기가 어렵다.
④ 난방과 환기 – 어린이들이 체감하는 온도를 알기 위해서 온도 조절기나 온도계

를 어린이들 눈높이에 설치하는 것이 좋다.
⑤ 조명 – 조명은 어린이들의 안정과 안락감, 그리고 그들의 감성과 놀이에 영향을 미친다.

정답 ③

해설 ③ 리놀륨, 고무나 플라스틱 타일, 카펫 등은 위생적이고 청소하기 쉬우며, 하드웨어를 설치하기에 적합하고, 어린이들이 앉아서 놀기에 편안하며, 소음을 줄일 수 있다.

19 어린이도서관 공간구성체계에 대한 설명으로 옳지 않은 것은?

① 어린이도서관은 안전상의 이유로 도서관 전체건물 중 1개의 열람실로 이루어져 있거나, 어린이전문도서관의 경우 저층구조로 이루어져 있다.
② 어린이도서관의 공간구성은 크게 동선중심, 서가공간, 특별활동실로 구성할 수 있다.
③ 특별활동공간은 독립실로 구분되어 있거나, 단독건물로 이루어져 있는 경우가 있다.
④ 이용자 측면에서 볼 때 특별활동공간은 단독건물로 위치하여 있는 것이 좋다.
⑤ 열람실은 내부벽을 설치하거나 간이벽, 가구를 활용하여 실을 분리해서 공간을 사용하기도 한다.

정답 ④

해설 ④ 이용자 측면에서 볼 때 특별활동실은 다용도로 많이 사용되고 있는 공간이기 때문에 열람실이나 로비에 가까이에 위치하는 것이 동선적인 면에서는 유리하지만, 문화프로그램 등으로 인한 소음 발생 및 혼잡을 방지하기 위해서는 단독건물로 위치하여 있는 것이 공간구성에 유리하다.

20 다음 〈보기〉는 어린이도서관의 특별활동에 따른 활동내용이다. 〈보기〉에 해당되는 공간으로 옳은 것은?

보기
• 동화 구연
• 동요 부르기
• 동시 낭송
• 엄마와 함께 영어 배우기

① 이야기실, 시청각실 무대 ② 독립된 공간
③ 전시실, 홀의 일부분 ④ 열람실

정답 ②

해설 ② 말로 표현하는 활동, 만들고 표현하는 활동, 놀이를 통한 활동은 독립된 공간에서 이루어지는 것이 좋다.

21 어린이도서관 이용환경의 구성 원칙에 대한 설명으로 옳지 않은 것은?

① 아동의 성장·발달에 입각하여 환경을 구성해야 한다.
② 출입문은 2개 이상이 좋으며, 실내·실외로의 출입이 쉬워야 한다.

③ 위치는 되도록 동선이 자유롭도록 건물의 중간층이 좋고, 활동하기에 충분한 실내・실외공간이 확보되어야 한다.

④ 적질의 자극적인, 풍부한 환경을 구성해야 한다.

⑤ 건강과 안전을 최대한 보장하며, 창의적이고 융통성 있는 환경을 구성한다.

정답 ③

해설 ③ 위치는 되도록 1층이 좋고, 활동하기에 충분한 실내・실외공간이 확보되어야 한다. 출입문은 2개 이상이 좋으며, 실내・실외로의 출입이 쉬워야 한다.

22 다음 〈보기〉에 해당하는 어린이도서관 공간계획으로 옳은 것은?

> **보기**
> • 각 공간의 기능성을 강조하여 영역을 구분하고, 각 영역마다 고정형 가구를 배치하여 차별화를 둔다.
> • 어린이들의 다양한 독서행태를 고려하여 소파형태와 책상을 배치하고 독서를 하는 자세에 상관없이 편안하게 볼 수 있도록 안전성 있는 마감재를 선택한다.

① 각 영역의 기능성을 강조한 도서관

② 특별활동과 전시의 기능을 강조한 도서관

③ 도서실+특별활동+전시+놀이기능의 통합형 도서관

④ 도서실+특별활동+전시기능의 통합형 도서관

⑤ 도서실+특별활동 도서관

정답 ①

해설 ① 도서실+특별활동+전시기능의 분리형 어린이도서관으로서 각 영역의 기능성을 강조한 도서관이다.

23 다음 〈보기〉 중 어린이 특성에 따른 물리적 환경조건에 대한 설명으로 사회성 발달에 해당하는 것으로 바르게 짝지어진 것은?

> **보기**
> 가. 질서(Order)　　나. 도전(Challenge)
> 다. 자아존중감(Self-Esteem)　　라. 움직임(Movement)
> 마. 편안함(Comfort)　　바. 융통성(Flexibility)

① 가, 바　　② 나, 다, 라

③ 가, 나　　④ 가, 바, 마

⑤ 가, 나, 다, 라, 마

정답 ①

해설 가, 바 : 사회성 발달
나 : 운동발달
다, 마 : 정서・인지 발달

| 참고문헌 |

강건해 (2006). 어린이 도서관에서 아동의 독서공간과 행태의 관계에 관한 연구. 대한건축학회 2006년도 학술발표대회 논문집-계획계, 26(1), 341-344.

강동구립암사도서관 (2016. 2. 19). 강동구립암사도서관 홈페이지. Retrieved from http:// www.gdlibrary.or.kr/aslib/main.do

강미희 (2011). 어린이도서관 공간평가요소 개발 연구. 박사학위논문, 전남대학교 대학원, 문헌정보학과.

강영숙 (2009). 지역사회 친화형 공공도서관 공간구성에 관한 연구. 석사학위논문, 한국교원대학교, 교육정책대학원, 시설정책전공.

강윤호 (2005). 공공도서관 어린이열람실 공간계획에 따른 가구배치에 관한 연구. 석사학위논문, 경기대학교 대학원, 문헌정보학전공.

고양도서관 (2016. 2. 19). 고양시 도서관센터 홈페이지. Retrieved from http://www.goyanglib.or.kr

고재민, 조현양, 고흥권 (2015). 도서관 소요공간에 따른 면적구성에 관한 연구. 한국도서관·정보학회지, 46(3), 349-379.

고흥권, 임채진, 임호균 (2012). 공공도서관 공간규모계획기준에 관한 기초적 연구. 한국실내디자인학회 논문집, 21(4), 190-199.

곽철완 (2005). 공공도서관 공간구성에 영향을 미치는 요인에 관한 연구. 한국도서관·정보학회지, 36(3), 149-167.

교육인적자원부 교육시설담당관실. (2002). 학교시설 설비 계획 및 모형(안). 서울: 교육인적자원부.

국가기술표준원 (2001). KSG(학생용 책상 및 의자)의 주요 개정내용. 충북: 국가기술표준원.

국립중앙도서관 (2007). 도서관공간운영 실태조사 및 표준모델 연구. 서울: 국립중앙도서관.

금산기적의도서관 (2016. 2. 19). 금산기적의도서관 홈페이지. Retrieved from http://library.geumsan.go.kr

김금현, 이초린, 공순구 (2008). 공공도서관 관리공간의 표준모델에 관한 연구. 한국실내디자인학회 논문집, 17(6), 170-177.

김기남 (1998). 열린교육의 확산을 위한 학교시설·설비기준의 변화. 한국교육시설학회지, 5(3), 21-24.

김병주 (2003). 학교도서관 시설 개선에 관한 연구. 한국비블리아학회지, 14(2), 141-158.

김선애 (2008). 공공도서관 공간운영을 위한 기준 도출에 관한 연구. 한국비블리아학회지, 19(2), 85-105.

김여경, 정지석, 최무혁 (2003). 공공도서관의 공간구성비 변화에 관한 연구. 대한건축학회 학술발표대회 논문집-계획계, 23(1), 303-306.

김은자 (2008). 공공도서관 이용자 행태에 따른 공간구성에 관한 연구. 박사학위논문, 경기대학교 대학원, 문헌정보학과 문헌정보학전공.

김정희, 이상호 (2003). 公共圖書館의 空間構成 複合化 類型에 關한 硏究. 한국실내디자인학회 논문집, (41), 145-154.

김중한 (1982). 학교도서관. 서울: 한국도서관협회.

김창규 (2010). 초등학교 도서관 시설의 이용 활성화 방안에 관한 연구. 석사학위논문, 한국교원대학교 교육정책전문대학원. 교육시설환경정책전공.

김형석 (2009). 공공도서관의 공간운영에 따른 공간구성체계에 관한 연구. 석사학위논문, 홍익대학교 대학원, 건축공학과 건축계획전공.

김홍렬 (2012). 전문도서관기준의 동향과 개정 방향 연구. 정보관리연구, 43(1), 1-22.

김홍섭 (2014). 디지털 시대 도서관계획에 있어서의 공간 변화의 특성에 대한 연구. 석사학위논문, 인하대학교 일반대학원, 건축공학과.

남영준, 최성은, 김규환 (2009). 학교도서관의 리모델링 이후 이용자 만족도에 대한 사례 연구. 한국도서관 · 정보학회지, 40(4), 31-60.

대진대학교 (1999). 문헌정보학연구. 포천: 대진대학교

류제연 (2010). 건축설계경기에 나타난 공공도서관 디자인에 관한 연구 : 개념 및 공간구성을 중심으로. 석사학위논문, 한성대학교 대학원, 인테리어디자인전공.

문화체육관광부 (2002). 도서관발전종합계획. 세종: 문화체육관광부

문화체육관광부 (2013). 공공도서관 건립 · 운영 매뉴얼. 세종: 문화체육관광부.

문화체육관광부 도서관 정보정책기확단 (2010). 공공도서관 건립 · 운영 매뉴얼. 세종: 문화체육관광부

민들레 (2008). 대학도서관 만족도 향상을 위한 공간개선방향에 관한 연구. 석사학위논문, 한양대학교 산업경영디자인대학원, 산업환경디자인전공.

박수미 (2005). 유형비교를 통한 어린이도서관 공간구성에 관한 연구. 석사학위논문, 단국대학교 대학원, 건축학건축공학과.

박수미, 이재훈 (2005). 유형비교를 통한 어린이도서관 공간구성에 관한 연구. 대한건축학회 창립60주년기념 학술발표대회논문집, 25(1), 83-86.

박정선 (2004). 학교도서관 운영 활성화 방안에 관한 연구. 석사학위논문, 숙명여자대학교 대학원, 문헌정보학전공.

박지민 (2002). 어린이 도서관의 실내공간계획에 관한 연구 : 유아대상 어린이도서관의 공간구성과 가구배치를 중심으로. 석사학위논문, 연세대학교 생활환경대학원, 실내환경디자인전공.

박지훈 (2014). 상호협력체계에 따른 공공도서관 공간모형에 관한 연구. 박사학위논문, 홍익대학교 대학원.

서수원 지식정보도서관 (2016. 2. 19). 서수원 지식정보도서관 홈페이지. Retrieved from http://www.goyanglib.or.kr

서울시립어린이도서관 (2016. 2. 19). 서울시립어린이도서관 홈페이지. Retrieved from http://childlib.sen.go.kr

서혜란, 김선애, 강은영 (2008). 공공도서관의 공간운영 실태에 관한 연구. 한국비블리아학회지, 19(1), 131-156.

성근주 (1999). 정보환경변화에 따른 대학도서관의 공간에 관한 연구. 석사학위논문, 조선대학

교 환경보건대학원, 환경설계학과 건축도시설계전공.
손정표 (1991). 공공도서관 표준모형 개발에 관한 연구. 서울: 한국도서관협회.
송기호 (2005). 학교도서관 교구・설비기준 개선방안. 한국문헌정보학회지, 39(2), 57-84.
송기호 (2008). 학교도서관 운영의 실제. 서울: 한국도서관협회.
송민희, 이상호 (2002). 공공도서관의 공간구성 및 변화에 관한 연구. 대한건축학회 학술발표대회 논문집-계획계, 22(2), 359-362.
송승언, 김석태 (2011). 공공도서관의 복합화에 따른 공간의 구조적 변화에 관한 연구. 한국실내디자인학회 논문집, 20(6), 311-320.
송인조, 조완기, 조택연. (2008). 유비쿼터스 환경에서 나타나는 공간특성에 관한 연구. 대한건축학회 논문집-계획계, 24(6), 3-10.
송파도서관 (2016. 2. 19). 송파도서관 홈페이지. Retrieved from http://yclib.sen.go.kr
순천기적의도서관 (2016. 2. 19). 순천기적의도서관 홈페이지. Retrieved from http://www.scml.or.kr
신경희 (2008). 어린이도서관의 열람공간 이용행태에 관한 연구. 석사학위논문, 홍익대학교 대학원.
신다영, 유우상 (2015). 대학도서관의 새로운 기능 및 공간 변화에 관한 예비고찰. 대학건축학회 학술발표대회 논문집, 35(1), 119-120.
신동준, 이상호, 임채진 (2009). 초등학교 학교도서관 기능 공간의 배치유형에 관한 연구. 한국비블리아학회지, 20(1), 165-179.
신현수, 이상호 (1998). 정보환경조건에 따른 대학도서관의 공간 변화 추이에 관한 연구. 대한건축학회학술발표논문집, 18(1), 62.
안광열 (2010). 초등학교 도서관 실내공간구성에 관한 연구: 충청북도 내 도서관을 중심으로. 석사학위논문, 청주대 산업경영대학원, 실내디자인학과.
안인자, 노영희, 박미영, 이재권 (2011). 관종별 공간구성을 위한 핵심 도서관용품 리스트 개발에 관한 연구. 정보관리학회지, 28(1), 195-220.
양성원, 김억 (2004). 상대주의 공간개념을 적용한 공공도서관에 관한 연구. 대한건축학회 2004년도 추계학술발표대회, 24(2), 283-285.
양옥승 (2003). 유아교육개론. 서울: 학지사.
양천도서관 (2016. 2. 19). 양천도서관 홈페이지. Retrieved from http://yclib.sen.go.kr
양희범, 강건희 (1995). 정보기술의 도입에 따른 대학도서관 공간계획의 변화에 관한 연구. 대한건축학회 학술발표대회 논문집-계획계, 15(1), 89-177.
어린이도서관연구소 (2004). 어린이도서관 길잡이. 고양: 어린이도서관연구소.
유양근 (2004). 학교도서관의 발전 방안에 관한 연구. 한국도서관・정보학회지, 35(2), 297-321.
유지현 (2004). 중등학교 학교도서관실내디자인에 관한 연구-서울시내 Y중등학교도서관 실내디자인계획을 중심으로. 석사학위논문, 세종대학교 언론홍보대학원, 문화예술학과 예술경영전공.
윤복자 (1984). 어린이의 주생활. 서울: 연세대학교 출판부.
윤영 (1996). 대학도서관 건축계획에 관한 고찰. 인문과학연구논총, (14), 163-188.
윤희윤 (2007). 장서관리론. 대구: 태일사.
이상호, 공순구, 박고현 (1999). 공공도서관의 내관자 관내 행위에 따른 공간구성에 관한 연구. 한국실내디자인학회 논문집, (21), 62-68.

이수경, 김용승 (2008). 국내 공공도서관의 이용자 행위조사 · 분석에 따른 공간구성에 관한 연구. 한국실내디자인학회 논문집, 17(6), 188-196
이정원 (2015). 사회-공간 네트워크 분석을 활용한 공공도서관 공간구성에 관한 연구. 석사학위논문, 중앙대학교 대학원.
임호균 (2013). 공공도서관 자료열람실 공간기준에 관한 연구. 한국실내디자인학회 논문집, 22(5), 328-335.
장아리 (2014). 대학도서관 주제자료실의 공간계획에 관한 연구. 박사학위논문, 한양대학교 대학원, 실내환경디자인학과.
장아리, 황연숙 (2007). 공공도서관의 실내공간특성에 관한 연구. 한국실내디자인학회 논문집, 16(6), 172-180.
장우석, 손광호 (2011). 복합화에 의한 공공도서관의 경향과 공간구성에 관한 연구. 한국실내디자인학회 논문집, 20(1), 199-207.
장윤금 (2014). 대학도서관 공간구성 변화 및 평가방안 연구. 정보관리학회, 31(4), 229-248.
전세란 (2008). 공공도서관 아동열람실의 환경행태특성 평가. 석사학위논문, 한양대학교 대학원, 실내환경디자인학과.
정국헌 (2008). 초등학교 도서실의 건축계획적 배치현황에 관한 조사연구. 석사학위논문, 부경대학교 산업대학원, 건축공학과.
정미경, 남태우 (2007). 도서관 통합서비스 모델로서의 Information Commons에 관한 연구. 한국문헌정보학회지, 41(4), 347-363.
정재영 (2007). 대학도서관의 Information Commons(정보공유공간) 도입에 관한 연구. 한국도서관 · 정보학회지, 38(1), 67-87.
정재영 (2012). 대학도서관 공간활용 방안 연구. 한국도서관 · 정보학회지, 43(3), 333-352.
천혜선, 이정미, 임채진 (2009). 자료특성에 따른 일본 공공도서관의 공간구성에 관한 연구. 대한건축학회 논문집-계획계, 25(3), 111-120.
최선희 (2012). 지역사회를 위한 공공도서관의 공간구성에 관한 연구. 박사학위논문, 경원대학교 일반대학원, 건축학과.
한국교육학술정보원 (2006). 학교도서관 평가 적용 및 및 교육적 효과 측정 연구. 대구: 한국교육학술정보원.
한국도서관협회 (1994). 도서관정보관리편람. 서울: 한국도서관협회.
한국도서관협회 (2003). 한국도서관기준. 서울: 한국도서관협회.
한국도서관협회 (2004). 圖書館文化. KLA Journal, 45(7), 102-109.
한국도서관협회 (2009). 도서관편람. 서울: 한국도서관협회.
한국도서관협회 (2010). 한국도서관기준 개정연구. 서울: 한국도서관협회.
한국도서관협회 (2013). 한국도서관연감. 서울: 한국도서관협회.
한국도서관협회 도서관기준작성특별위원회 (2003). 한국도서관기준. 서울: 한국도서관협회.
한국표준협회 (1993. 12. 8). 한국산업규격 KSA-3011-1993. 서울: 한국산업표준협회.
한희정, 김용 (2010). 유비쿼터스 환경에서의 공공도서관 공간설계에 관한 연구. 정보관리학회지, 27(4), 193-217.
황연숙, 손여림, 장아리 (2009). 공공도서관 프로그램에 따른 공간사용방법 및 사용자 요구도. 한국디지털건축인테리어학회 논문집, 9(1), 49-59.
American Association of School Librarians, & Association for Educational Communications

(1988). *Information power: Guidelines for school library media programs*. Amer Library Assn.

Beagle, D. R., Bailey, D. R., & Tierney, B. (2006). *The information commons handbook*. Neal-Schuman.

Beatty, S., & White, P. (2005). Information commons: Models for e-lit and the integration of learning. *JeLit: Journal of eLiteracy, 2*(1).

Carton, C. E., & Allen, J. (Ed.). (1999). *Early Childhood Curriculum: Creative-play model*. Columbus. OH: Merrill.

Catron, C. E., & Allen, J. (2007). *Early childhood curriculum: A creative play model*. Prentice Hall.

Hamilton, B. (2012. July 16). Crafting new narratives of community, connecting, creating, and participatory learning at the unquiet Library: A makerspace culture of learning. Retrieved from http://www.slideshare.net/buffyjhamilton/crafting-new-narratives-of-community-connecting-creating-and-participatory-learning-at-the-unquiet-librarya-makerspace-culture-of-learning

IASL (1993). IASL POLICY STATEMENT ON SCHOOL LIBRARIES. Retrieved from http://wwwiasl-sloorg/policyhtml

IFLA (2003). Guidelines for children's libraries services. Retrieved from http://archive.ifla.org/VII/s10/pubs/ChildrensGuidelines.pdf

IFLA (2007). Babies and toddlers service guideline. Retrieved from http://www.ifla.org/publications/ifla-professional-reports-100

IFLA/UNESCO (1994). IFLA/UNESCO Public library manifesto. Retrieved from http://archive.ifla.org/VII/s8/unesco/eng.htm

IFLA/UNESCO (2002). School library guidelines. Retrieved from http://www.ifla.org/publications/node/916

Loertscher, D. V. (1998). *Reinvent your school's library in the age of technology: A guide for principals and superintendents*. Hi Willow.

Prestano, E. T., & Joyce, P. (1999). Englewood Colorado. Libraries Unlimited.

The Library Council of New South Wales (2000). *People place: a guide for public library buildings in New South Wales*. Sydney: Library Council of New South Wales.

White, P., Beatty, S., & Warren, D. (2003). Information commons. *Encyclopedia of Library and Information Science,* 1-7. New York: Marcel Dekker. Retrieved from http://prism.ucalgary.ca/bitstream/1880/44201/1/Info%20Commons.pdf

| 찾아보기 |

| 저자약력 |

노영희

[약력]

연세대학교 문헌정보학과 정보학 박사
한국과학기술연구원(KIST) 자료실 연구원
한국정보공학(KIES) 정보검색엔진개발팀 팀장
이화여대 국제정보센터 자료실장
학술상(2009) 및 건국학술대상(2013) 수상
2013 Marquis Who's who in the World에 등재
현) 건국대학교 문헌정보학과 교수
지식콘텐츠연구소 소장

[주요 저서 및 논문]

인문과학과 예술의 핵심 지식정보원
한국문헌정보학 교과과정
개념기반 정보검색 기법
메타데이터의 이해
건강정보 지식정보원 시리즈
국제기구 지식정보원 시리즈
A Study on Automatic Text Categorization of Internet Documents
A Study on the Estimation of Performance of Concept-Based Information Retrieval Model Using the Web
기계학습 기반 피드백 과정을 통한 SDI 시스템의 성능향상에 관한 연구
The Impact of University Library Resources on University Research Achievement Outputs
A Study on the Next-Generation Digital Library using Context-Awareness Technology
The Development and Performance Measurements of Educational Programs to Improve Consumer Health Information(CHI) Literacy 외 150여 편 저술

최만호

(주)포힘 대표이사
건국대학교 문헌정보학과 겸임교수
지식콘텐츠연구소 부소장
서경대학교 경영학과 외래교수

도서관 공간구성의 이해

2016년 6월 15일 1판 1쇄 인쇄
2016년 6월 20일 1판 1쇄 발행

저　자 | 노영희 · 최만호
발행인 | 이수영
발행처 | 도서출판 청람
서울시 마포구 독막로 288(대흥동, 세양상가 109호)
전　화 | 02)3272-2601(대)~2
팩　스 | 02)3272-2603
홈페이지 | www.crbooks.co.kr
이메일 | crbooks@hanmail.net
등　록 | 2000년 8월 26일 제6-0509호

ISBN 978-89-5972-528-1 93020　　[정가 28,000원]